"十二五"国家重点图书出版规划项目

市政与环境工程系列丛书

建筑环境计算流体力学及其应用

刘 京 编著

U0223438

哈尔滨工业大学出版社

内 容 提 要

　　CFD(计算流体力学)是一门新兴的计算科学,随着计算机的普及和计算能力的提高,近年来在建筑环境领域有着越来越广泛的应用。本书旨在向读者介绍建筑环境 CFD 模拟的基本理论及具体应用。全书共分 5 章,主要介绍了常用的湍流计算模型;数值计算方法;利用商用 CFD 软件进行建筑环境模拟的操作及应用案例等内容。

　　本书可作为高等院校供热、供燃气、通风及空调工程、建筑学等学科的研究生教材,也可供上述相关学科的设计、科研、技术人员等参考使用。

图书在版编目(CIP)数据

建筑环境计算流体力学及其应用/刘京编著. —哈尔滨:
哈尔滨工业大学出版社,2017.11
ISBN 978－7－5603－6749－1

　Ⅰ.①建…　Ⅱ.①刘…　Ⅲ.①建筑学-计算流体力学-
研究　Ⅳ.①TU-0

中国版本图书馆 CIP 数据核字(2017)第 158001 号

策划编辑　　贾学斌　王桂芝
责任编辑　　张　瑞　王桂芝
出版发行　　哈尔滨工业大学出版社
社　　址　　哈尔滨市南岗区复华四道街 10 号　邮编 150006
传　　真　　0451－86414749
网　　址　　http://hitpress.hit.edu.cn
印　　刷　　黑龙江艺德印刷有限责任公司
开　　本　　787mm×1092mm　1/16　印张 18.25　字数 440 千字
版　　次　　2017 年 11 月第 1 版　2017 年 11 月第 1 次印刷
书　　号　　ISBN 978－7－5603－6749－1
定　　价　　48.00 元

前　言

作者在日本留学、工作期间开始接触和应用计算流体力学(CFD),算来已有将近20年了。2003年起回国任教,亲身经历了国内利用CFD技术为建筑环境领域科研和实际应用服务的快速发展阶段。一方面欣喜地看到CFD作为重要的研究工具的确带来了大量优秀的成果,已经越来越受到行业的认可和重视,同时又有所不安和担心。这种不安和担心主要在于CFD作为揭示和预测复杂湍流流动内在规律的学科分支,本身有着严谨的理论支撑和丰富的实践内涵,但部分CFD使用者只是简单地把CFD商用软件作为"傻瓜型"的计算工具来使用,对CFD的基本理论和应用原则缺乏必要的认识,其产生的后处理结果虽然"五彩斑斓",但其实毫无价值。这种不良的趋势如不予以扭转,一定会严重影响CFD的可信度和今后的健康发展。

鉴于此,作者自2009年起为哈尔滨工业大学供热、供燃气、通风及空调学科开设并主讲"计算流体及数值模拟技术"、自2012年起为哈尔滨工业大学深圳研究生院建筑学与城市规划学科开设并主讲"城市区域热气候与风环境CFD模拟"、自2013年起为哈尔滨工业大学建筑学学科开设并主讲"建筑物理环境模拟"等研究生课程,主要教学目的是希望通过课堂讲解和上机训练,使学生能够大体上掌握CFD的基础理论、应用方法,培养该领域学生正确应用CFD进行数值模拟以解决实际科研问题的能力。全书主体包括两大部分,第2章、第3章为理论部分,简明地介绍CFD计算模型和计算方法;第4章、第5章为实际应用部分,通过大量具体案例,相对系统地介绍了利用商用CFD软件进行模拟的正确操作方法以及CFD在建筑环境领域的具体应用。总体上本书以介绍建筑环境专业有关的CFD实用技术为主旨,适用于32学时(含8~10学时左右的上机训练)左右的研究生或本科生课程讲解。读者欲从理论上对CFD进行深入探讨还需要参考更为专业的计算流体力学文献。

行文至此,作者要特别感谢日本东北大学的持田灯教授和原日本东京燃气株式会社技术研究所的大平昇研究员,他们都曾属于CFD技术在建筑环境领域的开创者与权威——日本东京大学著名学者村上周三教授研究室,正是由于他们的专业指导,让作者在CFD理论和实际应用方面打下了较为正确和扎实的基础。同时感谢本人的研究生水滔滔撰写了本书第4章4.3节"建筑环境CFD模拟的操作讲解"部分,吴清、杜晶、肖秋珂等参与了资料搜集、整理以及图表编制等辅助性工作,在此一并表示感谢。

最后,本书在出版过程中得到了哈尔滨工业大学出版社的大力帮助,使得该书能在较短的时间内得以出版,在此一并表示感谢。

由于作者水平有限,书中疏漏之处在所难免,衷心欢迎读者提出宝贵意见。

作　者
2017年5月

目　　录

2

第1章 绪 论

1.1 建筑环境与计算流体力学

计算流体力学(Computational Fluid Dynamics, CFD)是近20年来发展非常快速、受到极大关注的新兴学术分支,和计算物理、计算力学、计算化学等一样,同属于计算科学的范畴。与传统的理论研究或实验研究不同,所有的计算科学都以计算机的数值模拟作为主要研究手段。计算流体力学的发展背景主要包括以下3点:

①计算机自身运算及数据存储能力飞速发展,同时矢量运算、并行运算等新算法的提出使得大规模高速运算成为可能。

②各种湍流计算模型及辅助算法的提出让使用者可以实现从最精确的机理研究到工程化的概算等各种不同需求。

③各种商用CFD软件的功能日益强大,用户体验越发友好。

由于建筑环境内外的空气流动基本都属于湍流范畴,所谓的建筑环境问题实质上就是建立在建筑内外空间尺度上的湍流动力学和热力学特性问题,因此CFD模拟无疑是适用于建筑环境研究的。事实上,自20世纪70年代以后,该技术被引入建筑环境研究领域并发挥着越来越重大的作用,已成为不可或缺的研究手段之一。

需要指出的是,建筑环境主要包括热环境、空气品质(污染)、声环境和光环境4大部分内容。以下文所述流体力学的纳维−斯托克斯方程(简称N−S方程)为理论基础的CFD模拟很明显不能直接解决声光环境问题,主要针对的还是由空气流动、温湿度、污染物浓度等参数构成的热环境和空气品质问题。从专业和工程应用而言,CFD模拟在建筑环境研究中的主要作用是:

①建筑气流组织辅助设计及校验。对于各种复杂情况的室内空间(如高大厂房、大型体育场馆和展馆、地铁站、洁净室等),要么空间形状、风口及通风形式比较特殊,要么对室内环境要求相对严格,常规气流组织设计计算方法往往过于粗疏甚至于无法解决问题,利用CFD模拟可以帮助确定送回风口的位置和风量,准确获得气流分布信息,判断某些特定区域(如人员活动区域、高精密仪器设备存放区域等)的风速、温湿度和污染物浓度是否满足设计要求,从而指导设计人员对初步建立的设计方案进行校验,进而筛选优化出最为合理的设计方案,以得到满意的流场、温湿度场和污染物浓度场,保证舒适度或空气质量。CFD模拟技术的应用使得气流组织设计更为科学合理,提高了设计质量和设计水平。

②绿色建筑或节能建筑措施的辅助研发。近年来,绿色生态、节能减排等理念逐步渗透到建筑环境领域,绿色建筑以至绿色住区的建设方兴未艾。在不同气候条件、建筑热湿

源状况下,通过改变建筑布局、建筑围护结构热工性能、利用自然通风、配置新型采暖空调末端设备等技术措施必然对建筑周边微气候、室内热湿环境和能源消耗带来重要的影响。传统的中尺度气象模式的空间解像度不够,无法细致描述各种复杂形状的建筑群落布局,而传统建筑环境与能耗模拟软件在房间模型方面往往进行了简化处理,所得的结果更多地是粗略地反映建筑内部环境长期动态变化的趋势。相对而言,气流流动与热过程耦合的 CFD 模拟技术可以更为精确地研究各种因素对建筑内外热环境的影响并进行能耗分析,从原理上协助改进各种绿色技术措施,降低建筑能源系统与设备的初投资和运行成本,提高建筑使用者的工作效率与生活质量,从而挖掘出建筑最大的节能潜力和绿色功效。

一方面,与传统的实验测试研究手段相比,CFD 模拟在建筑环境研究中所需费用相对低廉且省时省力,这一优势在建筑周边微气候以及具有多个复杂区域建筑内部环境研究时体现得尤为显著。进行 CFD 模拟时,模拟者可以非常简便地在操作平台上修改诸如建筑/房间尺寸、送回风口位置与风量、建筑材料等参数,按照数值实验方法进行系统的研究。模拟者可以根据需要采用高精度的湍流计算模型和前处理方法,对建筑环境现象进行深入的机理研究。相比之下,建筑环境的测试研究需要考虑实验器材购置、设置位置的安排、人员投入和动力输入等,往往比较困难,而对于高温高污染状态下的工业厂房、高大中庭内的气流状态等,现场测试甚至是无法开展的。

另一方面,进行一个成功的建筑环境 CFD 模拟不是一件容易的事情。事实上,通过后续的学习,读者可以发现,除 LES 外,以主流的 RANS 模型进行建筑环境 CFD 模拟的计算精度谈不上很高,更多的情况下只能做到定性分析。其原因主要有以下两个方面:

首先,建筑环境问题虽然一般不涉及超音速等高速流动,也不涉及高温燃烧、化学反应,看上去就是平平常常的不可压缩流动,不像航天、精密电子等涉及的流动问题那么"高、精、尖",但建筑环境问题的复杂性体现在各种特征截然不同的流动现象并存在一个相对封闭的空间内:从疑似层流到充分湍流,从壁剪切流到热浮力流及各种形式的射流等。再加上围护结构及设备的对流传热和热辐射作用,以及人员行为的影响,建筑环境问题是一个高度复杂的流动与热质传输协同作用,物理现象与行为学等社会科学相结合的非线性系统问题,在客观上就具有很大的挑战性。

其次,伴随着商用 CFD 软件功能的日益强大,导致目前的商用 CFD 软件开发已经友好到用户可以在不了解计算原理和规则的情况下,基本靠软件自带的默认状态完成计算并显示出看似"合理"结果的程度,但使用者必须清楚 CFD 模拟的结果并不都是可信的,主要原因包括后续介绍的湍流计算模型自身的简化处理、各种假设所带来的偏差、离散和收敛计算时的误差,还有模拟者由于自身知识掌握不够带来的操作误差等。为检查计算结果的准确性,传统做法是将 CFD 模拟和典型工况的实验结果先进行对比验证,然后再开展后续的大规模模拟工作。对模拟者来说,非常关注的问题就是如何在缺乏验证手段的情况下利用一个鲁棒性强、得到过充分验证的 CFD 程序(如一些国际知名的商用 CFD 软件)进行建筑环境问题的模拟,同时尽量避免主观性的失误。应该说,这一问题还远远未得到充分解决。

CFD 模拟包含了从理论到实践的极为丰富的内容,相关的文献汗牛充栋,在有限的篇幅内予以充分讲解并使读者掌握正确的使用方法是非常困难的任务。本书希望在系统介绍 CFD 计算原理的基础上,通过典型案例的介绍和分析,把重点放在如何利用 CFD 模拟解决建筑环境涉及的各种问题上。读者只有通过大量的自我练习和思考,才能获得可靠的、有意义的 CFD 模拟结果。

最后,本书在形成过程中查阅了大量国内外的相关文献。一些最为重要的教材、论著、工具书等列为参考文献[1-10],其他一些文献在特定位置予以标注。

1.2 湍 流 概 述

1.2.1 湍流性质与分类

湍流(turbulence)是自然界中和人类社会生活最为息息相关的流动现象。湍流是工程技术领域最常见的流动现象。对建筑环境相关的领域来说,如建筑外部的大气流动,建筑内部的空气流动,利用水泵、风机等机械在管道系统中输送的流体流动,甚至决定人体舒适性的重要因素——呼吸系统和循环系统内的流体流动,虽然它们的空间尺度和流动规律有极大的区别,但都基本上属于湍流状态。正确地认识湍流的内在规律对解决工程和科学问题具有重要意义。

一般把流体中包含的各物理参数随时间、地点呈现的随机不规则运动状态称为湍流,但实际上对湍流给出准确严格的定义是十分困难的。更直接的方法是通过列举湍流的主要特性来替代湍流的定义。这些特性包括:

(1)由随机不规则性(randomness)带来的高度复杂性。在测量湍流内部压力和流速等物理量时,可以发现它们始终随时间和空间位置而发生紊乱的波动,这种特性从微观角度看是不规则的流体分子运动造成的,而从宏观角度看是所谓的流体流动性,是在剪切力作用下流体不断变形的一种客观反映。

(2)惯性力大于黏性衰减作用,故 Re 数较大。

(3)对动量、热、物质传输的影响远大于分子扩散。其结果是,与层流相比,一方面摩擦力和水头损失都要更大,对流体机械的设计以及能源使用来说是不利因素,但另一方面又大大增加了传热传质效果。

目前关于湍流内部的物理结构(图 1.1)认识是这样的:湍流被认为是三维的有涡流动。通过流场内部不断的拉伸变形作用,形成湍流中各种不同尺度的涡旋。在涡旋相互作用的过程中,大尺度涡旋破裂为小尺度涡旋。大尺度涡旋由主流获得动能,并向小尺度涡旋逐级传递。在黏性耗散的作用下,小尺度涡旋不断消失,最后机械能转化为流体的热能。同时,在边界作用、外扰、速度梯度等作用下,新的大尺度涡旋又不断产生。这样周而复始,构成了湍流运动,这一过程被称为能量的级串过程(cascade)。这种多尺度涡旋运动及其间的能量传递被看作自由度非常大的非线性耗散力学系统(nonlinear dissipative dynamical system)。基于不同尺度间的相互作用和能量传递,涡旋表现出三维非稳态(unsteady three-dimension)带旋转(三维涡度波动,vorticity fluctuation)的复杂运动形式。要注意的是,即使是最小的涡旋尺度也要远大于分子平均自由程,故湍流运动依然可以按照连续介质假设为前提的基础方程来进行描述。同时需要指出的是,涡旋尺度不同,其具有的固有性质也有很大差异。表1.1为不同尺度涡旋的特点总结。

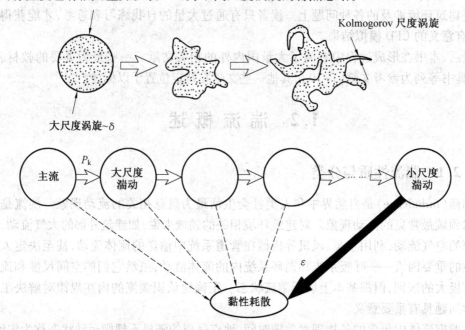

图 1.1　湍流内部的物理结构

表 1.1　不同尺度涡旋的特点总结

大尺度涡旋	小尺度涡旋
主要由流体边界决定,受边界几何形状强烈影响	主要由流体的黏性力决定,具有普遍性
尺度与流场的尺度同一量级	尺度只有流场尺度的1/1 000
低频脉动的来源	高频脉动的来源
寿命长	寿命短
有规律的,各向异性	随机、各向同性
产生大部分湍动动能	耗散大部分湍动动能
对被动标量的输送影响大	对被动标量的输送影响小

　　湍流与初始条件、边界条件强烈相关。即使边界条件完全相同,初期条件微小的偏差也将逐渐造成流动现象的巨大差别(图1.2),故没有两次完全相同的流动。但另一方面,在边界条件相同的情况下,湍流特性又具有统计学意义的规律性。比方说,即使初始条件不同,但经过充分长的时间后,圆管内部湍流速度等物理量分布都是相同的。这一点对于解决绝大多数工程问题来说极为重要。因为实际上我们往往不需要了解湍流在瞬间的微小脉动情况,而更关心诸如流体的传热系数、黏性系数等热物性参数,速度或压强等物理量的统计平均值等。

　　湍流的大体分类如图1.3所示。总体上湍流分为均匀湍流(homogeneous turbulence)

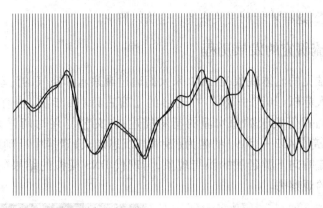

图1.2 微小初始条件偏差下湍流随时间变化情况示意图

和非均匀湍流(in-homogeneous turbulence)两大类。所谓均匀湍流是指流动的统计量不随坐标系的平移而变化的湍流。这其中的均匀各向同性湍流(homogeneous isotropic turbulence)又被看作最为基本的湍流形式,所谓各向同性是指流动的统计量不随坐标系的旋转而变化。这种流动由于不存在平均变形,初期的湍动必然随时间而衰减。该流动可以通过设计,在风洞格栅下游近似获得,它一直是理论流体力学的重要研究对象。同样,单纯变形湍流、剪切湍流和旋转湍流相当于在均匀湍流场上附加一个定值的平均变形,也常常被用作模型建立和验证的对象。在自然界和生产生活过程中遇到的湍流主要是非均匀湍流,又分为直接受到壁面影响的壁面剪切湍流(wall shear turbulent flow,或称壁湍流)和未受到壁面直接影响的自由剪切湍流(free shear turbulence,或称自由湍流)。后者又可分为混合层(mixing layer)流动、射流(jet)以及尾流(wake)等形式。壁面剪切湍流和自由剪切湍流又有单纯变形和复杂变形的区分。后者在前者的基础上,又附加上各种体积力(浮力、电磁力)作用、壁面流入流出、表面粗糙、黏弹性作用、化学反应、多相影响等。在进行湍流研究时,首先要根据以上基本分类对所研究对象有一个总体把握,然后定性分析

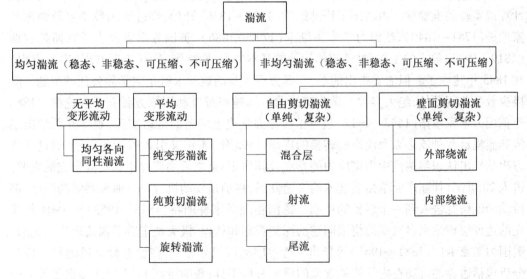

图1.3 湍流的大体分类

出其内在影响因素,这样才能利用关联的理论加以解决。

1.2.2　湍流研究的发展历程

湍流本身是常见的流体现象,自古以来人们通过观察水和空气的流动必然有所感知。如我国宋代大诗人苏轼(1037—1101)在著名的七言古诗《百步洪》中有"四山眩转风掠耳,但见流沫生千涡"等关于湍急水流的精彩描述;在文艺复兴时期意大利的天才艺术家、科学家达·芬奇(1452—1519)的名为《漩涡与沉思老人》素描中准确地描摹了水流通过桥墩处发生绕流时向下游延展的涡街现象,与现代 DNS 模拟的结果(图 1.4)对比,可以体会出其惊人的观察力。

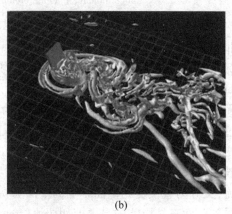

(a)　　　　　　　　　　　　　　　　　　(b)

图 1.4　钝体绕流形成的涡街

关于湍流的科学研究体系则是在近代才建立起来的,湍流的研究方法主要有 3 种。

(1)理论研究方法。这种方法针对流体的物理性质和流动特征,通过建模,利用数学方法求出理论结果。其优点是理论解具有普遍性,各因素之间关系明确,可用于检验数值计算或实验的准确性。由法国工程师纳维(1785—1836)开始、经过法国数学家及物理学家泊松(1781—1840)、法国力学家圣维南(1797—1886)、英国数学家及力学家斯托克斯(1819—1903)等人的工作,黏性流体运动的基本方程,即纳维-斯托克斯方程(N-S 方程)在 1845 年建立了。但需要指出的是,N-S 方程本身的数学求解是数学界公认的难题。除极少数简单问题外,绝大多数工学范畴的湍流问题都难以利用该方程获得理论解。1883年英国力学家雷诺(1842—1912)进行了流体力学史上著名的雷诺实验,观察并总结出层流和湍流这两种流态以及流态间转换的规律;1895 年,雷诺又引入时均化方法,通过雷诺方程的导出认识到湍流中雷诺应力的存在及其作用,是之后湍流理论和实验研究的先驱。进入 20 世纪,伴随产业革命后技术的飞速发展,特别是发动机、汽车、航天器等的问世,都带动湍流研究进入到一个崭新的层面。德国物理学家普朗特(1875—1953)于 1904 年建立的边界层理论来自对壁面绕流问题的深刻观察和认识,极大地丰富了湍流理论。之后,美国力学家卡门(1881—1963)等导出了边界层动量积分方程,在没有计算机的年代成为分析包括边界层流动在内的湍流现象的重要解析工具;普朗特在 1925 年还提出了著名的混合长度理论,至今依然是湍流计算模型中的重要分支之一(涡黏性模型中的零方程模型的起源);除此之外,英国物理学家、数学家泰勒(1886—1975)于 1935 年提出的各向同性湍流理论、苏联数学家柯尔莫格罗夫(1903—1987)于 1941 年提出的局部各向同性湍流理论及惯性子区的存在与预测方法都是湍流理论研究的重要成果。

(2)实验研究方法。即通过实验手段研究湍流的内在机理和流动规律,是流体力学研究中最基本和重要的研究手段。其优点是可信度高,有效的实验数据是建立近似物理和数学模型的基础;其缺点是由于湍流的复杂性,往往需要精密的实验工具和操作技巧。事实上,湍流研究的前期发展历来是理论和实验手段共同推进的结果。除前面介绍的雷诺实验外。1913 年 L. V. King 发明了热线流速仪,对于湍流边界层的精准测量、边界层形成机理的深度剖析具有里程碑的意义;1963 年 Y. Yeh 等人利用 He-Ne 激光开发出激光多普勒测速仪(Laser Doppler Velocimetry,LDV),这种设备可利用激光多普勒效应测量流体速度,具有线性特性与非接触测量的优点,并且精度高、动态响应快,对湍流拟序构造等重要湍流机理研究发挥了作用。进入 20 世纪 80 年代,随着数字信号处理技术和可视化技术的高速发展,通过追踪微粒运动来观测流场的高性能 CCD 照相机和记录媒体机相继问世。在此基础上,基于粒子群画像相关计测的 PIV(particle image velocimeter)、追踪每个粒子三维运动轨迹的 PTV(particle tracking velocimeter)等技术得到越来越广泛的应用。利用 PTV 技术的管道流测量结果和 DNS 在精度上非常吻合,证明这两者都是目前最可信赖的湍流研究工具。另外,激光诱导荧光法(laser-induced fluorescence)、超声波测量、X 射线及 MRI 等测试手段的应用,对于复杂湍流流动的研究起到了重要的辅助作用。

(3)数值计算方法。进入 20 世纪 60 年代,随着计算机技术的飞速发展,利用数值模拟进行湍流研究的方法越来越受到重视。由此产生了利用数值计算方法通过计算机求解描述流体运动的数学方程,揭示流体运动的内在规律的一门新兴学科,即本书的主题——计算流体动力学。CFD 是多领域的交叉学科,涉及的学科包括流体力学、偏微分方程的数学理论、数值方法和计算机科学等。CFD 目前在所有与流体相关的学科,如物理学、天文学、气象学、海洋学、宇宙机械学、机械学、土木与建筑学、环境学、生物学等领域内得到了广泛的应用。在建筑设备、汽车、飞机、航天器、原子反应堆以及精密电子等重要产业部门的产品开发、性能评估等方面做出了巨大的贡献,成为当今最活跃的科研领域之一。计算流体力学早期的重大发展包括:1967 年,英国帝国理工大学的 B. E. Launder、D. B. Spalding 等人提出了著名的标准 k-ε 二方程模型,与壁函数法相结合,至今都是计算流体力学最常用的湍流计算模型之一;另外,J. Smagorinsky(1924—2005)于 1963 年提出的 SGS 涡黏模型,代表着湍流计算模型中另一大流派大涡模拟(LES)的出现;进入 20 世纪 70 年代,低 Re 数 k-ε 模型、应力方程模型等各种湍流计算模型及改进版本相继出现;与此同时,Deardorff 等人于 1970 年利用 LES 进行了最初的管道流模拟,Orszag 等人于 1972 年针对均匀各向同性湍流进行了最初的 DES 模拟。这些尝试为今后 CFD 的实用化奠定了基础。1968 年被称为"湍流计算模型的奥林匹克大会"的第一届斯坦福会议召开,对湍流边界层进行了系统分类,结合实验数据对不同湍流计算模型的 CFD 模拟效果进行评价;1980 年又召开了第二届斯坦福会议,对 20 世纪 70 年代的湍流数值模拟进展进行了总结,对大曲率流动、剥离流动等复杂流动现象进行了系统分类,对各种不同湍流计算模型计算和实验结果进行了系统的比较。进入 20 世纪 80 年代,以美国斯坦福大学和

NASA 为主导,开始利用超级计算机,采用 DNS 或 LES 进行湍流的大规模数值模拟。特别是关于管道流和湍流边界层的 DNS 数据库的建立,不光成功再现了实验观测结果,而且可以通过湍流各物理量输送方程的求解,定量地分析湍动过程中的能量生成、耗散、再分配和扩散的复杂机制,起到了补充甚至修正实验结论的重要作用。毫无疑问,这是湍流研究手段出现重大突破的标志。进入到 20 世纪 90 年代,一方面大型计算机性能飞速发展,DNS 的模拟对象已经突破单纯的均匀各向同性湍流或管道流动,扩大到旋转和体积力、传热、多相流以及化学反应等多个方面,加深了对复杂湍流现象的认识;LES 方面,在 SGS 涡黏模型的基础上,尺度相似模型、动态 SGS 模型等相继提出,LES 的普适性得到了进一步改善;另外,将 LES 和 RANS 模型有机结合,取长补短的所谓 DES 模型也受到重视,数值模拟在精度和实用性两方面都在不断提高。

进入 21 世纪,湍流研究有两个重要的进展必须予以说明:一是商用 CFD 模拟软件的开发和普及,它的主要贡献在于彻底改变了湍流研究集中于科研机构等少数精英手中的局面,为相关的工业界领域带来了变革,在本书的第 5 章将重点予以介绍;二是湍流控制技术的发展。人类已经逐渐认识和掌握了湍流的内在机理及变化规律,仅靠经验或直觉进行湍流控制已经不能满足工业化发展的要求。将现代的控制理论与 N-S 方程为核心的湍流基本理论相结合而提出的湍流优化控制理论应运而生。这些理论已经在各种微电子机械(MEMS)的研发中发挥了重要的作用,从而直接促进了诸如半导体制造等精密电子工业的迅猛发展。

以上是关于湍流研究极为粗略的回顾。从 N-S 方程的最终确立算起已经有 170 余年的历史,即使从雷诺实验的提出算起也有 130 余年的历史了。湍流的研究手段日趋多样化、精细化,对湍流内在机理的认识也越发深入。但必须指出的是,由于其高度的复杂性,人类目前对湍流的认识还远远不够。对于工程界面临的大量复杂湍流现象尚不能做出足够高精度的定量化分析,而距离可以随心所欲地控制湍流、利用湍流的境界就差得更远。湍流研究是科学界和工程界共同关注的研究热点之一,正期待着有志者追随前贤的足迹,在该研究领域做出更大的贡献。

1.3　流体控制方程

支配流体流动规律的基本方程是由 3 个物理守恒规律导出的,即质量守恒(mass conservation)、动量守恒(momentum conservation)和能量守恒(energy conservation),这样的基本方程被称为流体基本的控制方程(governing equations)。

1.3.1　质量守恒方程

根据质量守恒原理,单位时间流体内部微元体内流体质量的变化,应等于同一时间间隔内流入流出该微元体的净质量。

如图1.5所示,在流体内部取体积 V 的控制体,和周边其他流体的边界为 S。V 内流体的质量为 $\iiint_V \rho(\boldsymbol{x}, t)\, \mathrm{d}V$,在微小时间段 Δt 内从该控制体内流出的流体质量为

$\Delta t \iint\limits_{S} \rho(\boldsymbol{x},t)\,\boldsymbol{u}(\boldsymbol{x},t) \cdot \boldsymbol{n}\mathrm{d}S$，其中 $\boldsymbol{n}$ 为边界面单位垂直外法线矢量。根据质量守恒，则有以下等式成立：

$$\frac{\partial}{\partial t}\iiint\limits_{V} \rho(\boldsymbol{x},t)\,\mathrm{d}V = -\iint\limits_{S} \rho(\boldsymbol{x},t)\,\boldsymbol{u}(\boldsymbol{x},t) \cdot \boldsymbol{n}\mathrm{d}S \qquad (1.1)$$

式中，$\rho\boldsymbol{u}$ 为控制体边界上单位面积单位时间内流出的流体质量，被称为质量通量。对上式右端应用高斯定理，则有

$$\frac{\partial}{\partial t}\iiint\limits_{V} \rho(\boldsymbol{x},t)\,\mathrm{d}V = -\iiint\limits_{V} \mathrm{div}(\rho\boldsymbol{u})\,\mathrm{d}V \qquad (1.2)$$

上式对任意控制体都成立，故有

$$\frac{\partial \rho}{\partial t} + \mathrm{div}(\rho\boldsymbol{u}) = 0 \qquad (1.3)$$

上式又被称为连续性方程（equation of continuity），$\mathrm{div}(\rho\boldsymbol{u})$ 为质量通量的散度，也可用 $\nabla \cdot \rho\boldsymbol{u}$ 表示。将该式展开后可写为

$$\frac{\partial \rho}{\partial t} + \frac{\partial(\rho u_1)}{\partial x_1} + \frac{\partial(\rho u_2)}{\partial x_2} + \frac{\partial(\rho u_3)}{\partial x_3} = 0 \qquad (1.4)$$

式中，下标1、2、3代表物理量在空间3个方向上的分量。在张量运算中一般用爱因斯坦求和约定做进一步的公式简化，该式被改写为

$$\frac{\partial \rho}{\partial t} + \frac{\partial(\rho u_i)}{\partial x_i} = 0 \qquad (1.5)$$

假设流体密度随时间不变，即流体为不可压缩流体（incompressible fluid）时，式（1.5）左端第一项为零，此时公式转化为

$$\mathrm{div}\,\boldsymbol{u} = 0 \quad \text{或} \quad \frac{\partial u_i}{\partial x_i} = 0 \qquad (1.6)$$

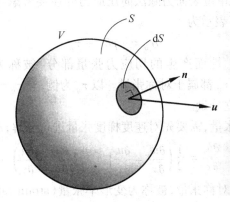

图 1.5　通过流体内部区域的流入流出

1.3.2　动量守恒方程

根据动量守恒原理，流体内部微元体内流体动量的变化率，应等于作用于该微元体上各种力之和。这是牛顿第二定律在流体运动中的表现形式。

首先给出无黏性流体运动微分方程：

$$\frac{\partial \boldsymbol{u}}{\partial t} + (\boldsymbol{u} \cdot \nabla)\boldsymbol{u} = -\frac{1}{\rho}\mathrm{grad}\, p + \boldsymbol{F} \tag{1.7}$$

暂不考虑单位质量外力 $\boldsymbol{F}$，对式(1.7)整理后可得

$$\frac{\partial(\rho \boldsymbol{u})}{\partial t} + \mathrm{div}(\rho \boldsymbol{uu}) = -\mathrm{grad}\, p \tag{1.8}$$

式中，二阶对称张量 $\boldsymbol{uu}$ 在张量分析中代表矢量 $\boldsymbol{u}$ 和 $\boldsymbol{u}$ 的张量积 $\boldsymbol{u} \otimes \boldsymbol{u}$，$\mathrm{div}(\rho \boldsymbol{uu})$ 反映对称张量 $\rho \boldsymbol{uu}$ 的散度，用下标形式表示为 $\frac{\partial(\rho u_i u_j)}{\partial x_j}$。将上式在控制体 V 上进行积分，有

$$\frac{\partial}{\partial t}\iiint_V \rho \boldsymbol{u}\mathrm{d}V + \iint_S (\rho \boldsymbol{uu}) \cdot \boldsymbol{n}\mathrm{d}S = -\iint_S p\boldsymbol{n}\mathrm{d}S \tag{1.9}$$

式中，$\boldsymbol{n}$ 的定义与式(1.1)中 $\boldsymbol{n}$ 相同，$-p\boldsymbol{n}$ 代表从控制体外部向内部 $-\boldsymbol{n}$ 方向作用的单位表面力，即压应力。以 $\boldsymbol{I}$ 为单位张量(kronecker delta)，则有

$$\frac{\partial}{\partial t}\iiint_V \rho \boldsymbol{u}\mathrm{d}V = -\iint_S (p\boldsymbol{I} + \rho \boldsymbol{uu}) \cdot \boldsymbol{n}\mathrm{d}S \tag{1.10}$$

式中，$p\boldsymbol{I} + \rho \boldsymbol{uu}$ 又被称为动量通量张量(momentum flux tensor)，用 $\boldsymbol{\Pi}$ 表示。

下面要将上述无黏性流体运动方程扩展到黏性流体。首先将上式右端用高斯定理改写为体积分形式，则对于任取的控制体，可写出如下下标形式的方程形式：

$$\frac{\partial(\rho u_i)}{\partial t} = -\frac{\partial \Pi_{ij}}{\partial x_j} = -\frac{p\delta_{ij} + \rho u_i u_j}{\partial x_j} \tag{1.11}$$

式中，Π_{ij} 第一个下标代表作用面的外法线方向，第二个下标代表动量分量的方向；δ_{ij} 为单位张量的下标形式，$\delta_{ij} = \begin{cases} 1 & (i = j) \\ 0 & (i \neq j) \end{cases}$。

对于黏性流体来说，单位表面力除法向压应力外还要考虑与作用面平行的切应力。此时总的应力张量 σ_{ij} 可表示为

$$\sigma_{ij} = -p\delta_{ij} + \tau_{ij} \tag{1.12}$$

式中，τ_{ij} 表示由于流体黏性而产生的切应力张量部分，被称为黏性应力张量(viscous stress tensor)。σ_{ij}、δ_{ij} 和 τ_{ij} 都属于对称张量。以 τ_{ij} 为例，有 $\tau_{ij} = \tau_{ji}$。可以很容易发现，对称张量实质上有 6 个独立分量。

为进一步分析应力张量，需要先对速度梯度张量进行分解，从而得到下式：

$$\frac{\partial u_i}{\partial x_j} = \frac{1}{2}\left(\frac{\partial u_i}{\partial x_j} + \frac{\partial u_j}{\partial x_i}\right) + \frac{1}{2}\left(\frac{\partial u_i}{\partial x_j} - \frac{\partial u_j}{\partial x_i}\right) \tag{1.13}$$

式中，等号右端第一项为对称张量，被称为变形率张量(strain rate tensor) S_{ij}；等号右端第二项为非对称张量，被称为旋转张量(rotation tensor) Ω_{ij}。这两个分解的张量概念给出了流体运动的现象描述方法，在湍流计算模型中有广泛应用。其表达式分别为

$$S_{ij} = \frac{1}{2}\left(\frac{\partial u_i}{\partial x_j} + \frac{\partial u_j}{\partial x_i}\right) \tag{1.14}$$

$$\Omega_{ij} = \frac{1}{2}\left(\frac{\partial u_i}{\partial x_j} - \frac{\partial u_j}{\partial x_i}\right) \tag{1.15}$$

因为 Ω_{ij} 主要反映流体微团的刚性旋转,不会对黏性应力发生作用。因此根据本构理论,黏性应力张量由 S_{ij} 决定,且可表示为线性关系:

$$\tau_{ij} = C_{ijkl}S_{kl} \tag{1.16}$$

由于 τ_{ij} 和 S_{ij} 各有 6 个独立分量,则联系二者的系数 C_{ijkl} 应有 36 个分量。

认为流体各向同性,坐标系方向的选择不影响处理流体运动的结果,则 C_{ijkl} 为各向同性四阶张量。由张量分析可得

$$C_{ijkl} = \mu(\delta_{ik}\delta_{jl} + \delta_{il}\delta_{jk}) + \zeta\delta_{ij}\delta_{kl} \tag{1.17}$$

进一步代入式(1.16)并整理:

$$\tau_{ij} = 2\mu S_{ij} + \zeta\delta_{ij}S_{kk} = \mu\left(\frac{\partial u_i}{\partial x_j} + \frac{\partial u_j}{\partial x_i} - \frac{2}{3}\delta_{ij}\frac{\partial u_k}{\partial x_k}\right) + \zeta'\delta_{ij}\frac{\partial u_k}{\partial x_k} \tag{1.18}$$

式中,μ 为黏性系数(coefficient of viscosity);ζ 为第二黏性系数(second coefficient of viscosity);ζ' 被称为容积黏度(bulk viscosity),$\zeta' = \zeta + (2/3)\mu$。这是一个非负物理量,对于单原子气体该值为零,对于双原子气体或多原子流体,该值不是零,但一般都是很小的数值。

另外,考虑黏性作用,式(1.11)可改写为

$$\frac{\partial(\rho u_i)}{\partial t} = -\frac{\partial \Pi_{ij}^v}{\partial x_j} = -\frac{p\delta_{ij} + \rho u_i u_j - \tau_{ij}}{\partial x_j} \tag{1.19}$$

设 μ 和 ζ 为常数,重新加入外力 $\boldsymbol{F}$,将上式展开并整理为矢量形式:

$$\rho\left[\frac{\partial \boldsymbol{u}}{\partial t} + (\boldsymbol{u} \cdot \nabla)\boldsymbol{u}\right] = -\operatorname{grad} p + \nu\nabla^2\boldsymbol{u} + \left(\zeta' + \frac{\mu}{3}\right)\operatorname{graddiv} \boldsymbol{u} + \rho\boldsymbol{F} \tag{1.20}$$

式(1.20)被称为纳维 - 斯托克斯方程。对于不可压缩流体,可进一步简化为

$$\frac{\partial \boldsymbol{u}}{\partial t} + (\boldsymbol{u} \cdot \nabla)\boldsymbol{u} = -\frac{1}{\rho}\operatorname{grad} p + \nu\nabla^2\boldsymbol{u} + \boldsymbol{F} \tag{1.21}$$

式中,$\nu = \mu/\rho$,被称为运动黏性系数。

用爱因斯坦求和约定表示上式,同时不考虑外力作用,则

$$\frac{\partial u_i}{\partial t} + u_j\frac{\partial u_i}{\partial x_j} = -\frac{1}{\rho}\frac{\partial p}{\partial x_i} + \frac{\partial}{\partial x_j}\left(\nu\frac{\partial u_i}{\partial x_j}\right) \tag{1.22}$$

1.3.3 能量守恒方程

根据能量守恒原理,流体内部微元体内热力学能的变化率,应等于进入该微元体的净热流量与体积力、表面力对微元体做的功。令 $e(x, t)$ 为单位质量流体所具有的内能,最终可得到如下矢量形式的方程,具体推导过程从略。

$$\rho\left[\frac{\partial}{\partial t} + (\boldsymbol{u} \cdot \nabla)\right]e = -p\operatorname{div} \boldsymbol{u} + \tau : \operatorname{grad} \boldsymbol{u} + Q - \operatorname{div} \boldsymbol{q} \tag{1.23}$$

式中,e 根据内能公式,应为流体压强和温度的函数;$-p\operatorname{div} \boldsymbol{u}$ 为压缩功,是由于控制体的体积力变化而导致压力做功;Q 为单位时间传入控制体的全部热量;$\boldsymbol{q}$ 为单位时间内外力对控制体做功之和;$\tau : \operatorname{grad} \boldsymbol{u}$ 为耗散功,表示黏性应力对剪切变形做功,体现了黏性力做功,导致流体的机械能不断转化为热能从而内能增加的过程。展开为下标形式如下:

$$\tau : \mathrm{grad}\ \boldsymbol{u} = \tau_{ij} \frac{\partial u_i}{\partial x_j} = \tau_{ij} \left[\frac{1}{2} \left(\frac{\partial u_i}{\partial x_j} + \frac{\partial u_j}{\partial x_i} \right) \right] = \tau_{ij} S_{ij} \tag{1.24}$$

在研究流体运动时,严格意义上,需要考虑内能(温度)变化以热应力的形式对总应力的影响,但一般情况下可以忽略,只利用基于质量守恒及动量守恒的控制方程来研究流体运动和动力学规律。但对于可压缩流体,以状态方程来表示压力的情况下,就需要结合能量守恒方程来进行联立求解。由于超出本书主旨,这里不再展开,读者可自行参考其他文献。

复习思考题

1. 为什么计算流体力学(CFD)成为建筑环境领域的重要研究工具? 相比其他研究手段,CFD 模拟的优势和局限性在哪里?

2. 湍流的主要特性包括哪些?

3. 简要说明什么是能量的级串过程? 大、小尺度涡旋的特性有哪些差异?

4. 简要说明什么是均匀湍流和非均匀湍流? 壁面剪切湍流和自由剪切湍流的区别在哪里?

5. 流体基本的控制方程有哪几个? 各自的理论基础是什么?

6. 尝试用书中给出的方法或其他方法推导连续性方程(1.6) 和 N－S 方程(1.22)。

第 2 章　　湍流计算模型

2.1　　湍流数值模拟概述

2.1.1　　直接数值模拟(DNS)

所谓直接数值模拟,就是对 1.3 节所述湍流控制方程进行直接的数值求解,然后分析湍流特性的方法。理论上,DNS 能够完整准确地描述湍流的内在机制,即 1.2.1 节中提到的级串过程。从了解流场统计特性的角度看,这种方法在所有湍流数值计算方法中是公认精度最高的,可以计算所有的湍流脉动,通过统计计算获得所有未知平均量,如后文将介绍的雷诺应力、脉动能谱以及各标量的输运量等。DNS 在湍流研究中具有极为重要的意义。由于 DNS 可以精确获得流场全部信息,而实验测量只能提供有限的信息,且受到测量仪器安装以及测量精度等的严重制约,甚至很多看上去简单的流动现象,如壁面边界层流动中的应力、湍动扩散、黏性扩散、耗散等,直接进行实验测试都是非常困难的。因此,实际上 DNS 可以为研究人员提供最为细致和科学的原始数据,成为深入分析湍流性质、发现湍流现象内在机理最为可靠的工具,也是极少数可用来评价湍流实验精度和适用性的数值计算方法。

图 2.1 反映了通道湍流摩擦系数 C_f 与 Re_m 的相关性,$C_f = \tau_w/(\rho U_m^2/2)$,其中,$\tau_w$ 为壁面剪切应力;U_m 为体积平均流速。图中实线和虚线对应的关联式都是根据实验得到的,在 DNS 模拟之前无法进一步判别哪个关联式更符合实际情况。根据最新的 DNS 计算结果(图中 4 个点),就可以清晰地得到结论,Dean 的关联式准确性更高。图 2.2 为壁面附近湍动能量平衡关系。由于壁面附近的雷诺剪切应力与平均速度梯度值较大,所以相应的湍动生成部分也集中在壁面附近($y^+ \approx 15$),而湍动耗散部分则与生成不同,壁面处耗散最大。在平均速度梯度满足对数法则的所谓对数域($y^+ \geqslant 40$),湍动的生成和耗散基本达到局部平衡状态。壁面附近以黏性扩散为主,压力扩散则基本可以忽略。

虽然 DNS 在理论上是最为理想的数值求解湍流问题的方法,但需要指出的是,要想实现 DNS 的计算代价极大,最关键的就是计算机的运算能力问题。进行 DNS 计算时,理论上计算域要比流场的代表涡旋尺度 L 大,网格解析度要比最小的湍动尺度 η 小。由于湍流本质上是三维流动现象,基于 Kolmogorov 理论可以推算出,DNS 模拟的网格数至少就要达到 $(L/\eta)^3$,即 $Re^{9/4}$ 以上的量级。以 Re 数为 10^4 的湍流为例,进行 DNS 计算所需要的网格数就要达到 1 000³ 以上,这基本上已是现有最新超级计算机所能处理的网格上限。相比之下,实际工程中面对的湍流 Re 数要远远大于 10^4 的量级,而且还要面对各种复杂形状的物体和边界条件。如果是非稳态计算的话,为保证时间步长足够小以满足计算稳定性,估计时间步数也会达到和网格数一个量级的程度。总之,进行 DNS 模拟需要天文数字的计算机容量和处理能力。DNS 目前依然受到计算机运算速度和容量的强烈制约,只能针对低 Re 数(Pr 数或 Sc 数)流动以及较为简单的几何形状的流动,在可预期的将来很难应用于工程实际。

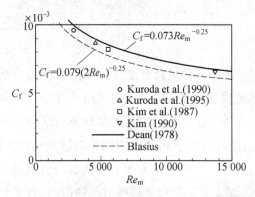 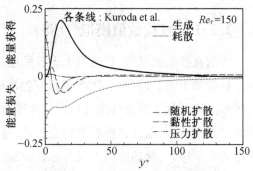

图 2.1　通道湍流摩擦系数 C_f 与 Re_m 的相关性　　图 2.2　壁面附近湍动能量平衡关系

2.1.2　湍流计算模型概述

从工学的角度,对湍流流动进行某些适当的简化处理,使流场的复杂变化得到一定程度的缓和,从而在现有的计算资源的条件下也能大致表征出流场的特点。这种对应于简化处理而提出的模型体系被统称为湍流计算模型。从总的建模思路出发可以分为以下两大类:

(1)空间筛滤方法。对空间内部的所有涡旋进行筛选,只有相对较大尺度的涡旋才被作为下一步的解析对象,微小尺度的涡旋部分通过代数建模的方式表现,达到简化计算的目的。这种方法以大涡模拟(Large Eddy Simulation,简称 LES)为代表。

(2)系综平均化方法。对流场进行系综平均并只以平均流作为下一步的解析对象,与平均流相关的微小的脉动部分通过建模的方式表现,从而达到简化计算的目的。这种方法以雷诺平均(Reynolds Average Navier – Stokes Equations,简称 RANS)模型为代表。

上述两大类湍流计算模型又包含了各种分支系列及相应的修正模型,另外,按照应用对象的特殊性质,还提出了相应的各种专用模型。图 2.3、图 2.4 分别从湍流计算模型的计算原理及应用领域的差别出发,给出了目前得到学术界普遍认可的一部分湍流计算模型及各自从属关系。本书中将重点介绍与建筑环境模拟相关的主要湍流计算模型。

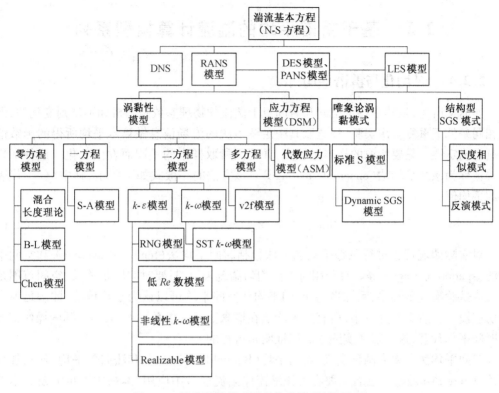

图 2.3　湍流计算模型的总体分类(计算原理)

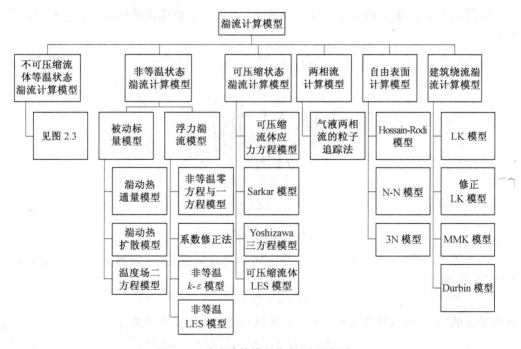

图 2.4　湍流计算模型分类(应用领域)

2.2　基于雷诺平均的湍流计算模型系列

2.2.1　时均化与雷诺平均

如前文所述,虽然在特定空间和时间点上湍流的物理参数是随机和不规则变化的,但在相同条件下重复多次实验,任意取其中足够多次的流场信息做算术平均所得的函数值却具有确定性。只要所取的样本足够多,并不因所取样本的不同而发生变化。这种平均方法被称为系综平均法(ensemble average)。该方法的一般式如下所示,其中"$\langle\ \rangle$"代表系综平均值。

$$\lim_{N\to\infty}\frac{1}{N}\sum_{k=1}^{B}f_k(\boldsymbol{x},t)=\langle f\rangle(\boldsymbol{x},t) \tag{2.1}$$

对实际湍流现象进行系综平均的方法包括时间平均法(temporal average)和空间平均法(spacial average)等。对于相对平稳均匀湍流来说,只要时间段足够长、空间范围足够大或试验次数足够多,系综平均、时间平均和空间平均可以认为是等价的,即满足各态遍历假设。在后文的介绍中,所有的平均值在概念上都是指系综平均,但实际的操作都按照时间平均代替,这一点在实践中起码证明是可行的。

时间平均法主要有两种定义:雷诺平均(Reynolds average)和法弗尔平均(质量加权平均,Favre average)。后者主要在可压缩流体湍流模型中应用,本书中不再涉及。本章节主要介绍雷诺平均。

如图 2.5 所示,对湍流流场的特定位置所得到的瞬态流速值进行时间上的平均处理,可得

$$\langle u\rangle(\boldsymbol{x})=\lim_{T\to\infty}\frac{1}{T}\int_{t_0}^{t_0+T}u(\boldsymbol{x},t)\,\mathrm{d}t \tag{2.2}$$

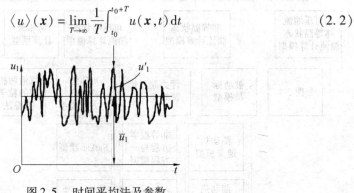

图 2.5　时间平均法及参数

由图还可以看出,对于湍流中某一特定物理量 f(如流速、压强等),其瞬时值应等于时均值 $\langle f\rangle$ 加上脉动值 f',即

$$f=\langle f\rangle+f' \tag{2.3}$$

通过简单的运算,很容易得到关于时均值和脉动值的如下运算性质,即

$$\langle f'\rangle=0\,;\quad \langle f'\langle f\rangle\rangle=0\,;\quad \langle\langle f\rangle\rangle=\langle f\rangle \tag{2.4}$$

对不可压缩流体连续性方程进行时均化处理后可得式(2.5)。可以看出,除了将原方程

中的瞬时流速 u_i 变为时均流速 $\langle u_i \rangle$ 外,方程形式没有任何改变。

$$\frac{\partial \langle u_i \rangle}{\partial x_i} = 0 \tag{2.5}$$

对不可压缩流体 N – S 方程进行时均化处理后可得

$$\frac{\partial \langle u_i \rangle}{\partial t} + \langle u_j \rangle \frac{\partial \langle u_i \rangle}{\partial x_j} = -\frac{1}{\rho} \frac{\partial \langle p \rangle}{\partial x_i} + \frac{\partial}{\partial x_j} \left(\nu \frac{\partial \langle u_i \rangle}{\partial x_j} - \langle u'_i u'_j \rangle \right) \tag{2.6}$$

可以观察到,式(2.6)与式(1.22)相比,右端多出了新的一项 $-\langle u_i' u_j' \rangle$,被定义为雷诺应力(Reynolds stress,m^2/s^2)(按照量纲的严格意义讲,雷诺应力应是 $-\rho \langle u_i' u_j' \rangle$)。这一项由迁移项 $\partial u_i u_j / \partial x_j$ 得来,因此也可以说起源于流场在空间上的不均匀性。如果是三维空间的话,该项应包括 9 个成分(考虑对称性的话,为 6 个成分)。式(2.6)因此又被称为雷诺方程。

　　下面简要分析雷诺应力的物理意义。将雷诺方程等号两端分别乘以流体密度 ρ,然后将雷诺应力项移至等号左端第 3 项。可以看出,对于湍流来说,湍流内部平均压强、分子黏性应力不仅提供流体平均流动造成的动量增量,还要提供脉动的动量增量,后者的增量由雷诺应力体现。需要指出的是,雷诺应力和分子黏性应力具有同样的量纲,但二者有本质上的区别。体现在:

$$\frac{\partial \langle \rho u_i \rangle}{\partial t} + \langle u_j \rangle \frac{\partial \langle \rho u_i \rangle}{\partial x_j} + \frac{\partial}{\partial x_j} \langle \rho u_i' u_j' \rangle = -\frac{\partial \langle p \rangle}{\partial x_i} + \frac{\partial}{\partial x_j} \left(\nu \frac{\partial \langle \rho u_i \rangle}{\partial x_j} \right) \tag{2.7}$$

　　(1)数量级的区别。湍流平均运动中,雷诺应力往往远大于分子黏性应力,一般相差 10^2 数量级以上。因此,对湍流来说,分子黏性应力根据情况不同可以忽略,雷诺应力不能忽略(壁面附近区域除外)。

　　(2)尺度的区别。湍流脉动的最小特征尺度也属于宏观尺度范围,而分子黏性应力的特征尺度则为分子运动平均自由程,属于微观尺度范围。

　　(3)生成机制的区别,这一点最为关键。雷诺应力来自于湍动过程中不规则的脉动,情况比较复杂,而分子黏性应力则主要来自分子间相互碰撞作用,情况比较单一。

　　综上,进行时均化处理后,基础控制方程增加了新的未知量 —— 雷诺应力,而方程个数不变,方程组无法封闭,不能求解。如何根据湍流的性质,建立附加条件,将雷诺应力项用已知量表示,从而使方程组封闭,就是所谓的“方程组的封闭问题”。RANS 模型是解决这一问题的一系列计算模型的总称。其中,直接推导 $-\langle u_i' u_j' \rangle$ 的输送方程的方法被称为应力方程模型(Differential Stress Model,简称 DSM);而不需推导 $-\langle u_i' u_j' \rangle$ 的输送方程,通过引入涡黏性系数求解的方法被称为涡黏性模型(eddy viscosity model)。与DSM 相比,涡黏性模型将雷诺应力项用简单的代数式描述,是相对简易的一类模型。

2.2.2　涡黏性模型

　　涡黏性模型是一种半经验的理论模型。它的理论前提来自法国数学家及理论物理学家 Boussinesq 于 1877 年所提出的假设:认为雷诺应力项实质上体现了湍动产生的湍动应力,而湍动应力与黏性产生的黏性应力具有比拟性。由于黏性应力为黏性系数与时均速度构成的变形率张量的乘积,即 $\nu(\partial \langle u_i \rangle / \partial x_j + \partial \langle u_j \rangle / \partial x_i)$,这样就可以参考黏性应力的

表现形式,将雷诺应力项直接用一个涡黏性系数 ν_t 和时均变形率张量来表示,可得

$$- \langle u'_i u'_j \rangle = \nu_t \left(\frac{\partial \langle u_i \rangle}{\partial x_j} + \frac{\partial \langle u_j \rangle}{\partial x_i} \right) - \frac{2}{3} \delta_{ij} k \tag{2.8}$$

式中,ν_t 为涡黏性系数($\mathrm{m^2/s}$),需要指出的是,该变量与黏性系数量纲相同,但实际物理意义截然不同。黏性系数是代表流体特性的参数,由流体本身的性质决定,与流动状态无关,而涡黏性系数代表的是流体的湍动特性,是由流动状态决定的。很显然,由于分子运动与湍流脉动之间存在本质上的差别,上述模型简单地用分子运动来比拟湍流脉动,在理论上是不严谨的。

上式右端第三项为添加项,用于 $i = j$ 时保证方程式两端的数学恒等,其中 δ_{ij} 的设定取值为:$1(i = j)$;$0(i \neq j)$;k 为湍动动能($\mathrm{m^2/s^2}$),$k = 1/2 \langle u_i' u_i' \rangle$。这是湍流计算模型中非常重要的物理量,可用于度量湍动强度。

由于 ν_t 也是一个未知量,方程组依然不能封闭,必须设法给出其表达式。根据表达式中新引入未知量个数的不同,涡黏性模型又可分为零方程模型、一方程模型、二方程模型和多方程模型等不同形式。其中,最为人们所熟知、应用最为广泛的 $k - \varepsilon$ 方程模型就属于二方程模型。以下将分别进行简单的介绍。

1. 零方程模型

(1) 混合长度模型。

零方程模型是指涡黏性系数 ν_t 的表达式中没有引入新的未知量及相对应的输送方程的涡黏性模型。其代表是普朗特的混合长度模型。普朗特将流体质团的湍动和气体分子运动比拟,比照气体分子布朗运动的平均自由程,提出了流体质团做湍动运动时的混合长度概念,即湍动质团要在运行一个混合长度的距离后才和周围流体混合。具体的推导简述如下:

首先根据量纲分析,ν_t 可以表示为一个特征速度 v_t 和一个特征长度 l 的乘积,即

$$\nu_t = v_t \cdot l \tag{2.9}$$

然后同样根据量纲分析,特征速度 v_t 又可以表示为特征长度 l 和一个湍流特征时间 t_0 之比,即

$$v_t = l/t_0 \tag{2.10}$$

代入式(2.9)整理可得

$$\nu_t = \frac{l^2}{t_0} \tag{2.11}$$

研究表明,t_0 与壁面附近处的速度梯度成比例,因此上式又改写为

$$\nu_t = L^2 \left| \frac{\partial \langle u \rangle}{\partial x_n} \right| \tag{2.12}$$

式中,L 为混合长度;$\langle u \rangle$ 为壁面附近切线方向上的速度;x_n 为壁面法线方向坐标。

关于混合长度的计算,普朗特给出在壁面附近 L 的表达式为

$$L = \kappa \cdot x_n \tag{2.13}$$

考虑壁面附近黏性对雷诺应力的衰减作用,L 还可用更为准确的 Van Driest 阻尼函数(damping function)模型 x_n^+ 表示为

$$L = \kappa x_n (1 - e^{-x_n^+/26}) \tag{2.14}$$

式中,x_n^+ 为壁坐标,$x_n^+ = u^* x_n / \nu_w$,ν_w 为壁面处流体运动黏性系数。上面两式中的 κ 为卡门常数(-),一般取 0.40 ~ 0.45。

对壁面附近之外区域,ν_t 一般用时均变形率张量或时均旋转张量表示,如下两式所示,即

$$\nu_t = L^2 (2 \langle S_{ij} \rangle \langle S_{ij} \rangle)^{1/2} \tag{2.15}$$

$$\nu_t = L^2 (2 \langle \Omega_{ij} \rangle \langle \Omega_{ij} \rangle)^{1/2} \tag{2.16}$$

(2)Baldwin - Lomax 模型[11]。

Baldwin - Lomax 模型将湍流边界层分为内层和外层,分别给出涡黏性系数表达式为

$$\nu_t = \begin{cases} \nu_{t,in} = L^2 | \Omega | = L^2 \sqrt{2 \Omega_{ij} \Omega_{ij}} & (x_n \leqslant x_c) \\ \nu_{t,out} = C F_{wake} F_{kleb}(x_n) & (x_n > x_c) \end{cases} \tag{2.17}$$

式中,L 为考虑壁面修正的混合长度,计算式为

$$L = \kappa x_n [1 - \exp(-x_n^+/A^+)] \tag{2.18}$$

式中,$A^+ = 26$。

式(2.17)中的 F_{wake} 为反映尾流强度的函数,表达式为

$$F_{wake} = \min(x_{n,max} F_{max}, C_{wk} x_{n,max} U_{dif}^2 / F_{max}) \tag{2.19}$$

式中,F_{max}、$x_{n,max}$ 分别为函数 $F(y)$ 的最大值和最大值所在位置坐标,$F(y) = x_n \Omega (1 - \exp(-x_n^+/A^+))$;$U_{dif}$ 为平均速度剖面上最大速度和最小速度之差。

式(2.17)中的 $F_{kleb}(x_n)$ 为层流边界层和湍流边界层之间的间歇性修正系数,即

$$F_{kleb} = [1 + 5.5(C_{kleb} x_n / x_{n,max})^6]^{-1} \quad (C_{kleb} = 0.3) \tag{2.20}$$

另外,边界内层与外层的区分位置 $x_c = \min(x_n)$:$\nu_{t,in} = \nu_{t,out}$,$C_{wk} = 1.0$。

Baldwin - Lomax 模型非常适合高速、边界层很薄的流动现象,如空气动力学和透平机械流动等,计算稳定可靠。因为比较细致地考虑了边界层影响,网格划分需要比较细,距壁面第一网格需要满足 $y^+ < 1$。另外,该模型不适用于分离流显著的流动。

(3)Chen 模型[12]。

对于室内空气流动,涡黏性系数 ν_t 可表示为以下简单的代数公式,即

$$\nu_t = 0.03874 U L \tag{2.21}$$

式中,U 为局部平均风速;L 为距最近的壁面的距离。

该模型作为 Airpak 的缺省模型,主要用于工程界的建筑气流组织模拟。

(4)总结。

从优点方面看,零方程模型应用比较简单,计算量小,对于某些简单的流动现象(如二维平板湍流等)计算效果不比其他复杂的计算模型差;但该类模型的缺点也很突出。首先,模型虽然可根据特定的流动现象做各种修正,但都不具有普适性,由于工程学科面对的实际湍流状态非常复杂,主流区局部特征变化明显,特征长度 L 到底代表什么尺度的涡旋不明确,确定起来有很大困难;其次,由式(2.15)、式(2.16)或式(2.17)均可以看出,本模型中的雷诺应力或相关变量只和当地时均变形率张量、时均标量梯度有关,完全忽略了湍流统计量之间关系的历史效应,在进行非稳态计算时必然会带来较大的误差。

2. 一方程模型

（1）Lolmogorov - Prandtl 模型。

一方程模型是涡黏性系数 ν_t 的表达式中引入一个新的未知量的涡黏性模型。其思考方法同样是根据量纲分析,将 ν_t 表示为一个特征速度 v_t 和一个特征长度 l 的乘积。但在该类模型中,v_t 用湍动动能 k 予以替代。从而,可得

$$\nu_t = c_\mu k^{1/2} \cdot l \tag{2.22}$$

式中,l 与零方程模型一样计算或直接给出,k 则需要导出其输送方程。具体方法是:式（1.22）的 N - S 方程与式（2.6）的雷诺方程相减,得到一个关于 u'_i 的偏微分方程,然后再按 k 的定义,在方程两端分别乘以 u'_i 并做时均化处理,最终整理可得 k 的输送方程为

$$\frac{\partial k}{\partial t} + \langle u_j \rangle \frac{\partial k}{\partial x_j} = P_k + D_k - \varepsilon \tag{2.23}$$

上式右端 3 项展开后表示为

$$P_k = -\langle u'_i u'_j \rangle \frac{\partial \langle u_i \rangle}{\partial x_j} \tag{2.24}$$

$$D_k = -\frac{\partial}{\partial x_j}\left(\frac{1}{2}\langle u'_i u'_i u'_j \rangle + \frac{1}{\rho}\langle p' u'_j \rangle \right) + \nu \frac{\partial^2 k}{\partial x_j^2} \tag{2.25}$$

$$\varepsilon = \nu \langle \frac{\partial u'_i}{\partial x_j} \cdot \frac{\partial u'_i}{\partial x_j} \rangle \tag{2.26}$$

以上各式中 P_k 为速度梯度引起的湍动动能 k 的产生项（m^2/s^3）。由式（2.24）可以看出,该项为雷诺应力和平均速度梯度张量的二重标量积,表示雷诺应力通过平均速度梯度张量向湍流脉动输入的平均能量。换句话说,对于平均速度梯度不等于零的湍流场,k 的产生项反映了通过雷诺应力将平均流场中一部分能量转移到脉动运动,抵消湍动动能耗散,维持湍流脉动的过程。实际上,湍流中湍动动能的增长主要取决于产生项。当 $P_k > 0$ 时,意味着湍流中湍动动能增加;当 $P_k < 0$ 时,则意味着湍流中湍动动能减少。另外还可以看出,壁面附近的速度梯度对 P_k 有直接的作用。再结合式（1.13）说明,除了变形作用 S_{ij} 外,旋转张量 Ω_{ij} 对 P_k 也有很大影响。D_k 为湍动动能 k 的扩散项（m^2/s^3）,该项的作用是在湍流流场内传递湍动动能;ε 为湍动动能 k 的耗散项（m^2/s^3）,该值总是一个正值。

顺便指出,对于没有外力作用、平均速度梯度为零的均匀各向同性湍流场,湍动必然出现衰减。此时 k 输送方程简化为

$$\frac{\mathrm{d}k}{\mathrm{d}t} = -\varepsilon < 0 \tag{2.27}$$

将 k 的输送方程代入式（2.22）,就可以求出 ν_t。但为了让方程组真正封闭,式（2.23）右端的第一项（湍动扩散项,反映速度脉动引起的湍动动能扩散传递）、第二项（压力扩散项,反映压力脉动引起的湍动动能扩散传递）以及 ε 都还未知,需要做进一步的建模。其中,湍动扩散项和压力扩散项与式（2.25）右端的第三项（黏性扩散项,反映分子黏性作用引起的湍动动能扩散传递）比拟,可以表示为

$$-\frac{\partial}{\partial x_j}\left(\frac{1}{2}\langle u'_i u'_i u'_j\rangle + \frac{1}{\rho}\langle p' u'_j\rangle\right) = \frac{\partial}{\partial x_j}\left(\frac{\nu_t}{\sigma_k}\cdot\frac{\partial k}{\partial x_j}\right) \tag{2.28}$$

式中，σ_k 为经验常数（–），一般取 1.0。

ε 虽然有式(2.26)的理论表达式，一般则通过量纲分析表示为更为简单的形式，即

$$\varepsilon = C^*\frac{k^{3/2}}{l} \tag{2.29}$$

式中，l 为特征长度，一般就采用混合长度值；模型中的各常数根据实验和理论分析确定，$C_\mu = 0.56, C^* = 0.18, \sigma_k = 1.0$。

(2)Spalart – Allmaras 模型[13]。

与 Lolmogorov – Prandtl 模型不同，S – A 模型引入一个新的变量——湍动传递变量(transported quantity)$\bar{\nu}$ 以反映涡黏性系数，$\nu_t = \bar{\nu}f_{v1}$。

与推导 k 输送方程类似，$\bar{\nu}$ 的输送方程建立如下：

$$\frac{D\bar{\nu}}{Dt} = C_{b1}(1 - f_{t2})\bar{S}\bar{\nu} + \frac{1}{\sigma}\left[\frac{\partial}{\partial x_j}\left[(\nu + \bar{\nu})\frac{\partial\bar{\nu}}{\partial x_j}\right] + C_{b2}\left(\frac{\partial\bar{\nu}}{\partial x_i}\right)^2\right] -$$

$$\left(C_{w1}f_w - \frac{C_{b1}}{\kappa^2}f_{t2}\right)\left(\frac{\bar{\nu}}{d}\right)^2 + f_{t1}\Delta U^2 \tag{2.30}$$

上式中右边第一项为 $\bar{\nu}$ 的产生项，第二项为 $\bar{\nu}$ 的扩散项，第三项为 $\bar{\nu}$ 的破坏项。

其中

$$\bar{S} \equiv S + \frac{\bar{\nu}}{\chi^2 d^2}f_{v2} \tag{2.31}$$

$$f_{v2} = 1 - \chi/(1 + \chi f_{v1}) \tag{2.32}$$

$$S \equiv \sqrt{2\boldsymbol{\Omega}_{ij}\boldsymbol{\Omega}_{ij}} \tag{2.33}$$

式中，d 为距最近壁面的距离；$f_{v1} = \dfrac{\chi^3}{\chi^3 + C_{v1}^3}\left(\chi = \dfrac{\bar{\nu}}{\nu}\right)$。

式(2.30)中 f_w 为破坏函数(destruction function)，表达式为

$$f_w = g\left\{(1 + C_{w3}^6)/(g^6 + C_{w3}^6)\right\}^{\frac{1}{6}}(g = r + C_{w2}(r^6 - r), r = \bar{\nu}/(\bar{S}\chi^2 d^2)) \tag{2.34}$$

r 越大，f_w 趋于定值。壁面处的 $\bar{\nu}$ 值设为零。

式(2.30)中的 f_{v1}、C_{w1}、f_{t2} 分别为

$$f_{v1} = \frac{\chi^3}{\chi^3 + C_{v1}^3} \tag{2.35}$$

$$C_{w1} = C_{b1}/\kappa^2 + (1 + C_{b2})/\sigma \tag{2.36}$$

$$f_{t2} = C_{t3}\exp(-C_{t4}\chi^2) \tag{2.37}$$

对于充分湍流，$\chi \gg 1$，则 $f_{v1} \approx 1$，此时 $\nu_t \approx \bar{\nu}$。

式(2.30)中的 f_{t1} 表示由层流向湍流迁移的转捩函数。湍流黏性在转捩点开始产生

作用,然后逐渐向流场内部扩展,可表示为

$$f_{t1} = C_{t1}g_t \exp\{-C_{t2}(\omega_t^2/\Delta U^2)(d_t^2 + g_t^2 d_t^2)\} \tag{2.38}$$

式中,ω_t 为转捩点的涡度;d_t 为从计算点到壁面转捩点的距离;ΔU 为计算点到转捩点速度差的模。

以上各式中的常数:$C_{w3} = 2$,$C_{b1} = 0.1355$,$C_{b2} = 0.622$,$\sigma = 2/3$,$C_{v1} = 7.1$,$C_{t1} = 1$,$C_{t2} = 2$,$C_{t3} = 1.1$,$C_{t4} = 2$。

该模型最初用于航天领域的设计,由于模型中没有出现代表长度且考虑了壁面的气流衰减效果,与其他一方程模型相比更适用于边界层流动。该模型是局部模型,某一点的解与周围网格的求解无关,因此适用于各种类型的网格,对壁面附近网格要求也不像其他模型那么严格;缺点是转捩点需根据经验由使用者预先给定。

(3)总结。

在优点方面,一方程模型由于导入了湍动动能 k 的输送方程,与零方程模型在理论上相比前进了一步。但问题在于该模型依然保留了代表长度,所以同样面临着其值不易确定的问题。对于预先无法预测的流场,零方程模型和一方程模型都不便于应用。在涡黏性模型系列里面,很长一段时间内该模型处于在简易快速方面不如零方程模型,在精度方面又不如二方程模型的尴尬地位,独立应用很少。但近年来发现可以将一方程模型和LES 模型结合利用,取长补短,形成新的一类复合模型,成为目前 CFD 模型研发的热门领域,具体详见 2.4 节。而 S - A 模型相比其他一方程模型更加可靠一些。

3. 二方程模型

二方程模型是涡黏性系数 ν_t 的表达式中引入两个新的未知量的涡黏性模型。事实上,根据未知量的不同,二方程模型又包括湍动动能 k 与局部涡度 ω 构成的 $k-\omega$ 模型,及湍动动能 k 与湍流时间尺度 τ 构成的 $k-\tau$ 模型等形式。但从应用的广泛性看还是湍动动能 k 与湍动动能耗散 ε 构成的 $k-\varepsilon$ 模型最为知名,现已几乎成为涡黏性模型的代名词。

(1)标准 $k-\varepsilon$ 二方程模型[14]。

$k-\varepsilon$ 模型的思考方法同样是根据量纲分析,将 ν_t 表示为一个特征速度 v_t 和一个特征长度 l 的乘积,且与一方程模型相同,v_t 用湍动动能 k 予以替代。但特征长度 l 则进一步根据量纲分析,用 $l = k^{3/2}/\varepsilon$ 替代。从而

$$\nu_t = C_\mu \frac{k^2}{\varepsilon} \tag{2.39}$$

参照上一小节中 k 输送方程的建立方法,可直接导出如下的 ε 输送方程,即

$$\frac{\partial \varepsilon}{\partial t} + \langle u_j \rangle \frac{\partial \varepsilon}{\partial x_j} = P_\varepsilon - \Phi_\varepsilon + D_\varepsilon \tag{2.40}$$

上式右端 3 项可展开为

$$P_\varepsilon = -2\nu \langle \frac{\partial u'_i}{\partial x_j} \cdot \frac{\partial u'_k}{\partial x_j} \rangle \frac{\partial \langle u_i \rangle}{\partial x_k} - 2\nu \langle \frac{\partial u'_i}{\partial x_i} \cdot \frac{\partial u'_j}{\partial x_k} \rangle \frac{\partial \langle u_i \rangle}{\partial x_k} -$$

$$2\nu \langle u'_k \frac{\partial u'_i}{\partial x_j} \rangle \frac{\partial^2 \langle u_i \rangle}{\partial x_k \partial x_j} - 2\nu \langle \frac{\partial u'_i}{\partial x_k} \cdot \frac{\partial u'_k}{\partial x_j} \cdot \frac{\partial u'_i}{\partial x_j} \rangle \tag{2.41}$$

$$\varPhi_\varepsilon = -2\nu^2 \left\langle \frac{\partial^2 u'_i}{\partial x_j \partial x_k} \cdot \frac{\partial^2 u'_i}{\partial x_j \partial x_k} \right\rangle \tag{2.42}$$

$$D_\varepsilon = \frac{\partial}{\partial x_k} \left(-\nu \left\langle u'_k \frac{\partial u'_i}{\partial x_j} \cdot \frac{\partial u'_i}{\partial x_j} \right\rangle - \frac{2\nu}{\rho} \left\langle \frac{\partial u'_k}{\partial x_j} \cdot \frac{\partial p'}{\partial x_j} \right\rangle + \nu \frac{\partial \varepsilon}{\partial x_k} \right) \tag{2.43}$$

以上各式中 P_ε 为 ε 的产生项,起着让 k 值减少的作用。式(2.41)中右端第一项、第二项为平均速度梯度引发的 ε 的产生项;第三项意义不明确;第四项则代表涡旋伸缩引发的 ε 的产生项;$\varPhi_\varepsilon$ 为 ε 的耗散项;D_ε 为 ε 的扩散项,包括脉动速度和压力、黏性引发的 ε 的扩散传递。

直接推导得到的 ε 输送方程中,形成的新未知量需要进一步分别建模,但由于存在以下困难:① 分子黏性的小尺度流动现象用平均流速梯度等大尺度流动现象来表示本身存在物理意义上的矛盾;② 自身的物理意义不清晰,导致这种建模的思路不能在实际中应用。

为解决该问题需要另辟蹊径。从宏观角度看湍流,大尺度的湍动就是从平均流中获得能量,也就是产生湍动动能 k 的过程,同时小尺度的湍动由于黏性耗散作用导致 k 的损失。从这个意义讲,ε 的输送方程应该与 k 的输送方程有内在的联系。这样,参考式(2.23),ε 的输送方程最终表述为

$$\frac{D\varepsilon}{Dt} - D_\varepsilon = \varepsilon/k(C_{\varepsilon 1} P_k - C_{\varepsilon 2} \varepsilon) \tag{2.44}$$

其中 D_ε 仿照分子扩散的表达式,为

$$D_\varepsilon = \frac{\partial}{\partial x_j} \left(\frac{\nu_t}{\sigma_\varepsilon} \cdot \frac{\partial \varepsilon}{\partial x_j} \right) \tag{2.45}$$

从量纲看,式(2.44)中 ε/k 的意义相当于湍动寿命的时间尺度。另外要注意,式(2.40)中的 P_ε 和 D_ε 不能简单地和式(2.44)右端第一项、第二项相对应。

以上方程中涉及的经验常数通过对各种简单流动的理论分析,结合实验或 DNS 模拟结果来获得。下面分别予以简单介绍。

①C_μ 的确定。

根据实验,简单的二维定常准平行剪切湍流内有以下关系成立,即

$$-\langle u'v' \rangle/k \approx 0.3 \tag{2.46}$$

该区域处于局部平衡状态,即湍动动能生成与耗散相平衡,又可得

$$P_k = -\langle u'v' \rangle \frac{\partial \langle u \rangle}{\partial y} \approx \varepsilon \tag{2.47}$$

将上式结合涡黏性系数表达式,即式(2.8),可得

$$\langle u'v' \rangle = -\nu_t \frac{\partial \langle u \rangle}{\partial y} = -C_\mu \frac{k^2}{\varepsilon} \frac{\partial \langle u \rangle}{\partial y} \Rightarrow \frac{\langle u'v' \rangle^2}{C_\mu (k^2/\varepsilon)} \approx \varepsilon \tag{2.48}$$

再回代至式(2.46),从而确定出 C_μ,即

$$C_\mu \approx \left(\frac{\langle u'v' \rangle}{k} \right)^2 \to C_\mu \approx 0.09 \tag{2.49}$$

②$C_{\varepsilon 2}$ 的确定。

均匀各向同性湍流的 k 输送方程和 ε 输送方程可简化为

$$\begin{cases} dk/dt = -\varepsilon \\ d\varepsilon/dt = -C_{\varepsilon2}\varepsilon^2/k \end{cases} \tag{2.50}$$

由实验可知均匀各向同性湍动衰减满足幂函数关系,如下式所示,即

$$k \propto t^{-n} \rightarrow \varepsilon \propto t^{-n-1} \tag{2.51}$$

将上式代入式(2.50)并整理可得

$$C_{\varepsilon2} = (n+1)/n \tag{2.52}$$

由实验可知,n 约为 1.2 ~ 1.3,代入上式并修正后可确定 $C_{\varepsilon2} = 1.92$。

③$C_{\varepsilon1}$ 和 σ_ε 的确定。

对于壁湍流等应力区(近壁面的很薄的区域内,总切应力近似等于壁面切应力),有以下近似式成立,即

$$\varepsilon = u^{*3}/\kappa y \quad (u^{*2} = -\langle u'v'\rangle) \tag{2.53}$$

代入 ε 输送方程式(2.40),对于定常准平行流其扩散项可近似忽略,经进一步简化得

$$C_{\varepsilon2} - C_{\varepsilon1} = \frac{\kappa^2}{\sigma_\varepsilon\sqrt{C_\mu}} \tag{2.54}$$

再利用均匀剪切湍流中湍流统计量的空间导数等于零,k 和 ε 的输送方程可简化为

$$\begin{cases} dk/dt = P_k - \varepsilon \\ d\varepsilon/dt = \dfrac{\varepsilon^2}{k}\Big(C_{\varepsilon1}\dfrac{P_k}{\varepsilon} - C_{\varepsilon2}\Big) \end{cases} \tag{2.55}$$

根据实验和 DNS 计算结果,均匀剪切湍流中 $\left[\dfrac{d}{dt}\Big(\dfrac{k}{\varepsilon}\Big)\right]_{t\to\infty} = 0$,代入以上两式可得

$$C_{\varepsilon1} = 1 + \frac{C_{\varepsilon2} - 1}{P_k/\varepsilon} \tag{2.56}$$

在均匀剪切湍流中 P_k/ε 趋于常数 1.4,从而可计算出 $C_{\varepsilon1} = 1.44$,$\sigma_\varepsilon = 1.3$。

④σ_k 的确定。

湍动动能扩散发生在非均匀湍流场中,很难在简单的湍流流场中确定。假定湍动动能输送和动量输送以相同的机制进行,可简单确定 $\sigma_k = 1$。

表 2.1 为标准 $k - \varepsilon$ 模型的方程及常数汇总(等温状态)。

表 2.1　标准 $k - \varepsilon$ 模型的方程及常数汇总(等温状态)

连续性方程:

$$\frac{\partial\langle u_i\rangle}{\partial x_i} = 0$$

动量方程:

$$\frac{\partial\langle u_i\rangle}{\partial t} + \langle u_j\rangle\frac{\partial\langle u_i\rangle}{\partial x_j} = -\frac{1}{\rho}\frac{\partial\langle p\rangle}{\partial x_i} + \frac{\partial}{\partial x_j}\Big(\nu\frac{\partial\langle u_i\rangle}{\partial x_j} - \langle u'_i u'_j\rangle\Big)$$

$$-\langle u'_i u'_j\rangle = \nu_t\Big(\frac{\partial\langle u_i\rangle}{\partial x_j} + \frac{\partial\langle u_j\rangle}{\partial x_i}\Big) - \frac{2}{3}\delta_{ij}k$$

涡黏性系数方程:

$$\nu_t = C_\mu\frac{k^2}{\varepsilon}$$

续表 2.1

k 与 ε 输送方程：

$$\frac{\partial k}{\partial t} + \langle u_j \rangle \frac{\partial k}{\partial x_j} = P_k + D_k - \varepsilon$$

$$\frac{\partial \varepsilon}{\partial t} + \langle u_j \rangle \frac{\partial \varepsilon}{\partial x_j} = D_\varepsilon + \frac{\varepsilon}{k}(C_{\varepsilon 1}P_k - C_{\varepsilon 2}\varepsilon)$$

$$P_k = -\langle u'_i u'_j \rangle \frac{\partial \langle u_i \rangle}{\partial x_j} = \nu_t S^2$$

$$D_k = \frac{\partial}{\partial x_j}\left(\frac{\nu_t}{\sigma_k} \cdot \frac{\partial k}{\partial x_j}\right)$$

$$D_\varepsilon = \frac{\partial}{\partial x_j}\left(\frac{\nu_t}{\sigma_\varepsilon} \cdot \frac{\partial \varepsilon}{\partial x_j}\right)$$

常数：

$$C_\mu = 0.09, C_{\varepsilon 1} = 1.44, C_{\varepsilon 2} = 1.92, \sigma_\varepsilon = 1.3, \sigma_k = 1$$

（2）$k - \omega$ 二方程模型。

以具有代表性的 Wilcox $k - \omega$ 二方程模型为例进行简单介绍[15]。与 $k - \varepsilon$ 模型不同，其涡黏性系数 ν_t 用 k 和涡度 ω 表示，然后分别建立 k 和 ω 的输送方程。主要方程如下所示，具体推导方法从略。

$$\nu_t = \alpha^* \frac{k}{\omega} \tag{2.57}$$

$$\omega = \frac{\varepsilon}{\beta^* k} \tag{2.58}$$

$$\frac{\partial k}{\partial t} + \langle u_j \rangle \frac{\partial k}{\partial x_j} = P_k + \frac{\partial}{\partial x_j}\left[\left(\nu + \frac{\nu_t}{\sigma^*}\right)\frac{\partial k}{\partial x_j}\right] - C_\mu k\omega \tag{2.59}$$

$$\frac{\partial \omega}{\partial t} + \langle u_j \rangle \frac{\partial \omega}{\partial x_j} = C_{\omega 1}\frac{\omega}{k}P_k + \frac{\partial}{\partial x_j}\left[\left(\nu + \frac{\nu_t}{\sigma}\right)\frac{\partial \omega}{\partial x_j}\right] - C_{\omega 2}\omega^2 \tag{2.60}$$

式中系数与常数分别设定如下：$\alpha^* = \dfrac{1/40 + Re_\omega/6}{1 + Re_\omega/6}$，$\beta^* = \dfrac{9}{100}\dfrac{5/18 + (Re_\omega/8)^4}{1 + (Re_\omega/8)^4}$，

$C_{\omega 1} = \dfrac{5}{9}\dfrac{1/10 + Re_\omega/2.7}{1 + Re_\omega/2.7}$，$C_{\omega 2} = 3/40$，$\sigma^* = \sigma = 2$。其中，$Re_\omega = k/(\nu\omega)$。

（3）标准二方程模型的理论基础。

$k - \varepsilon$ 模型是目前工学范围内利用最多、效果也得到公认的湍流计算模型。但必须指出的是，$k - \varepsilon$ 模型可以说是二方程模型的代表，却绝不是唯一的二方程模型，也不能证明 $k - \varepsilon$ 模型比其他二方程模型计算效果更好。$k - \varepsilon$ 模型目前在学术界和工程界的地位和相关商用软件的推广密不可分，很大程度上是市场机遇的结果。

下面将通过简单的分析，说明所有二方程模型在本质上都是一样的。

重新回顾一下 $k - \varepsilon$ 模型描述流体湍动的理论基础。根据量纲分析可得

$$\nu_t \propto (湍动特征速度 v) \times (湍动特征长度 l) \Rightarrow$$

$$v = \sqrt{k}, \quad t = k/\varepsilon, \quad l = k^{3/2}/\varepsilon \tag{2.61}$$

而对于 $k-\omega$ 模型来说,同样可以得到

$$\nu_t \propto (湍动特征速度 v) \times (湍动特征长度 l) \Rightarrow$$

$$v = \sqrt{k}, \quad t = 1/\omega, \quad l = k^{1/2}/\omega \tag{2.62}$$

设二方程模型的一般形式为 $k-\Phi$,则通用变量 Φ 与 k、ε 的关系可写为这样的具有普适性的表达式:$\Phi \propto k^m \varepsilon^n$,从而湍动特征长度 l 和涡黏性系数 ν_t 可分别表示为

$$l \propto \frac{k^{3/2}}{\varepsilon} \propto \frac{k^{3/2+m/n}}{\Phi^{1/n}} \tag{2.63}$$

$$\nu_t \propto \sqrt{k} l = \frac{k^{2+m/n}}{\Phi^{1/n}} \tag{2.64}$$

综上,上述普适表达式转化为 $k-\varepsilon$ 模型时,相当于 $n=1,m=0$;而转化为 $k-\omega$ 模型时,相当于 $n=1,m=-1$。可见 $k-\varepsilon$ 模型和 $k-\omega$ 模型中的输送方程在数学形式上可完全实现互换。

同时必须指出的是,由于变量自身物理性质以及常数的不同,不同的二方程模型不可能得到完全相同的解。根据计算经验,与 $k-\varepsilon$ 模型相比,$k-\omega$ 模型在计算逆压梯度边界层流动以及平板分离流等现象有更好的计算结果,而对于自由剪切流动的计算则容易不稳定。

（4）标准二方程模型的优缺点总结。

标准二方程模型与其他涡黏性模型,如零方程模型或一方程模型相比,计算精度较高,通用性和计算稳定性都较强;而与后文即将介绍的 DSM 以及 LES 相比,计算量和计算时间又少很多,可以认为是在目前的计算机硬件条件下,将计算的准确性和经济性实现平衡比较好的湍流计算模型,因此非常适合工程应用。另外,该模型还具有经验参数较少,常数的推荐值普适性强;可利用壁函数等方法简化壁面附近的网格划分,进一步提高运算速度;涡黏性系数总为正值,进一步增强了计算稳定性等优点。

与此同时,必须引起注意的是,标准 $k-\varepsilon$ 模型由于模型内在原因,也存在一些固有的缺陷,绝不是万能完美的计算模型。这里面的问题点主要包括:

① 如前所述,以标准 $k-\varepsilon$ 模型为代表的理论前提是 Boussinesq 涡黏性假设。由式（2.8）可以看出,雷诺应力 $-\langle u_i' u_j' \rangle$ 与时均变形率是线性关系且是各向同性的。但实际流动状况中各雷诺应力分量因相互耦合,其变形是非线性关系且是各向异性的。对于绕流、旋转射流等复杂的湍流流动,计算结果将与实际情况存在较大误差。

② 标准 $k-\varepsilon$ 模型是以充分湍动的流场为对象开发的,对需要充分考虑近壁作用的流场来说,因为固体壁面的抑制作用导致近壁的湍流雷诺数相对较低,分子黏性作用变得显著,这时标准 $k-\varepsilon$ 模型就不再适用了。

③ 对于自然通风为主的高大建筑空间或类似置换通风的通风方式,易形成相对稳定的温度成层分布,从而导致稳定的浮升力效应,使垂直方向的湍流度有所减弱。对于这种疑似层流流场进行模拟时需要做特殊的考虑。

为充分说明以上问题,下面举出两个标准 $k-\varepsilon$ 模型（实际上可扩展到所有涡黏性模型）无法适用的例子。

① 钝体绕流运动[16]。如图 2.6 所示,钝体绕流现象实际上包含冲击流动、钝体上端

的分离流和再贴附流,后部还会形成大循环流构成的尾流区和自由剪切区,非常复杂。为简化问题起见,考虑二维情况,由 $\langle u_2 \rangle \propto 0, \dfrac{\partial}{\partial x_2} \propto 0$,代入 P_k 的计算式,即由式(2.24)可得

$$P_k = -\langle u_1'^2 \rangle \frac{\partial \langle u_1 \rangle}{\partial x_1} - \langle u_1' u_3' \rangle \frac{\partial \langle u_1 \rangle}{\partial x_3} - \langle u_1' u_3' \rangle \frac{\partial \langle u_3 \rangle}{\partial x_1} - \langle u_3'^2 \rangle \frac{\partial \langle u_3 \rangle}{\partial x_3} \quad (2.65)$$

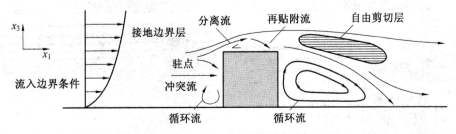

图 2.6　钝体绕流现象

导入连续性方程 $\dfrac{\partial \langle u_1 \rangle}{\partial x_1} + \dfrac{\partial \langle u_3 \rangle}{\partial x_3} = 0$ 并整理可得

$$P_k = -(\langle u_1'^2 \rangle - \langle u_3'^2 \rangle)\frac{\partial \langle u_1 \rangle}{\partial x_1} - \langle u_1' u_3' \rangle \frac{\partial \langle u_1 \rangle}{\partial x_3} - \langle u_1' u_3' \rangle \frac{\partial \langle u_3 \rangle}{\partial x_1} \quad (2.66)$$

上式等号右端第 3、第 4 项一般可忽略,则可知 P_k 主要由等号右端第 1、第 2 项中的 $\langle u_1'^2 \rangle$ 和 $\langle u_3'^2 \rangle$ 的差值决定。按式(2.8),$\langle u_1'^2 \rangle$ 和 $\langle u_3'^2 \rangle$ 又可表示为

$$\langle u_1'^2 \rangle = \frac{2}{3}k - 2\nu_t \frac{\partial \langle u_1 \rangle}{\partial x_1} \quad (2.67)$$

$$\langle u_3'^2 \rangle = \frac{2}{3}k - 2\nu_t \frac{\partial \langle u_3 \rangle}{\partial x_3} \quad (2.68)$$

将以上两式代入式(2.66),同时再根据连续性方程,整理可得

$$P_k = 4\nu_t \left(\frac{\partial \langle u_1 \rangle}{\partial x_1} \right)^2 \quad (2.69)$$

如此一来,根据情况既可能是正数也可能是负数的 P_k 值就总是一个与主流速度梯度呈平方关系的正值,从而过大估计了与壁面的冲突,尤其是迎风面角部处的 k 值的生成(参见图 2.7 所示风洞实验与模拟结果的对比),造成整体流动的失真(模拟无法再现钝体顶部流动分离和再贴附现象)。

②二维旋转通道流动[17]。图 2.8 为旋转通道的二维通道流动示意图。实际现象中可观察到压力大的通道一侧壁面摩擦和湍动强度增加,压力小的一侧则相反。这一点可通过应力方程模型(见下文 2.2.3 节)中,雷诺应力各分量方程式的产生项 P_{ij} 和旋转项 R_{ij} 计算式来进行说明,即

$$P_{11} + R_{11} = -\langle u'v' \rangle \frac{\partial \langle u \rangle}{\partial y} + 4\Omega \langle u'v' \rangle \quad (2.70)$$

$$P_{22} + R_{22} = -4\Omega \langle u'v' \rangle \quad (2.71)$$

$$P_{12} + R_{12} = -\langle v'v' \rangle \frac{\partial \langle u \rangle}{\partial y} - 2\Omega(\langle u'u' \rangle - \langle v'v' \rangle) \quad (2.72)$$

式中,Ω 为旋转角速度。

k 值：

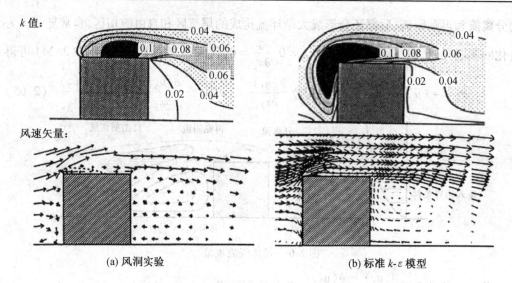

风速矢量：

(a) 风洞实验　　　　　　　　　　　(b) 标准 $k\text{-}\varepsilon$ 模型

图 2.7　钝体绕流现象的风洞实验与标准 $k-\varepsilon$ 模型模拟结果对比

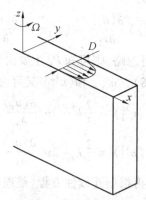

图 2.8　旋转通道的二维通道流动示意图

可以看出，对于旋转通道的湍流流动来说，由于考虑旋转作用而造成了 $\langle u'u'\rangle$、$\langle v'v'\rangle$ 的变化，相当于实现了雷诺应力各分量之间的再分配。但这一点对于标准 $k-\varepsilon$ 模型来说无法复现，因此也就不能准确地描述旋转通道流场的特征（高压一侧不稳定及低压一侧层流化）。

为保持上述标准 $k-\varepsilon$ 模型的计算优势，同时解决该模型的固有缺陷，提出了一系列基于标准 $k-\varepsilon$ 模型的修正模型。具体参见后文。

（5）SST 模型（Shear Stress Transport Model）[18]。

SST 模型的基本思路是：边界层以外区域用标准 $k-\varepsilon$ 模型，边界层之内用 $k-\omega$ 模型。涡黏性系数 ν_t 的表达式为

$$\nu_t = \frac{a_1 k}{\max(a_1 \omega, SF_1)} \tag{2.73}$$

相应地，本模型中的 k 和 ε 输送方程分别为

$$\frac{\partial k}{\partial t} + \langle u_j \rangle \frac{\partial k}{\partial x_j} = P_k + \frac{\partial}{\partial x_j}\left[\left(\nu + \sigma_k \nu_t\right)\frac{\partial k}{\partial x_j}\right] - \beta^* k\omega \tag{2.74}$$

$$\frac{\partial \omega}{\partial t} + \langle u_j \rangle \frac{\partial \omega}{\partial x_j} = \alpha S^2 - \beta \omega^2 + \frac{\partial}{\partial x_j}\left[(\nu + \sigma_{\omega 1}\nu_t) \frac{\partial \omega}{\partial x_j} \right] + 2(1 - F_1)\sigma_{\omega 2}\frac{1}{\omega}\frac{\partial k}{\partial x_i}\frac{\partial \omega}{\partial x_i}$$

$$\tag{2.75}$$

式中

$$F_1 = \tanh\left\{ \left\{ \min\left[\left(\frac{\sqrt{k}}{\beta^* \omega y}, \frac{500\nu}{y^2 \omega} \right), \frac{4\sigma_{\omega 2}k}{CD_{k\omega}y^2} \right] \right\}^4 \right\} \tag{2.76}$$

$$CD_{k\omega} = \max\left(2\rho\sigma_{\omega 2}\frac{1}{\omega}\frac{\partial k}{\partial x_i}\frac{\partial \omega}{\partial x_i}, 10^{-10} \right) \tag{2.77}$$

其他经验常数设定为：$\beta^* = 9/100, \sigma_{\omega 1} = 0.5, \sigma_{\omega 2} = 0.856$。

SST 模型结合了标准 $k - \varepsilon$ 模型和 $k - \omega$ 模型的优点，效果相当于后文将要介绍的低 Re 数 $k - \varepsilon$ 模型，但计算更稳定、计算效果更好。特别是对于逆压梯度流动、分离流动，具有明显的优势。

4. 各种修正 $k - \varepsilon$ 二方程模型

（1）线性 $k - \varepsilon$ 修正模型。

线性 $k - \varepsilon$ 修正模型主要是为解决标准 $k - \varepsilon$ 二方程模型无法准确模拟上述钝体绕流计算的缺陷而提出的。主要包括以下几种：

①LK 模型[19]。

由前文可知，标准 $k - \varepsilon$ 二方程模型在进行钝体绕流计算时，迎风面角部湍动动能 k 值总是过大。对 k 值产生项 P_k 计算式，即式（2.24）中的雷诺应力项按 Boussinesq 假设展开并整理后得

$$P_k = -\langle u'_i u'_j \rangle \frac{\partial \langle u_i \rangle}{\partial x_j} = \nu_t \left(\frac{\partial \langle u_i \rangle}{\partial x_j} + \frac{\partial \langle u_j \rangle}{\partial x_i} \right) \frac{\partial \langle u_i \rangle}{\partial x_j} = \nu_t S^2$$

$$\left(S = \sqrt{\frac{1}{2}\left(\frac{\partial \langle u_i \rangle}{\partial x_j} + \frac{\partial \langle u_j \rangle}{\partial x_i} \right)^2} = \sqrt{2S_{ij}S_{ij}} \right) \tag{2.78}$$

LK 模型认为正是 S^2 使 P_k 值过大，故引入带减号的旋转张量 $\boldsymbol{\Omega}$ 来降低 P_k 计算值，从而变为

$$P_k = \nu_t S\boldsymbol{\Omega} \quad \left(\boldsymbol{\Omega} = \sqrt{\frac{1}{2}\left(\frac{\partial \langle u_i \rangle}{\partial x_j} - \frac{\partial \langle u_j \rangle}{\partial x_i} \right)^2} = \sqrt{2\boldsymbol{\Omega}_{ij}\boldsymbol{\Omega}_{ij}} \right) \tag{2.79}$$

该模型在提出后的实践过程中发现新的问题，主要体现在模型仅对 P_k 而不是雷诺应力进行修正，建模缺乏理论的统一性；更主要的是当旋转张量 $\boldsymbol{\Omega}$ 较变形率张量 S 还要大时（$\boldsymbol{\Omega}/S > 1$），相比于标准 $k - \varepsilon$ 模型，P_k 计算值反而更大了。为避免这些问题，需要在 LK 模型的基础上进行进一步的修正。

②LK 修正模型[20]。

LK 修正模型对式（2.79）的适用范围进行了限定，如下所示，仅当 $\boldsymbol{\Omega}/S < 1$ 时才有效，而当 $\boldsymbol{\Omega}/S \geqslant 1$ 时还沿用标准 $k - \varepsilon$ 模型的 P_k 计算式。

$$P_k = \begin{cases} \nu_t S^2 & (\boldsymbol{\Omega}/S \geqslant 1) \\ \nu_t S\boldsymbol{\Omega} & (\boldsymbol{\Omega}/S < 1) \end{cases} \tag{2.80}$$

③MMK 模型[21]。

MMK 模型采用的 P_k 计算式与标准 $k-\varepsilon$ 模型一样，但当 $\Omega/S < 1$ 时直接对 ν_t 进行修正。模型转化为

$$P_k = \nu_t S^2 \tag{2.81}$$

$$\nu_t = \begin{cases} C_\mu \dfrac{k^2}{\varepsilon} & (\Omega/S \geqslant 1) \\[2mm] \left(C_\mu \cdot \dfrac{\Omega}{S}\right) \dfrac{k^2}{\varepsilon} & (\Omega/S < 1) \end{cases} \tag{2.82}$$

④Durbin 模型[22]。

Durbin 模型和 MMK 模型类似，也是直接对 ν_t 进行修正。由"（3）标准二方程模型的理论基础"小节可以建立如下计算式，即

$$\nu_t = C_\mu k T \tag{2.83}$$

式中，T 为湍动时间尺度，当 $T = k/\varepsilon$ 时其实就是标准 $k-\varepsilon$ 模型。但该模型根据所谓流场"可实现性"（realizability）的限制条件（正应力始终为正，即 $\langle u'_i u'_i \rangle \geqslant 0$；速度的相关系数不会超过 1，即 $\langle u'_i u'_j \rangle^2 / (\langle u'_i \rangle^2 \langle u'_j \rangle)^2 \leqslant 1$），将 T 修正为

$$T = \min\left(\frac{k}{\varepsilon}, \frac{1}{C_\mu \sqrt{6} S}\right) \tag{2.84}$$

可以看出，该模型中 T 的大小和 S 的大小成反比。当 $\dfrac{1}{C_\mu \sqrt{6} S}$ 大于 k/ε 时，相当于按照标准

$k-\varepsilon$ 模型进行计算。反之则采用相对较小的 $\dfrac{1}{C_\mu \sqrt{6} S}$ 作为 T 值。

研究表明，Durbin 模型适用于高层建筑周边气流场的模型，比标准 $k-\varepsilon$ 模型、LK 及 MMK 修正模型的精度都高。

⑤ 混合时间尺度模型[23]。

混合时间尺度模型在对 ν_t 进行修正的总体思路上和 Durbin 模型类似，见式（2.85）。式中，τ_m 被定义为混合时间尺度。该模型认为 k/ε 反映的是涡旋中能量生成与消耗过程的时间尺度（定义为 τ_u），同时还存在与平均速度梯度有关的时间尺度。τ_m 反映了这两种时间尺度的平均作用。按照具体引入变量的不同，该模型又有多种表达形式，见式（2.86），即

$$\nu_t = C_\mu k \tau_m \tag{2.85}$$

$$\begin{cases} S\ \text{模型}:1/\tau_m = 1/2(1/\tau_u + C_S/\tau_S) & (\tau_S = \sqrt{2}/S) \\[1mm] \Omega\ \text{模型}:1/\tau_m = 1/2(1/\tau_u + C_S/\tau_\Omega) & (\tau_\Omega = \sqrt{2}/\Omega) \\[1mm] S-\Omega\ \text{模型}:1/\tau_m = 1/2(1/\tau_u + C_S/\tau_{S-\Omega}) & (\tau_{S-\Omega} = 2\sqrt{2}/(S+\Omega)) \end{cases} \tag{2.86}$$

式中，τ_S 可认为是反映剪切作用下涡旋变形的时间尺度；τ_Ω 可认为是反映涡旋旋转的时间尺度。$\tau_{S-\Omega}$ 则相当于综合考虑了 τ_S 和 τ_Ω 的作用。将 $\tau_u = k/\varepsilon$ 代入上式并整理，可得如下的统一关系式，即

$$\tau_m = \frac{k}{\varepsilon}\left(\frac{2R_u}{R_u + C_S}\right) \tag{2.87}$$

式中，$R_u = \tau_S/\tau_u$（S 模型），$R_u = \tau_\Omega/\tau_u$（Ω 模型），$R_u = \tau_{S-\Omega}/\tau_u$（$S-\Omega$ 模型），$C_S = 0.4$。

混合时间尺度模型已被证明对各种钝体绕流问题模拟的有效性。

（2）RNG $k-\varepsilon$ 模型（Renormalization Group $k-\varepsilon$ model）[24]。

RNG $k-\varepsilon$ 模型与标准 $k-\varepsilon$ 模型的总体形式完全一样。但系数不是半理论半实验的经验值，而是通过 Gauss 统计以及能谱的傅里叶分析得到的理论解。其主要修正体现在 ε 输送方程上，以 $C_{\varepsilon 1}^*$ 的函数形式替代标准 $k-\varepsilon$ 模型中的常数 $C_{\varepsilon 1}$，即

$$\frac{\partial \varepsilon}{\partial t} + \langle u_j \rangle \frac{\partial \varepsilon}{\partial x_j} = \frac{\partial}{\partial x_j}\left(\frac{\nu_t}{\sigma_\varepsilon}\frac{\partial \varepsilon}{\partial x_j}\right) + \frac{\varepsilon}{k}(C_{\varepsilon 1}^* P_k - C_{\varepsilon 2}\varepsilon) \tag{2.88}$$

式中，$C_{\varepsilon 1}^* = 1.42 - \dfrac{C_\mu \eta^3(1-\eta/4.38)}{1+0.012\eta^3}$，其中 η 被称为时均应变率，表达式为 $\eta = \dfrac{k}{\varepsilon}S$。

模型中其他常数值也与标准 $k-\varepsilon$ 模型有所不同：$C_\mu = 0.085$，$C_{\varepsilon 2} = 1.68$，$\sigma_\varepsilon = \sigma_k = 0.719$。

由于 $C_{\varepsilon 1}^*$ 由时均应变率构成，该模型比标准 $k-\varepsilon$ 模型能更好地用于瞬变流以及流线弯曲的情况。

（3）Realizable $k-\varepsilon$ 模型[25]。

Realizable $k-\varepsilon$ 模型与标准 $k-\varepsilon$ 模型的总体形式也完全一样，但为满足前述流场"可实现性"的限制条件，认为 C_μ 不应为常数，而需要表示为变形率张量和旋转张量的函数，相应地 ε 输送方程也进行了修正。

$$C_\mu = \frac{1}{4.0 + \sqrt{6}\cos\phi U^* \dfrac{k}{\varepsilon}} \tag{2.89}$$

式中，$\phi = \dfrac{1}{3}\arccos\left(\sqrt{6}\dfrac{S_{ij}S_{jk}S_{ki}}{(S_{ij}S_{ij})^{3/2}}\right)$；$U^*$ 为同时考虑变形率张量和旋转张量的函数，

$U^* = \sqrt{S_{ij}S_{ij} + \tilde{\Omega}_{ij}\tilde{\Omega}_{ij}}$，其中 $\tilde{\Omega}_{ij}$ 为以角速度 ω_k 进行旋转的坐标系中观察到的旋转张量值，

$\tilde{\Omega}_{ij} = \Omega_{ij} - 2\varepsilon_{ijk}\omega_k$。

修正的 ε 输送方程为

$$\frac{\partial \varepsilon}{\partial t} + \langle u_j \rangle \frac{\partial \varepsilon}{\partial x_j} = \frac{\partial}{\partial x_j}\left(\frac{\nu_t}{\sigma_\varepsilon}\frac{\partial \varepsilon}{\partial x_j}\right) + \frac{\varepsilon}{k}(C_{\varepsilon 1}^* P_k - C_{\varepsilon 2}\varepsilon) \tag{2.90}$$

式中，$C_{\varepsilon 1}^* = \max\left(0.43, \dfrac{\eta}{5+\eta}\right)$。

该模型在计算有旋的均匀剪切流、平面混合流、射流、管道内充分发展流动等问题时都取得了较好的结果。

（4）非线性 $k-\varepsilon$ 修正模型系列。

非线性 $k-\varepsilon$ 修正模型系列认为雷诺应力与平均流动的变形速度梯度向量之间的关系，不应像式（2.8）所示的仅用一个各向同性的标量 ν_t 表示，而应该是某一向量的形式。变形速度梯度向量不能仅取第一项，需要向更高次展开。通过这样的建模思路来解决前述标准 $k-\varepsilon$ 模型难以应对雷诺应力各向异性的问题。式（2.91）是一个典型的三阶非线性 $k-\varepsilon$ 模型的雷诺应力表达式。等号的右端前两项为线性模型的表达式，等号右端三至

五项为二阶非线性模型的表达式。大多数非线性 $k-\varepsilon$ 模型彼此类似,主要区别在于 C_μ 和 C_1 到 C_7 的非线性项系数选择的不同,见表 2.2。与此同时,涡黏性系数 ν_t 计算式中引入衰减系数 f_μ,该值的设定对于下文低 Re 数 $k-\varepsilon$ 模型的建立也有重要意义。

$$\nu_t = C_\mu f_\mu \frac{k^2}{\varepsilon} - \langle u'_i u'_j \rangle$$

$$= 2\nu_t S_{ij} - \frac{2}{3} k \delta_{ij} - C_1 \nu_t \frac{k}{\varepsilon} \left(S_{ik} S_{kj} - \frac{1}{3} S_{kl} S_{kl} \delta_{ij} \right) - C_2 \nu_t \frac{k}{\varepsilon} (\Omega_{ik} S_{kj} + \Omega_{jk} S_{ki}) -$$

$$C_3 \nu_t \frac{k}{\varepsilon} \left(\Omega_{ik} S_{jk} - \frac{1}{3} \Omega_{lk} \Omega_{lk} \delta_{ij} \right) - C_4 \nu_t \frac{k^2}{\varepsilon^2} (S_{ki} \Omega_{lj} + S_{kl} \Omega_{li}) S_{kl} -$$

$$C_5 \nu_t \frac{k^2}{\varepsilon^2} \left(\Omega_{il} \Omega_{lm} S_{mj} + S_{il} \Omega_{lm} \Omega_{mj} - \frac{2}{3} S_{lm} \Omega_{mn} \Omega_{nl} \delta_{ij} \right) - C_6 \nu_t \frac{k^2}{\varepsilon^2} S_{ij} S_{kl} S_{kl} +$$

$$C_7 \nu_t \frac{k^2}{\varepsilon^2} S_{ij} \Omega_{kl} \Omega_{kl} \tag{2.91}$$

表 2.2　非线性 $k-\varepsilon$ 模型系列中的系数

模型	$C_\mu f_\mu$	C_1	C_2	C_3	C_4	C_5	C_6	C_7
Craft[26]	$\min\left[\begin{array}{c}0.09,\\ \dfrac{1.2}{1+3.5\eta}\end{array}\right]$	-0.1	0.1	0.26	$-10C_\mu^2$	0	$-5C_\mu^2$	$5C_\mu^2$
Shih[27]	$\min\left[\begin{array}{c}0.09,\\ \dfrac{1.2}{1+3.5\eta}\end{array}\right]$	$\dfrac{3/4}{C_\mu(1\,000+S^3)}$	$\dfrac{3.8}{C_\mu(1\,000+S^3)}$	$\dfrac{4.8}{C_\mu(1\,000+S^3)}$	0	0	0	0

式中,$\eta = \max[S, \Omega]$

（5）低 Re 数 $k-\varepsilon$ 模型系列。

由前文所述,标准 $k-\varepsilon$ 模型本质上为针对高 Re 数、充分湍动状态的湍流计算模型,在模拟近壁面附近 Re 数较低、垂直方向上湍流脉动受到削弱等情况时误差会较大。低 Re 数 $k-\varepsilon$ 模型是专门针对此问题的修正模型。该类模型也有各种不同表现形式。以得到广泛应用的 Launder – Sharma 模型[28] 为例,主要采用的修正措施包括：

① 涡黏性系数 ν_t 中引入由湍流 Re 数构成的衰减系数 f_μ,即

$$\nu_t = C_\mu f_\mu \frac{k^2}{\tilde{\varepsilon}} \tag{2.92}$$

其中

$$f_\mu = \exp\left[\frac{-3.4}{(1 + Re_t/50)^2} \right] \tag{2.93}$$

式中,湍流 Re 数 $Re_t = k^2/\nu\varepsilon$。

② k、ε 输送方程的产生项和耗散项中引入修正系数 f_1、f_2 以及壁面修正项 D、E,即

$$\frac{\partial k}{\partial t} + \langle u_j \rangle \frac{\partial k}{\partial x_j} = \frac{\partial}{\partial x_j} \left[\left(\nu + \frac{\nu_t}{\sigma_k} \right) \frac{\partial k}{\partial x_j} \right] + P_k - (\tilde{\varepsilon} + D) \tag{2.94}$$

$$\frac{\partial \tilde{\varepsilon}}{\partial t} + \langle u_j \rangle \frac{\partial \tilde{\varepsilon}}{\partial x_j} = \frac{\partial}{\partial x_j} \left[\left(\nu + \frac{\nu_t}{\sigma_\varepsilon} \right) \frac{\partial \tilde{\varepsilon}}{\partial x_j} \right] + \frac{\tilde{\varepsilon}}{k} (C_{\varepsilon 1} f_1 P_k - C_{\varepsilon 2} f_2 \tilde{\varepsilon}) + E \tag{2.95}$$

式中，$\tilde{\varepsilon} = \varepsilon - 2\nu \left(\dfrac{\partial \sqrt{k}}{\partial x_j} \right)^2, f_1 = 1.0, f_2 = 1 - 0.3\exp(-Re_t^2), D = 2\nu \left(\dfrac{\partial \sqrt{k}}{\partial x_n} \right)^2, E = 2\nu\nu_t \left(\dfrac{\partial^2 \langle u \rangle}{\partial x_n^2} \right)^2$。

由于壁面附近法线方向上流体速度梯度较大，D、E 项相应增大，从而反映湍动动能的衰减。另外，为更好地反映壁面附近的特殊性，近年来也有模型对 σ_k 和 σ_ε 这样表征湍动扩散的项进行数值修正。可以看出，当 $f_\mu = f_1 = f_2 = 1, D = E = 0, \tilde{\varepsilon} = \varepsilon$ 时，上述模型复原到标准 $k - \varepsilon$ 模型。

③ 近壁面网格细划，同时配合 3.4.3 节中介绍的无滑移边界条件，才能够对近壁面附近低 Re 数的流动效果予以正确的模拟。

低 Re 数 $k - \varepsilon$ 模型系列表达式中的系数总结见表 2.3、表 2.4。

表 2.3　低 Re 数 $k - \varepsilon$ 模型表达式中的系数（一）

模型	C_μ	σ_k	σ_ε	$C_{\varepsilon 1}$	$C_{\varepsilon 2}$	D	E
标准 $k - \varepsilon$	0.09	1.0	1.3	1.44	1.92	0	0
Launder – Sharma	0.09	1.0	1.3	1.44	1.92	$2\nu \left(\dfrac{\partial \sqrt{k}}{\partial x_n} \right)^2$	$2\nu\nu_t \left(\dfrac{\partial^2 \langle u \rangle}{\partial x_n^2} \right)^2$
Lam – Bremhorst[29]	0.09	1.0	1.3	1.44	1.92	0	0
Chien[30]	0.09	1.0	1.3	1.35	1.8	$\dfrac{2\nu k}{x_n^2}$	$-2\nu \dfrac{\varepsilon}{x_n^2}\exp(-0.5x_n^+)$
Nagano – Hishida[31]	0.09	1.0	1.3	1.45	1.9	$2\nu \left(\dfrac{\partial \sqrt{k}}{\partial x_n} \right)^2$	$\nu\nu_t(1 - f_\mu) \left(\dfrac{\partial^2 \langle u \rangle}{\partial x_n^2} \right)^2$
Myong – Kasagi[32]	0.09	1.4	1.3	1.4	1.8	0	0
Nagano – Tagawa[33]	0.09	1.4	1.3	1.45	1.9	0	0
Yang – Shih[34]	0.09	1.0	1.3	1.44	1.92	0	$\nu\nu_t \left(\dfrac{\partial^2 \langle u \rangle}{\partial x_n^2} \right)^2$
Abe – Kondoh – Nagano[35]	0.09	1.4	1.4	1.5	1.9	0	0

表 2.4　低 Re 数 $k - \varepsilon$ 模型表达式中的系数（二）

模型	f_μ	f_1	f_2
标准 $k - \varepsilon$	1	1	1
Launder – Sharma	$\exp\left[\dfrac{-3.4}{(1 + Re_t/50)^2} \right]$	1	$1 - 0.3\exp(-Re_t^2)$
Lam – Bremhorst	$[1 - \exp(-0.016\,5R_y)]^2 \times (1 + 20.5/Re_t)$	$1 + \left(\dfrac{0.05}{f_\mu} \right)^3$	$1 - \exp(-Re_t^2)$
Chien	$1 - \exp(-0.011\,5x_n^+)$	1	$1 - 0.22\exp\left\{ -\left(\dfrac{Re_t}{6} \right)^2 \right\}$

续表 2.4

模型	f_μ	f_1	f_2
Nagano – Hishida	$\left[1 - \exp\left(-\dfrac{x_n^+}{26.5}\right)\right]^2$	1	$1 - 0.3\exp(-Re_t)$
Myong – Kasagi	$\left[1 - \exp\left(-\dfrac{x_n^+}{26.5}\right)\right] \times \left(1 + \dfrac{3.45}{Re_t^{1/2}}\right)$	1	$\left[1 - \exp\left(-\dfrac{x_n^+}{5}\right)\right]^2 \times$ $\left\{1 - \dfrac{2}{9}\exp\left[-\left(\dfrac{Re_t}{6}\right)^2\right]\right\}$
Nagano – Tagawa	$\left[1 - \exp\left(-\dfrac{x_n^+}{26.5}\right)\right]^2 \times \left(1 + \dfrac{4.1}{Re_t^{3/4}}\right)$	1	$\left[1 - \exp\left(-\dfrac{x_n^+}{6}\right)\right]^2 \times$ $\left\{1 - 0.3\exp\left[-\left(\dfrac{Re_t}{6.5}\right)^2\right]\right\}$
Yang – Shih	$\left[1 - \exp\left(\begin{matrix}-a_1 R_y - a_3 R_y^3 \\ -a_5 R_y^5\end{matrix}\right)\right]^{1/2} \times$ $\left(1 + \dfrac{1}{Re_t^{1/2}}\right)$	$\dfrac{1}{1 + 1/Re_t^{1/2}}$	$\dfrac{1}{1 + 1/Re_t^{1/2}}$
Abe – Kondoh – Nagano	$\left[1 - \exp\left(-\dfrac{x_n^*}{14}\right)\right]^2 \times$ $\left\{1 + \dfrac{5}{R_t^{3/4}}\exp\left[-\left(\dfrac{Re_t}{200}\right)^2\right]\right\}$	1	$\left[1 - \exp\left(-\dfrac{x_n^*}{6}\right)\right]^2 \times$ $\left\{1 - 0.3\exp\left[-\left(\dfrac{Re_t}{6.5}\right)^2\right]\right\}$

式中：$R_y = \sqrt{k}x_n/\nu$，$x_n^* = (\nu\varepsilon)^{1/4}x_n/\nu$，$a_1 = 1.5 \times 10^{-4}$，$a_3 = 5 \times 10^{-7}$，$a_5 = 1 \times 10^{-10}$

5. 多方程模型

顾名思义，多方程模型就是涡黏性系数 ν_t 的表达式中引入超过两个新的未知量的涡黏性模型。这类模型与低 Re 数 $k - \varepsilon$ 模型在出发点方面有些类似，都是试图更好地解决近壁面流动的问题。这类模型也有多种表达形式，以应用较为广泛的 $\overline{v^2} - f$ 模型为例进行介绍[36]。与标准 $k - \varepsilon$ 模型不同，$\overline{v^2} - f$ 模型除 k 和 ε 外，还引入另一个速度尺度变量 $\overline{v^2}$，同时壁面边界产生的各向异性用椭圆松弛函数 f 表示，通过求解一个 Helmholtz 形式的椭圆方程实现。

同样通过量纲分析，该模型涡黏性系数的计算式为

$$\nu_t^{\overline{v^2}} = C_\mu \overline{v^2} T \tag{2.96}$$

$\overline{v^2}$ 的输送方程经推导后建立如下，即

$$\frac{\partial \overline{v^2}}{\partial t} + u_j \frac{\partial \overline{v^2}}{\partial x_j} = kf - \frac{\overline{v^2}}{k}\varepsilon + \frac{\partial}{\partial x_j}\left(\frac{\nu_t}{\sigma_{\overline{v^2}}} \frac{\partial \overline{v^2}}{\partial x_j}\right) \tag{2.97}$$

式中，f 的椭圆方程为

$$L^2 \nabla^2 f - f = \frac{C_1 - 1}{T}\left(\frac{\overline{v^2}}{k} - \frac{2}{3}\right) - C_2 \frac{P_k}{\varepsilon} \tag{2.98}$$

式中，L、T 分别为湍动长度尺度和湍动时间尺度，定义式为

$$L = C_L \max\left[\frac{k^{3/2}}{\varepsilon}, C_\eta\left(\frac{\nu^3}{\varepsilon}\right)^{1/4}\right] \tag{2.99}$$

$$T = \max\left[\frac{k}{\varepsilon}, C_T\left(\frac{\nu}{\varepsilon}\right)^{1/2}\right] \tag{2.100}$$

为防止出现 $L = 0$ 和 $T = 0$，造成 f 的椭圆方程无法求解的问题，上式中特意引入 Kolmogolov 空间和时间尺度作为下限。

相关常数如下：$C_\mu = 0.22, \sigma_{\overline{v^2}} = 1, C_1 = 1.4, C_2 = 0.45, C_T = 6, C_L = 0.25, C_\eta = 85$。

在 $\overline{v^2}f$ 模型的基础上，Hanjalic 等人又提出了新的所谓改进版 $\zeta - f$ 模型[37]，该模型中将第三个变量 $\overline{v^2}$ 更换为新的无量纲数 $\zeta, \zeta = \overline{v^2}/k$。根据量纲分析，该模型涡黏性系数的计算式为

$$\nu_t^\zeta = C_\mu \zeta k T \tag{2.101}$$

导出 ζ 输送方程为

$$\frac{\partial \zeta}{\partial t} + u_j \frac{\partial \zeta}{\partial x_j} = f - \frac{\zeta}{k}P_k + \frac{\partial}{\partial x_j}\left(\frac{\nu_t}{\sigma_\zeta}\frac{\partial \zeta}{\partial x_j}\right) \tag{2.102}$$

相应 f 的椭圆方程也变化为

$$L^2\nabla^2 f - f = \frac{1}{T}\left(C_1 - 1 + C'_2\frac{P_k}{k}\right)\left(\zeta - \frac{2}{3}\right) \tag{2.103}$$

上式中湍动长度尺度 L 和湍动时间尺度 T 分别定义为

$$L = C_L \max\left[\min\left(\frac{k^{3/2}}{\varepsilon}, \frac{k^{1/2}}{\sqrt{6}C_\mu|S|\zeta}\right), C_\eta\left(\frac{\nu^3}{\varepsilon}\right)^{1/4}\right] \tag{2.104}$$

$$T = \max\left[\min\left(\frac{k}{\varepsilon}, \frac{0.6}{\sqrt{6}C_\mu|S|\zeta}\right), C_T\left(\frac{\nu}{\varepsilon}\right)^{1/2}\right] \tag{2.105}$$

相关常数如下：$C_\mu = 0.22, \sigma_\zeta = 1.2, C_1 = 1.4, C'_2 = 0.65, C_T = 6, C_L = 0.36, C_\eta = 85$。

6. 小结

多方程模型都非常适用于近壁面涡黏性各向异性问题，又克服了低 Re 数 $k - \varepsilon$ 模型壁面网格划分过细问题。相比 $\overline{v^2} - f$ 模型，$\zeta - f$ 模型鲁棒性更好且对近壁面网格划分更不敏感。它们共同的缺点是导入更多的物理变量和求解更多的方程，造成求解不稳定，不易收敛。

2.2.3　应力方程模型(Differential Stress Model，DSM)

1. 模型概述

如前文所述，涡黏性模型是通过 Boussinesq 假设，将雷诺应力以简单的代数形式表示出来的模型。应力方程模型则具有完全不同的思路。该模型利用式(1.22)的 N - S 方程和式(2.6)的雷诺方程，直接推导出雷诺应力输送方程，再对之进行进一步建模，从而实现方程组闭合[38]，即

$$\frac{\partial\langle u'_i u'_j\rangle}{\partial t} + \langle u_k\rangle\frac{\partial\langle u'_i u'_j\rangle}{\partial x_k} = P_{ij} + \Phi_{ij} + D_{ij} - \varepsilon_{ij} \tag{2.106}$$

式中右端的 P_{ij}、Φ_{ij}、D_{ij} 和 ε_{ij} 分别为雷诺应力的产生项（production term）、压力应变项（pressure – strain correlation term）、扩散项（diffusion term）和耗散项（dissipation term）。它们的定义式分别为

$$P_{ij} = -\langle u'_i u'_k \rangle \frac{\partial \langle u_j \rangle}{\partial x_k} - \langle u'_j u'_k \rangle \frac{\partial \langle u_i \rangle}{\partial x_k} \tag{2.107}$$

$$\Phi_{ij} = \left\langle \frac{p'}{\rho} \left(\frac{\partial u'_i}{\partial x_j} + \frac{\partial u'_j}{\partial x_i} \right) \right\rangle \tag{2.108}$$

$$D_{ij} = \frac{\partial}{\partial x_k} \left(-\langle u'_i u'_j u'_k \rangle - \frac{1}{\rho} \langle p' u'_i \rangle \delta_{jk} - \frac{1}{\rho} \langle p' u'_j \rangle \delta_{ik} \right) + \nu \frac{\partial^2 \langle u'_i u'_j \rangle}{\partial x_k^2} \tag{2.109}$$

$$\varepsilon_{ij} = 2\nu \left\langle \frac{\partial u'_i}{\partial x_k} \cdot \frac{\partial u'_j}{\partial x_k} \right\rangle \tag{2.110}$$

式（2.109）右端第一项为湍动扩散项，第二、第三项为脉动压强 – 脉动速度关联扩散项，第四项为分子扩散项。

以上各式中雷诺应力产生项（2.107）、分子扩散项均由雷诺应力和平均速度梯度构成，不需要进一步建模。但其他各项展开的计算式中都包含有新的未知量，需要做进一步建模处理。以下参考 Launder – Reece – Rodi 模型的建模方法[39]，分别予以简单介绍。

（1）压力应变项。

观察式（2.108），当 $i = j$ 时，由连续性方程可得 $\Phi_{ii} = 0$，说明该项实质上反映雷诺应力各分量之间的再分配，因此该项又被称为再分配项（redistribution term）。利用脉动速度输送方程求散度，得到脉动压强的泊松方程，再利用格林函数法，可得脉动压强的积分解析解。最后代入压力应变项可得

$$\Phi_{ij} = \Phi_{ij(1)} + \Phi_{ij(2)} + \Phi_{ij(1)}^w + \Phi_{ij(2)}^w \tag{2.111}$$

上式中各项意义分别介绍如下：

①$\Phi_{ij(1)}$：slow 项，反映雷诺应力各分量的各向异性引发的压力应变，使雷诺应力朝各向同性方向发挥作用。根据 Rotta 线性模型，即

$$\Phi_{ij(1)} = -C_1 \frac{\varepsilon}{k} \left(\langle u'_i u'_j \rangle - \frac{2}{3} \delta_{ij} k \right) = -C_1 \varepsilon \alpha_{ij} \tag{2.112}$$

式中，常数 $C_1 = 1.8$；$\boldsymbol{\alpha}_{ij}$ 为雷诺偏应力张量，$\boldsymbol{\alpha}_{ij} = \langle u'_i u'_j \rangle / \langle u'_i u'_i \rangle - \delta_{ij}/3$。

按照更为复杂的 SSG 非线性模型，则有

$$\Phi_{ij(1)} = -\varepsilon \left[a_1 \boldsymbol{\alpha}_{ij} + a_2 (\boldsymbol{\alpha}_{ik} \boldsymbol{\alpha}_{jk}) - \frac{1}{3} \delta_{ij} \boldsymbol{\alpha}_{lk} \boldsymbol{\alpha}_{lk} \right] \tag{2.113}$$

式中，$a_1 = 1.7 + 0.9 \, P_k/\varepsilon$，$a_2 = -1.05$。

②$\Phi_{ij(2)}$：rapid 项，反映湍动动能的各向异性引发的压力应变，使流场朝各向同性方向发挥作用。由于该项中的 P_k 包含了平均速度梯度，其应变是作用于整个流场的，会马上引发再分配，所以被认为"快速"。根据简化后的 IPM 模型，即

$$\Phi_{ij(2)} = -C_2 \left(P_{ij} - \frac{2}{3} \delta_{ij} P_k \right) \tag{2.114}$$

式中，常数 $C_2 = 0.6$。

③壁反射项 Φ_{ij}^w：由于壁面反射作用引发的压力应变，实际上起着和 slow 项、rapid 项

相反的作用,阻碍雷诺应力和流场各向同性的发展。根据 Shir 模型、GL 模型,即

$$\Phi_{ij(1)}^{w} = \sum_{(W)=1}^{W_0} C_1 \frac{\varepsilon}{k} \left(\langle u'_k u'_m \rangle n_k^{(W)} n_m^{(W)} \delta_{ij} - \frac{3}{2} \langle u'_k u'_i \rangle n_k^{(W)} n_j^{(W)} - \frac{3}{2} \langle u'_k u'_j \rangle n_k^{(W)} n_i^{(W)} \right) \cdot f\left(\frac{1}{x_n^{(W)}} \right)$$

$$(2.115)$$

$$\Phi_{ij(2)}^{w} = \sum_{(W)=1}^{W_0} C_2 \frac{\varepsilon}{k} \left(\Phi_{km(2)} n_k^{(W)} n_m^{(W)} \delta_{ij} - \frac{3}{2} \Phi_{ki(2)} n_k^{(W)} n_j^{(W)} - \frac{3}{2} \Phi_{kj(2)} n_k^{(W)} n_i^{(W)} \right) \cdot f\left(\frac{1}{x_n^{(W)}} \right)$$

$$(2.116)$$

式中,W_0 为壁面总数;$n_k^{(W)}$ 为垂直于 W 壁面的单位矢量 $\boldsymbol{n}^{(W)}$ 的 k 组分;$x_{n(W)}$ 为到 W 壁面的垂直距离,$f\left(\frac{1}{x_n^{(W)}} \right) = \frac{k^{3/2}}{C'_1 \cdot x_n^{(W)} \cdot \varepsilon}$;其他常数:$C_1 = 0.5, C_2 = 0.3, C'_1 = 2.5$。

（2）扩散项。

观察式(2.109)可知,等式右端第四项,即分子扩散项不需要额外建模,可直接求解。需要建模的是等式右端其他三项。一般将此三项综合到一起,以湍动扩散项 $\langle u'_i u'_j u'_k \rangle$ 为代表进行建模。采用的方法主要有以下几种:

① 涡黏性模型。与 k-ε 模型中 k 的扩散项建模方法一样,由各向同性的涡黏性系数 ν_t 和梯度扩散近似可得

$$-\langle u'_i u'_j u'_k \rangle = \frac{\nu_t}{\sigma_k} \frac{\partial \langle u'_i u'_j \rangle}{\partial x_k} \tag{2.117}$$

② Hanjalić-Launder 模型。该模型通过直接推导 $\langle u'_i u'_j u'_k \rangle$ 输送方程,再利用各种假设所建立。该模型计算比较复杂,目前实际应用尚较少。模型如下所示:

$$-\langle u'_i u'_j u'_k \rangle = C_k \frac{k}{\varepsilon} \left(\langle u'_k u'_l \rangle \frac{\partial \langle u'_i u'_j \rangle}{\partial x_l} + \langle u'_i u'_l \rangle \frac{\partial \langle u'_j u'_k \rangle}{\partial x_l} + \langle u'_j u'_l \rangle \frac{\partial \langle u'_k u'_i \rangle}{\partial x_l} \right)$$

$$(2.118)$$

③ Daly-Harlow 模型。该模型只取上式右端的第一项,可看作 Hanjalić-Launder 模型的简化版,见式(2.119)。由于计算精度较好,同时计算相对简便,在扩散项的各种建模方法中应用广泛。

$$-\langle u'_i u'_j u'_k \rangle = C_k \frac{k}{\varepsilon} \langle u'_k u'_l \rangle \frac{\partial \langle u'_i u'_j \rangle}{\partial x_l} \tag{2.119}$$

式中,常数 C_k 一般取 0.22。

④ Mellor-Herring 模型。上述涡黏性模型和 Daly-Harlow 模型虽然形式简单,但不满足下标对称性,即 $\langle u'_i u'_j u'_k \rangle = \langle u'_i u'_k u'_j \rangle$。为解决此问题,该模型在各向同性涡黏性模型的基础上进行了修正,得到

$$-\langle u'_i u'_j u'_k \rangle = \frac{\nu_t}{\sigma'_k} \left(\frac{\partial \langle u'_i u'_j \rangle}{\partial x_k} + \frac{\partial \langle u'_j u'_k \rangle}{\partial x_i} + \frac{\partial \langle u'_k u'_i \rangle}{\partial x_j} \right) \tag{2.120}$$

（3）耗散项 ε_{ij}。

直接给出耗散项的输送方程将非常复杂,包含了太多未知因素,进一步建模又缺乏依据。一般认为当湍动 Re 数 $k^2/\nu\varepsilon$ 充分大的时候,雷诺应力的耗散应该和湍动动能的耗散

具有同样的性质。基于局部各向同性假设,有下式成立,即

$$\varepsilon_{ij} = \frac{2}{3}\delta_{ij}\varepsilon \tag{2.121}$$

求解上式需要求解 ε 输送方程。在应力方程模型中,ε 输送方程为

$$\frac{D\varepsilon}{Dt} = \frac{\partial}{\partial x_i}\left(C_\varepsilon \langle u'_i u'_j\rangle \frac{k}{\varepsilon}\frac{\partial\varepsilon}{\partial x_j}\right) + \frac{\varepsilon}{k}(C_{\varepsilon1}P_k - C_{\varepsilon2}\varepsilon) \tag{2.122}$$

上式中除等式右端第一项外,和标准 $k-\varepsilon$ 模型没有区别。要注意该方程中出现的雷诺应力项不能用涡黏性假设直接代入,必须和 DSM 模型的所有方程在一起联立求解。

2. 代数应力模型(Algebraic Stress Model,ASM)

代数应力模型可看作 DSM 的简化版。观察式(2.106)可以看出,雷诺应力 $-\langle u'_i u'_j\rangle$ 表达式中与空间微分相关的部分仅有等号左侧展开后的移流项 $\partial\langle u_k\rangle\langle u'_i u'_j\rangle/\partial x_k$ 和等号右侧的扩散项 $\frac{\partial}{\partial x_k}\left\{C_k\langle u'_k u'_l\rangle\frac{k}{\varepsilon}\frac{\partial}{\partial x_l}\langle u'_i u'_j\rangle\right\}$,即式(2.119)。在 ASM 中认为这两项和 k 以及 $\langle u'_i u'_j\rangle$ 呈比例关系,从而可按照 Gibson – Launder 的方法进行如下的简化建模[40],该式适用于等温流场,即

$$\frac{D\langle u'_i u'_j\rangle}{Dt} - D_{ij} \approx \frac{\langle u'_i u'_j\rangle}{k}(P_k - \varepsilon) \tag{2.123}$$

通过这样的建模处理和简单的推导可以发现,雷诺应力 $-\langle u'_i u'_j\rangle$ 输送方程转化为代数方程形式,这意味着 ASM 不需要求解 $-\langle u'_i u'_j\rangle$ 的偏微分方程,计算量得到很大程度的削减。但与此同时,正因为采用了近似的方法,因此在各向异性的复杂流场模拟中,计算偏差要比 DSM 大一些。

3. 小结

DSM 模型由于直接推导得到雷诺应力输送方程,其生产项不需要额外建模,且保持了理论上的严密性,再加上通过压力应变项考虑了雷诺应力各分量间的各向异性和再分配,因此对于旋转流动、流线具有曲率(相对较为平缓)的流动、冲击流动、壁面射流、粗糙壁面的管道流动等,起码在理论上要比标准 $k-\varepsilon$ 模型为代表的涡黏性模型计算效果好。后者虽然也能针对上述问题分别进行有针对性的修正,但普适性较差,不能像 DSM 模型这样不需要根据每个具体复杂流动来调整模型或常数。

尽管 DSM 模型具有上述优点,但到目前为止工程实际应用尚比较少。原因包括:模型更加复杂,计算方程和变量数大幅增加,故计算时间比 $k-\varepsilon$ 模型长很多;虽然雷诺应力输送方程是理论推导的,但方程中的各组成部分采用了进一步的简化建模,模型出发点和形式都不相同,说明尚有进一步讨论的余地;对所有项进行初始条件和边界条件的设定十分复杂;雷诺应力输送方程求解时容易出现计算不稳定等。这里面,计算时间等问题可以依靠计算机硬件条件的发展来解决,由于模型自身构造产生的计算问题更为棘手。根据经验,计算的扩散项出现负值的话,流场易产生极端的局部非平衡结果,从而造成数值振荡等计算失真。因此,模型的使用者往往要人为地对各项数值设定合理的阈值,以保证计算平稳地进行。但目前完成这项工作只能依靠使用者自身的经验。

2.2.4　总　结

首先,对于各种"简单流动"(在固定坐标系下,平均流线相对平直的渐变恒定流动)来说,比如均匀圆管内充分湍流流动,虽然时均变形率张量和雷诺应力张量是由 6 个独立分量构成的,但实际上可能就是 $\partial\langle u_1\rangle/\partial x_2$ 以及 $\langle u'_1 u'_2\rangle$ 这样的某一特定剪切分量占据主导地位。这类问题由标准 $k-\varepsilon$ 模型为代表的涡黏性二方程模型来进行模拟,可以认为能够得到理想的计算结果。这些流动的模拟当然也有继续精益求精,通过修正模型来不断提高计算精度的必要,但总体上看在技术层面上可以认为已经满足一般的科研和工程需要。

像冲击壁面、角部脱离、流线较大曲率流动、旋转流动等就属于更为"复杂"的流动。对于这些流动,简单机械地应用标准 $k-\varepsilon$ 模型就存在很大的问题。可以根据具体问题首先选用 $k-\varepsilon$ 的各种修正模型,这类模型总体上都来源于标准 $k-\varepsilon$ 模型,无论模型构造还是计算时间都没有太大的变化,但往往会产生特定的良好效果。但通常情况下工程界出现的流动都是各种"简单"和"复杂"流动混合在一起的情况,事先根本不知道流动将会呈现的规律以及涡旋的具体构造,此时某个特定的 $k-\varepsilon$ 修正模型就不能适应了。需要进一步尝试使用 DSM 模型,甚至后续的 LES 模型。而与 DSM 模型相比,LES 模型又更值得关注。主要原因在于 DSM 模型不像标准 $k-\varepsilon$ 模型发展得那么成熟,数值求解又存在困难。

作为使用者来说,计算精度当然是重点考虑的问题,但模型自身的简便和易于操作同样是选择时的核心原则。如果固执于雷诺平均的基本思路,为了提高计算精度,就势必出现从零方程到一方程、二方程、多方程模型,甚至雷诺应力方程模型,这种越来越复杂的变化趋势,但这也许并不是使用者真正需要的。

最后谈一下雷诺平均本身作为物理概念的不明确性。如前文所述,雷诺平均指的是变量的雷诺平均法则成立,但在具体的时空流场分布上的平均到底意味什么反而没有明确的定义。如射流、尾流、混合流中出现的组织涡和湍流脉动的区别就不是很明确。因此进行非稳态模拟时,就出现困难的选择:这些组织涡是按照雷诺平均流动的非稳态性进行计算还是当作雷诺平均流动的脉动部分从而按照稳态进行计算?此原则性困难不解决,进行模拟所需的网格划分和时间步长等的设定都不可能准确。再举一例,对于流体为连续相,气泡、液滴、粒子等为分散相的二相湍流流动(由于篇幅和内容相关度原因,本书未提及),按照整场的雷诺平均来反映湍流脉动和按照两相流的平均值(考虑数密度和体积率)来反映湍流脉动到底有何不同?以上问题的核心点在于,正如前文所述,湍流是由多重尺度涡旋构成的复杂流动现象,各尺度之间的涡旋结构既有紧密联系又有实质性区别,雷诺平均方法面向整个流场进行处理,实际上无法对不同空间尺度涡旋进行明确的划分。相比之下,对不同空间尺度涡旋予以明确筛分,分别采用准确计算和简化建模计算的 LES 可能是更为合理的 CFD 模拟方法(见 2.3.2 节关于标准 Smagorinsky 模型优点的分析)。

2.3 基于空间筛滤的湍流计算模型系列

2.3.1 基本原理

LES 的基本原理是对流场 $f(x,t)$ 进行空间滤波操作,筛滤得到的大尺度部分 $\bar{f}(x,t)$ 进行直接求解,该尺度被称为格子尺度(grid scale, GS),或可解尺度(resolvable scale);不能直接求解的小尺度部分 $f''(x,t)$ 称为亚格子尺度(subgrid scale, SGS),或不可解尺度(unresolved scale),需要进行额外建模。实际流场和 GS、SGS 部分的关系可表达为

$$f(x,t) = \bar{f}(x,t) + f''(x,t) \tag{2.124}$$

滤波过程是利用滤波函数 $G(\xi)$,通过数学上的卷积积分实现的。可以看出,$\bar{f}(x,t)$ 相当于 $f(x,t)$ 在 x 的附近通过函数 G 进行了一个特别的加权平均后的结果,见式(2.125)。LES 对流场进行滤波处理的示意图如图 2.9 所示。

$$\bar{f}(x,t) = \int_{-\infty}^{\infty} f(\xi,t)G(x-\xi)\mathrm{d}\xi \tag{2.125}$$

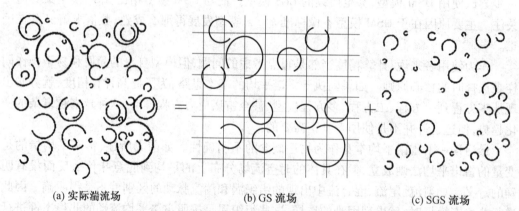

(a) 实际湍流场   (b) GS 流场   (c) SGS 流场

图 2.9 LES 对流场进行滤波处理的示意图

作为滤波函数的 $G(\xi)$ 要满足在 $\xi = 0$ 附近为正值,同时 $\lim\limits_{\xi \to \pm\infty} G(\xi) = 0$,以及 $\int_{-\infty}^{\infty} G(\xi)\mathrm{d}\xi = 1$ 的条件。

经过简单的分析,可以得到滤波函数的主要性质。包括:

(1) 归一性。

$$\bar{A} = \int_{-\infty}^{+\infty} AG(x-\xi)\mathrm{d}\xi = A \Rightarrow \int_{-\infty}^{+\infty} G(x-\xi)\mathrm{d}\xi = 1 \tag{2.126}$$

(2) 过滤运算和微分运算的可交换性。

$$\overline{\frac{\partial f(x,t)}{\partial x_i}} = \frac{\partial \bar{f}(x,t)}{\partial x_i} \tag{2.127}$$

(3) 可解尺度脉动的不规则性。筛滤过程只剔除小尺度脉动,大尺度不规则脉动依然存在,这是与雷诺平均的根本区别。因此一般情况下,可得

$$\overline{\overline{f}} \neq \overline{f}, \quad \overline{f''} \neq 0 \tag{2.128}$$

一般来说,用于 LES 的滤波函数的种类对模型应用没有影响,只需要考虑滤波器尺度的影响。满足上述要求,目前应用较多的滤波函数包括以下几种(图 2.10)。

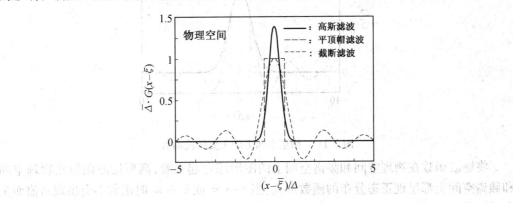

图 2.10　物理空间上的主要滤波函数

(1) 高斯(Gaussian) 滤波函数。

$$G(x - \xi) = \sqrt{\frac{6}{\pi}} \frac{1}{\overline{\Delta}} \exp\left\{ - \frac{6 |x - \xi|}{\overline{\Delta}^2} \right\} \tag{2.129}$$

(2) 平顶帽(Top - hat) 滤波函数。

$$G(x - \xi) = \begin{cases} 1/\overline{\Delta} & (|x - \xi| \leqslant \overline{\Delta}/2) \\ 0 & (|x - \xi| > \overline{\Delta}/2) \end{cases} \tag{2.130}$$

(3) 截断(Sharp cutoff) 滤波函数。

$$G(x - \xi) = \frac{1}{\overline{\Delta}} \frac{\sin(\pi \cdot |x - \xi| / \overline{\Delta})}{\pi \cdot |x - \xi| / \overline{\Delta}} \tag{2.131}$$

以上各式中,$\overline{\Delta}$ 为 x 方向的滤波函数尺度,一般取网格宽度的 1 ~ 2 倍。

通过傅里叶变换,可将以上物理空间上的函数形式转化为频谱空间上的函数形式,如图 2.11 所示。

(1) 高斯滤波函数。

$$\hat{G}(k) = \exp\left(- \frac{\overline{\Delta}^2 k^2}{24} \right) \tag{2.132}$$

(2) 平顶帽滤波函数。

$$\hat{G}(k) = \frac{\sin(k\overline{\Delta}/2)}{k\overline{\Delta}/2} \tag{2.133}$$

(3) 截断滤波函数。

$$\hat{G}(k) = \begin{cases} 1 & (|k| \leqslant \pi/\overline{\Delta}) \\ 0 & (|k| > \pi/\overline{\Delta}) \end{cases} \tag{2.134}$$

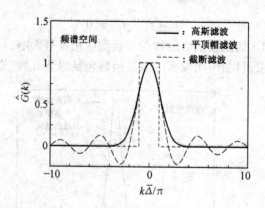

图 2.11　频谱空间上的主要滤波函数

将滤波函数在物理空间和频谱空间上的图形综合起来看,高斯滤波函数在物理空间和频谱空间上都呈现正态分布的函数形式,当 $x \to \infty$ 或 $k \to \infty$ 时函数不会出现负值而是渐趋于零,是比较理想的滤波函数形式,但计算量较大。而平顶帽滤波函数和截断滤波函数在物理空间和频谱空间上的函数形式是不同的。如平顶帽滤波函数,在物理空间上看,似乎把滤波尺度以下的微小涡旋变动全部滤掉了,但在频谱空间上看随着频度的增加,表现为一个衰减同时会出现负值的周期函数形式。截断滤波函数在物理空间和频谱空间上的滤波效果则与之相反。事实上,无论采用哪种滤波函数,都不会把滤波尺度以下的变动全部滤掉,GS 和 SGS 之间的界限也并不是绝对严格的。如图 2.12 所示,高斯滤波函数对流场进行滤波处理后,在应该被滤掉的高频(对应 SGS)区域里 $(k > \pi/\Delta)$ 依然有 GS 部分,这部分毫无疑问在进行后续计算时被忽略了。而在低频(对应 GS)部分 $(k < \pi/\Delta)$ 中,SGS 部分也同样存在。这意味着按道理,在对 SGS 部分进行额外建模时还应该考虑比滤波尺度 Δ 还要"大"的 SGS 涡旋的作用。指出上述问题,可以帮助我们更好地理解 LES 目前在模型本质上存在的局限性。

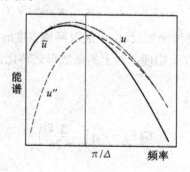

图 2.12　高斯滤波函数对 GS 和 SGS 的分离

上述内容是基于一维各向同性的滤波情况进行的介绍。实际的复杂流动很难采用各向同性进行滤波处理。尤其是网格为各向异性时,滤波尺度也需要是各向异性,此时可采用如下的办法:

(1)Deardoff 法[41] 并没有严格的理论依据,主要适用于偏离各向同性不大的情况。计算公式为

$$\bar{\Delta} = (\bar{\Delta}_1 \bar{\Delta}_2 \bar{\Delta}_3)^{1/3} \tag{2.135}$$

（2）Scotti 法[42]基于对各向异性网格湍动动能耗散的估计，比 Deardoff 法准确。计算公式为

$$\Delta = \Delta_{\mathrm{iso}} f(a_1, a_2) = \Delta_{\mathrm{iso}} \cosh\left\{\frac{4}{27}\left[(\ln a_1)^2 - \ln a_1 a_2 + (\ln a_2)^2\right]\right\} \tag{2.136}$$

式中，Δ_{iso} 为修正滤波尺度，$\Delta_{\mathrm{iso}} = (\Delta_1 \Delta_2 \Delta_3)^{1/3}$；$f(a_1, a_2)$ 为修正函数，其中的 a_1、a_2 为各向滤波尺度比，按下式计算，即

$$\Delta_{\max} = \max(\Delta_1, \Delta_2, \Delta_3) \tag{2.137}$$

$$\begin{cases} a_1 = \Delta_2 / \Delta_1 \\ a_2 = \Delta_3 / \Delta_1 \end{cases} \quad (\text{如果 } \Delta_1 = \Delta_{\max}) \tag{2.138}$$

需要指出的是，对于后文中的动态 SGS 模型，由于动态系数的计算中已自动包括了滤波尺度的修正，因此不需要再修正滤波尺度。

利用以上所述方法，对湍流基本方程，即式（1.5）、式（1.22）分别进行滤波处理，可得
连续性方程：

$$\frac{\partial \bar{u}_i}{\partial x_i} = 0 \tag{2.139}$$

N－S 方程：

$$\frac{\partial \bar{u}_i}{\partial t} + \frac{\partial \overline{u_i u_j}}{\partial x_j} = -\frac{1}{\rho}\frac{\partial \bar{p}}{\partial x_i} + \frac{\partial}{\partial x_j}\left(\nu \frac{\partial \bar{u}_i}{\partial x_j}\right) \tag{2.140}$$

式中，$\overline{u_i u_j}$ 为整个空间内所有尺度涡旋单位质量流体动量通量的过滤值，将此项进一步展开并整理，可得

$$\frac{\partial \bar{u}_i}{\partial t} + \frac{\partial \bar{u}_i \bar{u}_j}{\partial x_j} = -\frac{1}{\rho}\frac{\partial \bar{p}}{\partial x_i} + \frac{\partial}{\partial x_j}\left(\nu \frac{\partial \bar{u}_i}{\partial x_j}\right) - \frac{\partial \tau_{ij}}{\partial x_i} \tag{2.141}$$

$$\tau_{ij} = \overline{u_i u_j} - \bar{u}_i \bar{u}_j \tag{2.142}$$

式中，$\bar{u}_i \bar{u}_j$ 为单位质量流体大尺度涡旋动量通量，被称为格子应力（GS 应力）。严格意义上，应该是 $\rho \bar{u}_i \bar{u}_j$；τ_{ij} 为滤波操作后新出现的未知数，称为亚格子应力（SGS 应力），表示过滤后的 SGS 脉动和 GS 湍流间的动量传输，实质上反映了 SGS 以下的湍动对 GS 部分动量的影响。

SGS 还可进行如下的分解，其结果在后续进一步建模时会用到。首先将实际速度变量分解为 GS 和 SGS 部分，即 $u_i = \bar{u}_i + u''_i$，再代入到以上 τ_{ij} 的定义式中，可得

$$\tau_{ij} = L_{ij} + C_{ij} + R_{ij} \tag{2.143}$$

$$L_{ij} = \overline{\bar{u}_i \bar{u}_j} - \bar{u}_i \bar{u}_j \tag{2.144}$$

$$C_{ij} = \overline{\bar{u}_i u''_j} + \overline{u''_i \bar{u}_j} \tag{2.145}$$

$$R_{ij} = \overline{u''_i u''_j} \tag{2.146}$$

式中，L_{ij}、C_{ij} 和 R_{ij} 分别被称为 Leonard 项、cross 项和 Reynolds 项，它们都被统称为 SGS 项。其中 L_{ij} 只和 GS 部分有关，反映 GS 间的相互作用，只需要进行两次滤波操作，不需要

再进行额外建模,而 C_{ij} 反映了 GS 和 SGS 之间的交互作用,R_{ij} 反映 SGS 间的相互作用,这两项由于包含了 SGS 部分 u''_i,需要再通过适当的方式和 GS 部分的变量 $\bar{u}_i$ 建立联系,进行额外建模。

对 C_{ij} 和 R_{ij} 建模时要注意满足伽利略不变法则(invariance under Galilean transformation)的限定条件问题。所谓伽利略不变法则,是指对于任意移动坐标系,控制方程保持不变。这是力学上最为基础的原理之一。前文给出的 N – S 方程是自然满足的。但对于式(2.142)来说,τ_{ij} 项中 R_{ij} 可以独立满足伽利略不变法则,而 L_{ij}、C_{ij} 项则不能独立满足,因此要把这两项结合在一起后(即 $L_{ij} + C_{ij}$)来满足这一限定条件。为解决该问题,又提出了上述各项的修正表达式,即 Germano 分解方法,从而可以分别独立地满足伽利略不变法则。

$$\tau_{ij} = L^m_{ij} + C^m_{ij} + R^m_{ij} \tag{2.147}$$

$$L^m_{ij} = \overline{\bar{u}_i \bar{u}_j} - \bar{\bar{u}}_i \bar{\bar{u}}_j \tag{2.148}$$

$$C^m_{ij} = \left(\overline{\bar{u}_i u''_j} + \overline{u''_i \bar{u}_j} \right) - \left(\bar{\bar{u}}_i \overline{u''_j} + \overline{u''_i} \bar{\bar{u}}_j \right) \tag{2.149}$$

$$R^m_{ij} = \overline{u''_i u''_j} - \overline{u''_i}\, \overline{u''_j} \tag{2.150}$$

总之,SGS 应力是进行滤波处理后 LES 方程组中的不封闭量,需要进一步建立模型予以封闭,这就是 LES 的"方程组封闭"问题,SGS 应力如何建模是 LES 的核心内容。

2.3.2　唯象论涡黏模型系列

所谓唯象论(phenomenology)涡黏模型,是指对湍流中 GS 部分可以由方程直接求解,SGS 对 GS 的影响通过 SGS 模式进行简化计算。当满足如下条件时,LES 计算结果与过滤尺度无关,即 SGS 模式具有一定普适性:① 存在较宽的局部平衡的各向同性湍流的尺度范围;② 小尺度涡旋具有统计相似性。

1. SGS 涡黏性系数的提出

与 Boussinesq 假设将雷诺应力和分子黏性应力进行比拟的思路有些类似,唯象论涡黏模型假设 SGS 应力与黏性应力具有比拟性,则有

$$\tau_{ij} - \frac{1}{3} \delta_{ij} \tau_{kk} = - 2\nu_{SGS} \bar{S}_{ij} \tag{2.151}$$

式中,ν_{SGS} 为 SGS 涡黏性系数,$\bar{S}_{ij} = \frac{1}{2} \left(\dfrac{\partial \bar{u}_i}{\partial x_j} + \dfrac{\partial \bar{u}_j}{\partial x_i} \right)$ 为 GS 变形率张量。方程左侧第二项的目的是为了 $i = j$ 时满足方程左右两侧的数学恒等。

只要用适当的方法对 SGS 涡黏性系数建模,LES 模型即可封闭。

2. 标准 Smagorinsky 零方程模型[43]

如前文所述,RANS 模型系列中的代表是标准 $k - \varepsilon$ 模型,Smagorinsky 模型是 LES 模型中的代表,但与 $k - \varepsilon$ 模型属于二方程模型系列不同,Smagorinsky 模型系列可看作零方程模型。

参照涡黏性模型混合长度理论并根据量纲分析,SGS 的涡黏性系数 ν_{SGS} 可表示为

$$\nu_{SGS} = \varepsilon_\nu^{1/3} \left(C_S \bar{\Delta} \right)^{4/3} \tag{2.152}$$

式中，ε_ν 为 SGS 湍动动能 k_{SGS} 的耗散率；$\overline{\Delta}$ 为格子尺度的特征长度；C_S 为 Smagorinsky 常数，是该模型中涉及的唯一常数。根据 Lilly 湍流统计理论，可得

$$C_S = \frac{1}{\pi}\left(\frac{3\alpha}{2}\right)^{-3/4} = 0.235\alpha^{-3/4} \tag{2.153}$$

式中，α 为柯尔莫格罗夫常数，取 $\alpha = 1.5$，故 C_S 取 0.173。

下面的问题是如何对式（2.152）中的 ε_ν 进行建模。首先在对流场进行滤波处理后，湍动动能 $\overline{k} = \overline{u_i u_i}/2$ 可被分解为 GS 湍动动能 k_{GS} 和 SGS 湍动动能 k_{SGS}，即

$$\overline{k} = \overline{u_i u_i}/2 = k_{GS} + k_{SGS} = \overline{u}_i\,\overline{u}_i/2 + (\overline{u_i u_i} - \overline{u}_i\,\overline{u}_i)/2 \tag{2.154}$$

分别建立 $\overline{k}$ 输送方程和 k_{GS} 输送方程，相减后即可得 k_{SGS} 输送方程，即

$$\frac{\partial k_{SGS}}{\partial t} + \overline{u}_j\frac{\partial k_{SGS}}{\partial x_j} = \underbrace{-\tau_{ij}\overline{S}_{ij}}_{\text{生成项}} - \underbrace{\nu\left(\overline{\frac{\partial u_i}{\partial x_j}\frac{\partial u_i}{\partial x_j}} - \frac{\partial \overline{u}_i}{\partial x_j}\frac{\partial \overline{u}_i}{\partial x_j}\right)}_{\text{耗散项}} - \underbrace{\frac{1}{2}\frac{\partial(\overline{u_i u_i u_j} - \overline{u_j u_i u_i})}{\partial x_j}}_{\text{SGS湍动扩散项}} -$$

$$\underbrace{\frac{1}{\rho}\frac{\partial(\overline{pu_j} - \overline{p}\,\overline{u}_j)}{\partial x_j}}_{\text{压力相关项}} + \underbrace{\nu\frac{\partial k_{SGS}}{\partial x_j \partial x_j}}_{\text{分子扩散项}} \tag{2.155}$$

根据局部平衡假定，k_{SGS} 的耗散率应等于生成部分，故

$$-\tau_{ij}\overline{S}_{ij} = \varepsilon_\nu \tag{2.156}$$

将上式与式（2.152）联立并整理最终可得

$$\nu_{SGS} = (C_S\overline{\Delta})^2|\,\overline{S}\,|\quad(|\,\overline{S}\,| = (2\,\overline{S}_{ij}\,\overline{S}_{ij})^{1/2}) \tag{2.157}$$

表 2.5 为标准 Smagorinsky 模型方程及常数汇总。

表 2.5　标准 Smagorinsky 模型方程及常数汇总

连续性方程：

$$\frac{\partial \overline{u}_i}{\partial x_i} = 0$$

动量方程：

$$\frac{\partial \overline{u}_i}{\partial t} + \frac{\partial \overline{u}_i \overline{u}_j}{\partial x_j} = -\frac{1}{\rho}\frac{\partial \overline{p}}{\partial x_i} + \frac{\partial}{\partial x_j}\left(\nu\frac{\partial \overline{u}_i}{\partial x_j}\right) - \frac{\partial \tau_{ij}}{\partial x_i}$$

$$\tau_{ij} = \overline{u_i u_j} - \overline{u}_i\,\overline{u}_j$$

Smagorinsky 模式：

$$\tau_{ij} = -2\nu_{SGS}\,\overline{S}_{ij} + \frac{1}{3}\delta_{ij}\tau_{kk}$$

$$\nu_{SGS} = (C_S\overline{\Delta})^2|\,\overline{S}\,| = (C_S\overline{\Delta})^2(2\,\overline{S}_{ij}\,\overline{S}_{ij})^{1/2}\quad\left(\overline{S}_{ij} = \frac{1}{2}\left(\frac{\partial \overline{u}_i}{\partial x_j} + \frac{\partial \overline{u}_j}{\partial x_i}\right)\right)$$

常数

$$C_S = 0.173$$

标准 Smagorinsky 模型是目前应用最为成功的 LES 模型,在进行各向同性流动、均匀剪切流动、管道流动等的模拟时,计算效果比 RANS 模型好很多。另外,该模型编程非常简便,建模过程中只增加了一个 SGS 涡黏性系数的计算模块,在计算的稳定性上也获得很多好评。具体分析,虽然标准 Smagorinsky 模型在形式上同样借用分子黏性的概念,从具体建模思路上看和 RANS 涡黏性模型好像没有大的区别,但其性质和 Boussinesq 假设有本质的不同。分子运动和湍流的宏观湍动现象之间具有截然不同的物理意义和尺度界定,所以我们强调 Boussinesq 假设是不严谨的;而湍流的 GS 和 SGS 在物理意义上是相关的,尺度之间是连续的,因此标准 Smagorinsky 模型在内在机理上就更加符合实际。

同时需要指出的是,标准 Smagorinsky 模型在算法思路上毕竟是同属于零方程模型系列,当面对复杂流动时必然存在一些问题:

(1) 根据理论得到的 Smagorinsky 常数可以较好地反映均匀各向同性流动,其模拟结果和实验结果吻合较好。但对于工程上的各种复杂流场来说,就很难用某一个常数值来予以准确反映。如对于剪切流动,就必须在相对较低的数值范围(0.10 ~ 0.15)内进行修正。

(2) 在固体表面附近,速度梯度很大,能量的生成和耗散的局部平衡可能不成立,由式(2.157)算出的 ν_{SGS} 过大,不能很好地表现固壁对 ν_{SGS} 的衰减效果。此时往往要用 Van Driest 的阻尼函数模型式(2.14)乘以 $\overline{\Delta}$ 来进行修正。但这种方法是 RANS 模型采用的方法,用于 LES 模拟缺乏理论依据。同时还有研究表明,当壁面本身情况更为复杂,以至发生剥离、再贴附等现象时阻尼函数模型也可能不再适用。

(3) 由式(2.157)可以看出,ν_{SGS} 总是为正,其优点是增加了计算的稳定性和鲁棒性(robustness),但其结果造成了动能只从 GS 向 SGS 的单方向传递。实际上,在局部及瞬时情况下,能量往往会从小尺度涡旋向大尺度涡旋传递,即所谓能量的逆向传递(backward scatter)现象。标准 Smagorinsky 模型对此完全无能为力,造成从大尺度涡旋传递到小尺度涡旋的计算能量过大,从而带来误差。当然同样需要说明的是,在工程计算问题中能量的逆向传递毕竟只占总的湍动动能输送的极小部分,一般情况下不予考虑也足够满足精度要求。

3. SGS 一方程模型

SGS 一方程模型同样利用式(2.151)来反映 τ_{ij},但在对涡黏性系数 ν_{SGS} 做进一步建模时则利用下式。对比式(2.157)可以看出,该模型引入了一个新的变量 k_{SGS},所以称为一方程模型。

$$\nu_{SGS} = C_\nu \overline{\Delta} k_{SGS}^{1/2} \tag{2.158}$$

式中,C_ν 为模型常数,SGS 湍动动能 k_{SGS} 根据式(2.155)做进一步整理,分别将扩散项和SGS 湍动耗散项、压力相关项进行如下的简化建模,即

$$\nu \left(\overline{\frac{\partial u_i}{\partial x_j} \frac{\partial u_i}{\partial x_j}} - \frac{\partial \bar{u}_i}{\partial x_j} \frac{\partial \bar{u}_i}{\partial x_j} \right) = \frac{C_\varepsilon k_{SGS}^{3/2}}{\overline{\Delta}} \tag{2.159}$$

$$\frac{1}{2} \frac{\partial (\overline{u_i u_i u_j} - \bar{u}_i \overline{u_i u_j})}{\partial x_j} + \frac{1}{\rho} \frac{\partial (\overline{p u_j} - \bar{p} \bar{u}_j)}{\partial x_j} = C_{kk} \overline{\Delta} k_{SGS}^{1/2} \frac{\partial k_{SGS}}{\partial x_j} \tag{2.160}$$

最终可得如下方程,作为该模型中实际应用的 k_{SGS} 输送方程,即

$$\frac{\partial k_{SGS}}{\partial t} + \bar{u}_j \frac{\partial k_{SGS}}{\partial x_j} = 2\nu_{SGS}\bar{S}_{ij}^2 + \frac{\partial}{\partial x_j}\left[(C_{kk}\bar{\Delta}k_{SGS}^{1/2} + \nu)\frac{\partial k_{SGS}}{\partial x_j}\right] - C_\varepsilon\frac{k_{SGS}^{3/2}}{\bar{\Delta}} \quad (2.161)$$

式中,C_ε、C_{kk} 也是模型常数,根据经验及实验数据确定。

SGS 一方程模型在思路上与标准 $k - \varepsilon$ 模型是相通的。如前文所述,$k - \varepsilon$ 模型是利用 k 和 ε 表示出湍动特征长度 l,而该模型中 l 直接用滤波尺度 $\bar{\Delta}$ 表示,就变成了一方程模型的形式。与标准 Smagorinsky 模型相比,由于 k_{SGS} 的输送和扩散效果是直接求解得到的,因此整个流场的计算在理论上更为准确。

4. 动态 SGS 模型[44]

动态 SGS 模型的主要出发点是标准 Smagorinsky 模型中的 C_S 不再作为常数或经验性修正,而是根据 GS 流场情况,在时间和空间上进行动态求值。其基本思路是通过两次过滤巧妙地把湍流局部结构信息引入到 SGS 应力中,进而在计算中调整 C_S。

首先,导入比 GS 涡还大的涡尺度滤波函数 test filter,用"ˆ"表示,该尺度被称为 STS(subtest scale)。如定义 Δ_1、Δ_2 分别为 GS 和 STS,则有 $\Delta_1 < \Delta_2$。直接进行 STS 的过滤,可得

$$\frac{\partial \hat{u}_i}{\partial t} + \frac{\partial \hat{u}_i\hat{u}_j}{\partial x_j} = -\frac{1}{\rho}\frac{\partial \hat{p}}{\partial x_i} + \frac{\partial}{\partial x_j}\left(\nu\frac{\partial \hat{u}_i}{\partial x_j}\right) - \frac{\partial \hat{\tau}_{ij}}{\partial x_i} \quad (2.162)$$

式中,$\hat{\tau}_{ij}$ 为进行 STS 过滤后产生的 SGS 应力,其表达式为:$\hat{\tau}_{ij} = \widehat{u_iu_j} - \hat{u}_i\hat{u}_j$。

然后对 N - S 方程先进行 GS 过滤,再进行 STS 过滤,则最终只剩下 STS 流动。可得

$$\frac{\partial \hat{\bar{u}}_i}{\partial t} + \frac{\partial \hat{\bar{u}}_i\hat{\bar{u}}_j}{\partial x_j} = -\frac{1}{\rho}\frac{\partial \hat{\bar{p}}}{\partial x_i} + \frac{\partial}{\partial x_j}\left(\nu\frac{\partial \hat{\bar{u}}_i}{\partial x_j}\right) - \frac{\partial T_{ij}}{\partial x_i} \quad (2.163)$$

式中,T_{ij} 为 STS 应力,其表达式为 $T_{ij} = \widehat{\bar{u}_i\bar{u}_j} - \hat{\bar{u}}_i\hat{\bar{u}}_j$。

比较式(2.162)、式(2.163)建立的思路,可以看出实际上 $T_{ij} = \hat{\tau}_{ij}$。根据 Germano 等式假定,有

$$L_{ij} = T_{ij} - \hat{\bar{\tau}}_{ij} = \hat{\tau}_{ij} - \hat{\bar{\tau}}_{ij} \quad (2.164)$$

式中,L_{ij} 为尺度在 Δ_1、Δ_2 之间新增加的 SGS 应力。上式的物理意义在于假设粗细网格间脉动具有相似性,则二次过滤后的 SGS 应力等于粗、细网格上 SGS 应力差。T_{ij} 和 $\hat{\bar{\tau}}_{ij}$ 需利用类似 Smagorinsky 模型的方法建模,则 L_{ij} 可由 GS 部分直接算出,即

$$T_{ij} - \frac{1}{3}\delta_{ij}T_{kk} = -2C_D(\hat{\bar{\Delta}}_2)^2|\hat{\bar{S}}|\hat{\bar{S}}_{ij} \quad (2.165)$$

$$\hat{\bar{\tau}}_{ij} - \frac{1}{3}\delta_{ij}\hat{\bar{\tau}}_{kk} = -2C_D(\hat{\bar{\Delta}}_1)^2\widehat{|\bar{S}|\bar{S}_{ij}} \quad (2.166)$$

式中,$\hat{\bar{S}}_{ij} = \frac{1}{2}\left(\frac{\partial \hat{\bar{u}}_i}{\partial x_j} + \frac{\partial \hat{\bar{u}}_j}{\partial x_i}\right)$;$|\hat{\bar{S}}| = (2\hat{\bar{S}}_{ij}\hat{\bar{S}}_{ij})^{1/2}$;$C_D$ 为取代 Smagorinsky 模型中 C_S 的动态系数。假设两个过滤尺度都在惯性子区之内,则对于 τ_{ij} 和 T_{ij} 认为可采用同一 C_D 值。STS 一般

取滤波网格尺度的 2 倍。将以上两式代入式(2.164) 有

$$L_{ij} - \frac{1}{3}\delta_{ij}L_{kk} = C_D M_{ij}$$

$$M_{ij} = -2\left[(\bar{\Delta}_2)^2 \mid \overset{\approx}{S} \mid \overset{\approx}{S}_{ij} - (\bar{\Delta}_1)^2 \mid \widehat{\overline{S} \mid \overline{S}_{ij}}\right] \tag{2.167}$$

上式中认为 C_D 在空间内变化很小,故可以作为常数提出到 test filter 之外。L_{ij}、M_{ij} 均为已知量,只有 C_D 为未知量。但由于上式即使考虑对称性,也包括 6 个独立方程,属于超定问题,不易得出一个 C_D 值。目前已有多种解决办法,最常用的是 Lilly 提出的最小误差法[45]。设误差 $Q = e_{ij}e_{ij}$,而 $e_{ij} = L_{ij} - C_D M_{ij}$。可得

$$\frac{\partial Q}{\partial C} = 0 \Rightarrow C_D = \frac{L_{ij}M_{ij}}{M_{kl}^2} \tag{2.168}$$

与标准 Smagorinsky 模型相比,动态 SGS 模型中由于 C_D 值作为时间和空间的函数进行动态求解,不需要事先给定,也无必要考虑近壁面处的衰减效果,在计算理论的严谨性和计算精度方面都有所提高,已成为标准 Smagorinsky 模型的修正模型中应用最为广泛和成功的一个。但该方法也尚存一些缺陷,最主要的就是 C_D 值在空间内变动较大,或 C_D 值为负的情况时易出现计算不稳定,另外计算时间更长,大约是标准 Smagorinsky 模型的 5 倍左右。为克服这些缺陷,近年来又相继提出了一些新的方法。比如对于统计流向确定的流动(如管道流),可在流动方向平均后计算 C_D 值,该方法比较简单,但不适用于统计流向未知的复杂流动。另外一种方法可以沿迹线,即质点运动轨迹进行平均后计算 C_D 值,该方法又被称为 LD 模型(Lagrangian dynamic SGS 模型)[46]。由于不需要已知统计流向,也不增加很多工作量,是较好的改进方法。

2.3.3　尺度相似模型系列

尺度相似模型系列和唯象论涡黏模型的思路不同,认为 GS 流场中在滤波频度$(1/\bar{\Delta})$附近的部分,和 SGS 流场中同样在滤波频度附近的部分具有相似的特性,换句话说,就是 GS 流场中最小尺度的部分和 SGS 流场中最大尺度的部分是相似的。由此假设得到 τ_{ij} 不同的计算方法。

1. Bardina 模型[47]

由滤波处理的基本公式 $u''_i = u_i - \bar{u}_i$,对其两边再进行滤波就得到 $\overline{u''}_i = \bar{u}_i - \bar{\bar{u}}_i$(要注意两边都不为零)。该式的左边代表 SGS 流场中相对较大尺度部分,而等式右边对流场进行两重滤波的差值就相当于从 GS 流场中筛滤出较小尺度部分。因此等式成立实质上就意味着 GS 流场和 SGS 流场频度相关联部分的涡旋是相似的。基于上式,对 cross 项和 Reynolds 项做进一步的处理,可得

$$C_{ij} = (\bar{u}_i - \bar{\bar{u}}_i)\bar{u}_j + \bar{u}_i(\bar{u}_j - \bar{\bar{u}}_j) \tag{2.169}$$

$$R_{ij} = (\bar{u}_i - \bar{\bar{u}}_i)(\bar{u}_j - \bar{\bar{u}}_j) \tag{2.170}$$

上式加上 L_{ij} 后可得 τ_{ij} 为

$$\tau_{ij} = \overline{\bar{u}_i\bar{u}_j} - \bar{\bar{u}}_i\bar{\bar{u}}_j = L_{ij}^m \tag{2.171}$$

可以看出,以标准 Smagorinsky 模型为代表的涡黏模型中 τ_{ij} 和变形率张量 $\bar{S}_{ij}$ 呈严格线性关系,而 Bardina 模型则不受此限制。正因为如此,有研究表明在滤波频度附近的涡旋模拟方面,模型和 DNS 计算结果更为接近。但要注意的是,该模型对于高频 SGS 涡旋的能量耗散模拟误差较大。分析其原因,主要在于 Bardina 模型和涡黏模型在 GS 和 SGS 涡旋相互作用的建模思路是不同的。涡黏模型是通过一个明确的物理空间上的滤波尺度把 GS 和 SGS 区分开,相对于 GS 来说,SGS 所在区域基本以黏性耗散为主。因此,涡黏模型实质上针对的是小尺度的高频 SGS 部分和 GS 之间的相互作用。而 Bardina 模型是考虑滤波频度附近 SGS 涡旋中相对较大的部分和 GS 之间的相互作用。

2. 混合 SGS 模型(mixed SGS 模型)[48]

由上文可以看出,Bardina 模型和涡黏模型分别适用于不同频度附近的 SGS 涡旋建模。将这两种模型相结合,让它们分别在各自适用的范围发挥作用在理论上应该是可行的。这就是混合模型的总体思路。此模型中 τ_{ij} 可表示为

$$\tau_{ij} = -2\nu_{\text{SGS}}\bar{S}_{ij} + \frac{1}{3}\delta_{ij}\tau_{kk} + L_{ij}^{m} - \frac{1}{3}\delta_{ij}L_{kk}^{m} \tag{2.172}$$

由上式可知,对应于 Germano 分解方法,混合模型相当于保留了 L_{ij}^{m} 部分,而把修正 cross 项和修正 Reynolds 项用标准 Smagorinsky 模型的式(2.151)予以替代。实际应用表明该模型的效果要优于 Bardina 模型。

2.3.4　小结

以平板通道内部简单一维流动为例,图2.13 十分形象地给出了 DNS 和 LES、RANS 模型在模拟结果上的差别。其中"○"为利用 DNS 计算所得平板内部主流方向(y 方向为与流动方向垂直的方向)流速分布,实线为对 DNS 数据进行高斯滤波处理后得到的 GS 流速($\bar{\Delta}$ 取 DNS 网格的 8 倍);点画线则为 RANS 模型计算结果。很明显,RANS 模型由于采用了时均化处理,所得到的流场参数分布最为平滑,与此同时实际流场中微小涡旋的脉动影响都被忽略了,相比而言,LES 更接近于 DNS 的计算结果。

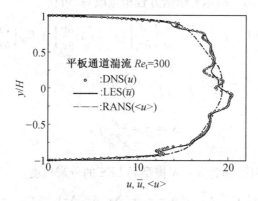

图 2.13　DNS、LES 和 RANS 模型的比较

通过实验或 DNS 计算已经发现,对于绕流、多相流等复杂流动来说,其内部表现为瞬时流线发生局部的强烈弯曲变化,涡旋呈大规模的非稳态运动,RANS 模型由于采用了时均化处理的大前提,很难给出正确的结果,而这恰恰是 LES 的所长。当然,也必须注意到LES 在计算量和计算时间上要远远大于 RANS 模型的现实。

在 LES 模型系列中,标准 Smagorinsky 模型有时又被理解为可进行非稳态计算的涡黏性零方程模型,很多实用场合中使用者甚至可以忽略滤波等内容。因此推荐初学者将标准 Smagorinsky 模型作为 LES 的入门来学习和应用。当感觉标准 Smagorinsky 模型的计算结果还不理想时,建议先试着从增加网格数和提高离散精度的角度来进行改善,最后再尝试动态 SGS 模型等其他更为复杂的 LES 模型。

2.4　RANS 与 LES 的复合型模型(RANS/LES)

综合前文讲解,LES 能获得相对较为精确的计算结果,同时计算工作量大,对于大多数工程问题和大尺度空间的湍流问题来说,几何尺寸复杂且特征 Re 数高,如果同时再采用无滑移边界条件的话,网格数将是天文数字,目前的计算机资源尚不足以完全实现。相比之下,RANS 模型的计算精度相对较差,但计算工作量较小。为取长补短,在接近局部平衡湍流区域采用 RANS 模型,在非平衡湍流区域采用 LES 模型的复合型模型就应运而生了。

2.4.1　分离涡模型(DES)

复合型模型的代表就是近年来得到很大关注和发展的分离涡模型(Detached Eddy Simulation, DES)[49]。该模型的基本思想是:采用统一的涡黏模式,然后以网格分辨尺度区分 RANS 模型和 LES 模型。RANS 模型一般利用 S - A 一方程模型(模型原理详见 2.2.2 节),LES 模型是 S - A 模型的扩展。S - A 模型计算壁面附近流动,以节省网格数;LES 模型则计算分离涡旋等复杂流动。

对式(2.30)、式(2.31)所示 $\bar{v}$ 输送方程稍微改写,可得

$$\frac{D\bar{v}}{Dt} = C_{b1}(1 - f_{t2})\bar{S}\,\bar{v} + \frac{1}{\sigma}\left[\frac{\partial}{\partial x_j}\left[(v + \bar{v})\frac{\partial \bar{v}}{\partial x_j}\right] + C_{b2}\left(\frac{\partial \bar{v}}{\partial x_i}\right)^2\right] -$$

$$\left(C_{w1}f_w - \frac{C_{b1}}{\kappa^2}f_{t2}\right)\left(\frac{\bar{v}}{\tilde{d}}\right)^2 + f_{t1}\Delta U^2 \tag{2.173}$$

$$\bar{S} \equiv S + \frac{\bar{v}}{\chi^2 \tilde{d}^2}f_{v2} \tag{2.174}$$

原式中 d 被此处的 $\tilde{d}$ 替代,作为 S - A 模型和 LES 的分辨尺度。

$$\tilde{d} = \min(d, C_{DES}\Delta) \quad (\Delta = \max(\Delta x, \Delta y, \Delta z), \quad C_{DES} = 0.65) \tag{2.175}$$

上式意味着,当 $d < C_{DES}\Delta$ 时,实质上为 S - A 模型进行模拟;当 $d > C_{DES}\Delta$ 时,利用 $\bar{v}$ 计算 v_{SGS},实质上转化为 LES 模型进行模拟。

对于 DES,除了 S – A 模型外,SST 模型(模型原理详见 2.2.2 节) 也可以作为 RANS 模型的代表和 LES 模型相结合。SST 模型在计算边界层之内区域时利用的是 $k – \omega$ 模型,将 k 和 ω 组合可得到特征长度为

$$l_{k-\omega} = \frac{k^{1/2}}{\beta^* \omega} \qquad (2.176)$$

式中,$\beta^* = 0.09$。将上式引入 DES 模型,分辨尺度为

$$\tilde{l} = \min(l_{k-\omega}, C_{\mathrm{DES}}\Delta) \qquad (2.177)$$

要注意的是,此时 SST 模型中 k 输送方程式(2.74) 中的 $\beta^* k\omega$ 需要进行修正,即 $\beta^* k\omega = \dfrac{k^{3/2}}{\tilde{l}}$。对于 S – A 模型和 SST 模型来说,由于利用的是分辨尺度的概念,实际上可以和各种 LES 进行组合。当然如果精度足够的话,Smagorinsky 模型是首选。

可以看出,DES 模型巧妙地利用了双方共同具有的变量,在 RANS 模型与 LES 之间实现了自由切换,不需要人为事先确定边界。在现有计算机资源条件下,是能够兼顾实现计算精度和计算速度的比较完美的湍流计算模型。图 2.14 为 S – A 模型与 Smagorinsky 模型结合的 DES 模型进行建筑单侧大开口自然通风的算例,同时与单纯采用标准 Smagorinsky 模型的 LES 计算结果进行比较[50]。可以看出 DES 与 LES 总体上相比,除右侧局部数值偏小外,在湍动及温度特性方面非常近似。这是由于 DES 对于 SGS 黏性耗散作用计算偏大,导致 GS 湍动带来的动量和热量传输受到人为抑制的缘故。

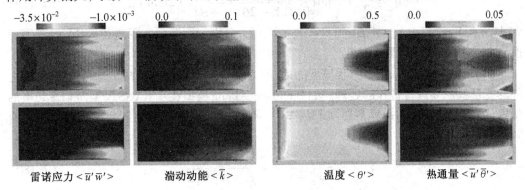

雷诺应力 $<\overline{u'w'}>$　　　　湍动动能 $<\bar{k}>$　　　　温度 $<\theta'>$　　　　热通量 $<\overline{u'\theta'}>$

图 2.14　计算结果比较(上:LES;下:DES)

2.4.2　其他复合型模型

前文所述 DES 模型中采用的 S – A 一方程模型是为航天领域流体问题而提出的,不属于普适性模型。LES 部分虽然利用的是应用广泛的 Smagorinsky 模型,但与 S – A 模型结合后的精度到底如何尚有很多疑问。实际上,除 DES 模型的方法外,还有多种不同的复合型模型方案。每个方案在设计时都需要解决以下 3 个问题:① 采用哪种 RANS 模型和 LES 模型? ② 如何实现这两类模型之间的连接? ③ 如何指定这两类模型各自的计算域?

首先,RANS 模型/LES 复合模型的主要组合形式见表2.6。可以看出,一些模型采用更为简单的零方程模型,事实上如果零方程模型或一方程模型自身的精度足够的话,和

Smagorinsky 模型进行复合是非常不错的选择。如果采用精度更高的 $k - \varepsilon$ 等二方程模型作为 RANS 模型的代表，就需要和求解 k_{SGS} 输送方程的 SGS 一方程模型进行复合。

表 2.6　RANS 模型/LES 复合模型的主要组合形式

复合模型	RANS 模型(括号内代表涡黏性模型的方程数)	LES 模型
DES (Spalart et al.)	S – A (1)	各种(S – A 的扩展)(1)
DES (Strelets)[51]	SST (2)	各种(SST 的扩展)(2)
Georgiadis et al.[52]	Cebeci – Smith (0)	Smagorinsky 模型(0)
Kawai – Fujii[53]	Baldwin – Lomax (0)	Smagorinsky 模型(0)
Davidson – Peng[54]	$k - \omega$ (2)	SGS 一方程模型(1)
Tucker – Davidson[55]	$k - l$ (2)	SGS 一方程模型(1)
Hamba[56]	$k - \varepsilon$ (2)	SGS 一方程模型(1)

其次，关于 RANS 和 LES 之间如何实现模型连接的问题，这两类模型都是零方程模型的情况最为简单。如 Kawai – Fujii 模型中引入如下所示的混合函数 $\Gamma(\eta)$ 来实现从 RANS 模型到 LES 的有效切换。

$$[\text{LES/RANS}] = \Gamma(\eta)[\text{LES 模型}] + (1 - \Gamma(\eta))[\text{RANS 模型}] \qquad (2.178)$$

$$\Gamma(\eta) = \frac{1}{2} + \tanh\left[\frac{\alpha(0.2\eta - \beta)}{0.2(1 - 2\beta)\eta + \beta}\right] / [2\tanh(\alpha)] \qquad (2.179)$$

式中，$\eta = \Delta_{\text{wall}}/\Delta_{\text{blend}}$，$\alpha = 4$，$\beta = 0.2$。$\Delta_{\text{wall}}$ 和 Δ_{blend} 分别为距壁面的距离和从 RANS 模型切换到 LES 的位置距壁面的距离。

如果 RANS 模型采用二方程模型的话，因为要与 LES 的一方程模型进行连接，对 k 之外的变量就需要进行特殊的处理。如 Davidson – Peng 模型在从 RANS 模型向 LES 切换的位置，加入了针对 ω 的边界条件：$\partial\omega/\partial y = 0$。另外，Hamba 模型则在缓冲区 $y_A < y < y_B$ 内对 ε 进行如下处理，即

$$\tilde{\varepsilon} = \frac{y_B - y}{y_B - y_A}\varepsilon + \frac{y - y_A}{y_B - y_A}\frac{k^{3/2}}{C_\Delta\Delta} \qquad (2.180)$$

由式(2.159)可知，上式中的 $\dfrac{k^{3/2}}{C_\Delta\Delta}$ 其实就是 SGS 湍动动能的耗散，这样就自动切换到了 LES。综上，在和 LES 之间进行模型连接的时候，对于二方程模型多出的那个变量，要么在边界处强制设定边界条件，要么变换为 LES 计算用的变量。到底哪种方法更好还需要更多的比较分析。实际上，如果方法选择得当，二方程模型也可与 Smagorinsky 模型进行复合。

最后，关于在实际流场中到底如何确定 RANS 和 LES 计算域的问题，表面上 DES 实现了自动切换，但要注意的是，由于网格划分作用，RANS 模型与 LES 之间的切换也不可能是"完全"自由的，在某种程度上网格间接地决定了这两者之间切换的位置。因此沿着壁面平行的方向如果网格间隔太小的话，可能会造成切换位置过于靠近壁面，甚至于造成切换位置处流速分布的不连续。为规避上述问题，Menter 等人提出新的所谓 Scale –

Adaptive Simulation 方案[57]，该方案不区分 RANS 和 LES 区域，而是根据速度场的数据来实现自动切换。其思路是设法用平均速度的变化率来反映一方程模型的特征长度 l。当计算得到的 l 值比网格间隔大很多时用 RANS 模型计算，与网格间隔同一数量级时切换到 LES。

$$l = \left[\left(\frac{\partial U_i}{\partial x_j}\frac{\partial U_i}{\partial x_j}\right) \bigg/ \left(\frac{\partial^2 U_l}{\partial x_m^2}\frac{\partial^2 U_l}{\partial x_m^2}\right)\right]^{1/2} \tag{2.181}$$

不过总体上看，以上 3 个问题都不能说已得到了充分解决，还有待于理论上更为深入的探讨。

2.5　标量场湍流计算模型系列

2.5.1　概述

流动过程中的传热和传质是自然环境和工程流动中的常见现象。在有温差或不同组分物质存在的湍流中，温度或不同组分物质的浓度也随流体脉动产生不规则的变化。此时除了流体自身的动量输送外，还必须考虑热（温度）或物质（浓度）的输送。描述在湍流流动过程中伴随着热或物质的输送和扩散的模型称为标量场的湍流输送模型。

当标量值较小时，标量对流场自身的流动影响（密度、作用力）可以忽略，此时标量只是随流场而被输送，称为被动标量（passive scalar）。这类模型以非等温湍流计算模型为代表，见 2.5.2 节介绍。

当标量值较大时，流体的密度和黏性系数等物性值随标量值而变化，标量对流场自身的流动影响不能忽略。这类模型以浮力湍流计算模型为代表，见 2.5.3 节介绍。

2.5.2　非等温湍流计算模型

1. 非等温状态下的控制方程

本书前文中讲解的湍流控制方程及其衍生的各种湍流计算模型都是基于等温状态的，但实际流场中经常有温差分布存在。当温差不大时，由温差带来的流体密度变化可用 Boussinesq 假设（Boussinesq approximation）所导出的浮力项来近似表示，这样，非等温状态下的湍流控制方程如下：

质量守恒方程（连续性方程）：

$$\frac{\partial u_i}{\partial x_i} = 0 \tag{原1.6}$$

动量守恒方程（N-S 方程）：

$$\frac{\partial u_i}{\partial t} + u_j\frac{\partial u_i}{\partial x_j} = -\frac{1}{\rho_0}\frac{\partial p}{\partial x_i} + \frac{\partial}{\partial x_j}\left(\nu\frac{\partial u_i}{\partial x_j}\right) + g_i\frac{\rho - \rho_0}{\rho_0} \tag{2.182}$$

可见质量守恒方程没有变化，N-S 方程式中右端第三项为增加的浮力项。其中 g_i 为 x_i 方向上的重力加速度（$g_1 = g_2 = 0$，$g_3 = -9.8 \text{ m/s}^2$），ρ_0 为基准密度。

若温度变化带来的密度变化不大，则近似有

$$\beta = -\frac{1}{\rho_0}\frac{\Delta\rho}{\Delta\theta} = -\frac{1}{\rho_0}\frac{\rho - \rho_0}{\theta - \theta_0} \tag{2.183}$$

式中,β 为体积膨胀系数($1/℃$),$\beta = 1/(273 + \theta_0)$,其中 θ_0 为基准温度。

将式(2.183)代入式(2.182)重新整理后可得

$$\frac{\partial u_i}{\partial t} + u_j\frac{\partial u_i}{\partial x_j} = -\frac{1}{\rho_0}\frac{\partial p}{\partial x_i} + \frac{\partial}{\partial x_j}\left(\nu\frac{\partial u_i}{\partial x_j}\right) - \beta g_i\Delta\theta \tag{2.184}$$

基于1.3.3节内容并推导后可得关于标量温度 θ 的控制方程,该方程又被称为能量方程,间接地反映流场内能量守恒关系,即

$$\frac{\partial\theta}{\partial t} + u_j\frac{\partial\theta}{\partial x_j} = \frac{\partial}{\partial x_j}\left(\alpha\frac{\partial\theta}{\partial x_j}\right) \tag{2.185}$$

式中,α 为分子温度扩散系数(m^2/s),$\alpha = \nu/Pr$,Pr 为普朗特数。

2. 非等温 RANS 湍流计算模型

按照2.2.1节方法,对非等温状态下的各控制方程进行时均化处理,可得

$$\frac{\partial\langle u_i\rangle}{\partial x_i} = 0 \tag{原2.5}$$

$$\frac{\partial\langle u_i\rangle}{\partial t} + \langle u_j\rangle\frac{\partial\langle u_i\rangle}{\partial x_j} = -\frac{1}{\rho}\frac{\partial\langle p\rangle}{\partial x_i} + \frac{\partial}{\partial x_j}\left(\nu\frac{\partial\langle u_i\rangle}{\partial x_j} - \langle u_i'u_j'\rangle\right) - \beta g_i(\langle\theta\rangle - \theta_0) \tag{2.186}$$

$$\frac{D\langle\theta\rangle}{Dt} = \frac{\partial\langle\theta\rangle}{\partial t} + \langle u_j\rangle\frac{\partial\langle\theta\rangle}{\partial x_j} = \frac{\partial}{\partial x_j}\left(\alpha\frac{\partial\langle\theta\rangle}{\partial x_j} - \langle u'\theta'\rangle\right) \tag{2.187}$$

观察上述方程可知,除了瞬时速度 u_i 替换为时均速度 $\langle u_i\rangle$ 外,时均化后的连续性方程在形式上没有任何变化,N–S方程则除多出了雷诺应力项 $-\langle u_i'u_j'\rangle$ 外,还增加了以时均温度 $\langle\theta\rangle$ 为变量的浮力项。

注意能量方程,时均化后等号右端增加了未知项 $-\langle u'\theta'\rangle$,这一项被称为湍动热通量。上式的物理意义在于发现了以温度为代表的标量输送由两个主要因素决定:① 宏观时均流动造成的输送,称为惯性输送;② 速度脉动造成的输送,称为湍动输送。

与雷诺应力项需要处理相同,湍动热通量也必须进行建模,否则时均化后的非等温控制方程组无法封闭。下面简要介绍几种主要的建模方法:

(1)湍动热扩散模型。

参照2.2.2节中雷诺应力和涡黏性系数的建模思路,并利用傅里叶导热公式可得

$$-\langle u'\theta'\rangle = \alpha_t\frac{\partial\langle\theta\rangle}{\partial x_i} = \frac{\nu_t}{Pr_t}\frac{\partial\langle\theta\rangle}{\partial x_i} \tag{2.188}$$

式中,α_t 为湍动热扩散系数,m^2/s;Pr_t 为湍动普朗特数,其物理意义是反映流体湍动对温度传递的影响。由于 α_t 不再需要引入新的变量进行建模,这种方法相当于非等温状态下的零方程模型。

采用此模型时,Pr_t 需要事先给定。由于 Pr_t 数不能直接利用实验手段测量得到,最简单的办法就是不管流场中位置如何,按定值进行设定。对于 Pr 数接近1的流体,一般情况下可按照常数0.9取值。近年来通过DNS计算发现 Pr_t 由 Pr 数和距壁面距离决定。有的

研究按照湍流种类的不同进行了更为细致的区分,即

$$Pr_t = \begin{cases} 0.9 & (Pr \geqslant 1 \text{ 的壁面湍流}) \\ 0.6 & (Pr \geqslant 1 \text{ 的自由湍流}) \end{cases} \tag{2.189}$$

在上述工作的基础上,利用非等温状态 N - S 方程,可推导出非等温状态下的 k 和 ε 输送方程,即

$$\frac{\partial k}{\partial t} + \langle u_j \rangle \frac{\partial k}{\partial x_j} = P_k + G_k + D_k - \varepsilon \tag{2.190}$$

$$\frac{\partial \varepsilon}{\partial t} + \langle u_j \rangle \frac{\partial \varepsilon}{\partial x_j} = \frac{\varepsilon}{k}(C_{\varepsilon 1} P_k + C_{\varepsilon 3} G_k - C_{\varepsilon 2}\varepsilon) + D_\varepsilon \tag{2.191}$$

式(2.190)中等号右端第二项 G_k 体现了浮力附加项对 k 所起的增量作用,计算表达式为

$$G_k = -g_i\beta \langle u_i'\theta' \rangle = g_i\beta \frac{\nu_t}{Pr_t} \frac{\partial \langle \theta \rangle}{\partial x_i} \tag{2.192}$$

式(2.191)中右端第二项通过系数 $C_{\varepsilon 3}$ 的计算表达式来体现浮力效果,可按 Viollet 模型估算,即

$$C_{\varepsilon 3} = \begin{cases} C_{\varepsilon 1} = 1.44 & (G_k > 0 : \text{不稳定}) \\ 0.0 & (G_k < 0 : \text{稳定}) \end{cases} \tag{2.193}$$

由上式可见,稳定状态,即 $G_k < 0$ 时的 $C_{\varepsilon 3}$ 按 0 计算比按 1.44 计算可得到更大的 ε 值,从而可以使该状态下的 ν_t 值($\nu_t = C_\mu \dfrac{k}{\varepsilon}$)减少。

实践证明,湍动热扩散模型虽然非常简单且使用方便,但在很多情况下都获得了理想的计算效果,非常适用于速度分布与温度分布近似的简单流动;其原因在于:① 保证了速度分布和温度分布的相似性,特别是近壁面附近的对数律分布,这是非等温状态下流场常见的规律;② 满足标量输送的线性法则,即多个时均温度场叠加的结果可以用湍动热通量的代数求和来体现。

该方法的问题主要表现在:① 壁面附近 Pr_t 数取为常数,与实验或 DNS 计算不符(尤其是 Pr 数比较小的流体);② Pr 数较大的自由湍流流动时,Pr_t 数取为常数会造成 α_t 计算值过小;③ 由于 $k - \varepsilon$ 模型在机理上针对各向同性的充分湍动流动,对于铅直方向流动被强烈浮力作用控制的稳定各向异性流场,误差较大。

针对上述问题,一些研究重点针对壁面附近 Pr_t 数进行更精细化建模,提出了一系列湍流热扩散修正模型。比如 Kasagi 和 Ohtsubo 模型[58],即

$$-\langle u'_i\theta' \rangle = C_\lambda \frac{Pr}{Pr + C_t} f_\lambda \frac{k^2}{\varepsilon} \frac{\partial \langle \theta \rangle}{\partial x_i} \tag{2.194}$$

衰减函数 f_λ 为

$$f_\lambda = 1 - \exp\left(-\frac{y_\zeta}{C_{w1}}\right) \exp\left[-\left(\frac{y_\zeta}{C_{w2}}\right)^3 / Pr^{1/3}\right] \tag{2.195}$$

式中,y_ζ 为壁面附近的 Kolmogorov 尺度和距离壁面足够远处 Intergral 尺度构成的无量纲长度,$\dfrac{1}{y_\zeta^2} = \dfrac{(\nu^3/\varepsilon)^{1/2}}{y^2} + \dfrac{k^{3/2}/\varepsilon}{(C_{w3}y)^2}$。其他一些常数分别取值为:$C_\lambda = 0.1, C_t = 0.02, C_{w1} =$

$305, C_{w2} = 15, C_{w3} = 60$。

（2）温度场二方程模型[59-60]。

该方法同样利用式（2.188）的形式来计算湍动热通量，但 α_t 不再用简单的代数式表述，而是和等温状态下的标准 $k - \varepsilon$ 二方程模型中对涡黏性系数 ν_t 所采用的量纲分析法类似，将 α_t 表示为一个特征速度 v_t 的平方和一个特征时间 t 的乘积，v_t 同样用湍动能 k 予以替代。关键是特征时间，该方法认为非等温湍流的特征时间应包括两部分：一部分基于标准 $k - \varepsilon$ 二方程模型，反映湍动时间尺度，$\tau_u = k/\varepsilon$。这一点在 2.2.2 节"标准二方程模型的理论基础"已经进行了分析；另一部分则反映非等温状态对流场时间尺度的影响，用 $\tau_\theta = \langle \theta'^2 \rangle / \varepsilon_\theta$ 表示，其中 $\langle \theta'^2 \rangle$ 为温度脉动强度，ε_θ 为 $\langle \theta'^2 \rangle$ 的耗散率。综合起来，湍动热扩散系数 α_t 可表示为

$$\alpha_t = C_\lambda f_\lambda k \tau_{\text{eff}} = C_\lambda f_\lambda k \tau_u^n \tau_\theta^m = C_\lambda f_\lambda k \left(\frac{k}{\varepsilon} \right)^n \left(\frac{\langle \theta'^2 \rangle}{\varepsilon_\theta} \right)^m \tag{2.196}$$

根据量纲分析，上式中的指数存在如下关系：$n + m = 1$。当 $m = 0, n = 1$ 时即为式（2.194）所示湍动热扩散修正模型；当 $m \neq 0$ 时，上式可改造为

$$\alpha_t = C_\lambda f_\lambda \frac{k^2}{\varepsilon} (2R)^m \quad \left(R = \frac{\langle \theta'^2 \rangle / 2\varepsilon_\theta}{k/\varepsilon} \right) \tag{2.197}$$

式中，R 为温度场和速度场时间尺度的比；$\langle \theta'^2 \rangle$、$\varepsilon_\theta$ 相当于求解 α_t 时新增加了两个未知量，需分别建立各自的输送方程式并求解（温度场二方程模型的名称由此而来），具体方程形式见下节"（3）湍动热通量模型"。

不同温度场二方程模型有不同的 m、n 组合，目前尚没有公认的模型。如最初的 $m = 1/2, n = 1/2$，该模型实质上简单地认为 $\tau_{\text{eff}} = \sqrt{\tau_u \tau_\theta}$。但这种处理方法后来被发现不能正确地描述近壁流动，特别是对于高 Pr 数流体的适用性不好；在此基础上又提出了 $m = 2$、$n = -1$ 的组合方案，即 $\tau_{\text{eff}} = \tau_\theta^2 / \tau_u$。这种方案有助于解决壁面附近湍动趋于零（$k \to 0$），但壁面 $\langle \theta'^2 \rangle$ 不为零的情况。但同时又带来了湍动时间尺度 τ_u 越小，总有效时间尺度 τ_{eff} 反而越大的问题。因此，有人又提出所谓调和平均算法以表示 τ_{eff}，$\tau_{\text{eff}} = \frac{k}{\varepsilon} + C_R \frac{\langle \theta'^2 \rangle}{2\varepsilon_\theta}$。

现有研究表明，这类模型对于传热边界面变化比较剧烈，速度场和温度场的非相似性较强的情况比较适合，但总体上看尚没有定案，需要进行更深入的探讨。

（3）湍动热通量模型[38]。

上述两种方法可看作非等温涡黏性模型，这一小节的方法可看作非等温的应力方程模型。该方法的思路是直接推导湍动热通量 $-\langle u'_i \theta' \rangle$ 的输送方程。与 k 输送方程推导一样，将脉动速度输送方程两端分别乘以 θ' 再进行时均化后可得

$$\frac{\partial \langle u_i'\theta' \rangle}{\partial t} + \langle u_j \rangle \frac{\partial \langle u_i'\theta' \rangle}{\partial x_j} = \underbrace{- \langle u_i'u_j' \rangle \frac{\partial \langle \theta \rangle}{\partial x_j} - \langle u_j'\theta' \rangle \frac{\partial \langle u_i \rangle}{\partial x_j}}_{\text{产生项} P_{i\theta}} - \underbrace{(\nu + \alpha) \left\langle \frac{\partial u_i}{\partial x_j} \cdot \frac{\partial \theta}{\partial x_j} \right\rangle}_{\text{耗散项} \varepsilon_{i\theta}} +$$

$$\underbrace{\frac{1}{\rho} \left\langle p' \frac{\partial \theta}{\partial x_i} \right\rangle}_{\text{压力温度梯度项} \phi_{i\theta}} - \underbrace{\frac{1}{\rho} \frac{\partial}{\partial x_i} \langle p'\theta' \rangle}_{\text{压力扩散项} d_{i\theta1}} - \underbrace{\frac{\partial}{\partial x_j} \langle u_i'u_j'\theta' \rangle}_{\text{湍动扩散项} d_{i\theta2}} +$$

$$\frac{\partial}{\partial x_j}\Big[\alpha\langle u_i{}'\frac{\partial\theta}{\partial x_j}\rangle+\nu\langle\theta'\frac{\partial u_i}{\partial x_j}\rangle\Big]\underbrace{}_{\text{分子扩散项}d_{i\theta3}}-\underbrace{\beta g_i\langle\theta'^2\rangle}_{\text{浮力项}G_{i\theta}} \tag{2.198}$$

上式右端除产生项 $P_{i\theta}$ 由已知项构成,不需要额外建模外,还包含了很多新的未知物理量,必须进行新的建模,以使方程组封闭。如浮力项 $G_{i\theta}$ 中的 $\langle\theta'^2\rangle$,其输送方程可按前文所述方法推导,即

$$\frac{\partial\langle\theta'^2\rangle}{\partial t}+\langle u_j\rangle\frac{\partial\langle\theta'^2\rangle}{\partial x_j}=\underbrace{-2\langle u_j{}'\theta'\rangle\frac{\partial\langle\theta\rangle}{\partial x_j}}_{\text{产生项}P_\theta}\underbrace{-2\alpha\langle\Big(\frac{\partial\theta}{\partial x_j}\Big)^2\rangle}_{\text{耗散项}\varepsilon_\theta}\underbrace{-\frac{\partial}{\partial x_j}\langle u_j{}'\theta'^2\rangle}_{\text{湍动扩散项}d_{\theta1}}+\underbrace{\alpha\frac{\partial^2\langle\theta'^2\rangle}{\partial x_j^2}}_{\text{分子扩散项}d_{\theta2}}$$

$$\tag{2.199}$$

上式中需要进一步建模的是湍动扩散项和耗散项,分别表示为

$$d_{\theta1}=\frac{\partial}{\partial x_j}\Big(C_{\theta\theta}\langle u'_j u'_k\rangle\frac{k}{\varepsilon}\frac{\partial\langle\theta'^2\rangle}{\partial x_k}\Big)\quad(C_{\theta\theta}=0.22) \tag{2.200}$$

$$\varepsilon_\theta=\frac{\varepsilon\langle\theta'^2\rangle}{Rk} \tag{2.201}$$

如果是满足局部平衡的流场,$\langle\theta'^2\rangle$ 亦可以不建立输送方程,只进行如下的简单建模,即

$$\langle\theta'^2\rangle=-2R\frac{k}{\varepsilon}\langle u'_j\theta'\rangle\frac{\partial\langle\theta\rangle}{\partial x_j} \tag{2.202}$$

式中,R 为时间尺度比,$R\approx0.5$。

式(2.198)中的耗散项 $\varepsilon_{i\theta}$ 也可以按以上的方法建立输送方程,即

$$\frac{\partial\varepsilon_{i\theta}}{\partial t}+\langle u_j\rangle\frac{\partial\varepsilon_{i\theta}}{\partial x_j}=\underbrace{-2\alpha\langle\frac{\partial u_j}{\partial x_k}\cdot\frac{\partial\theta}{\partial x_k}\rangle\frac{\partial\langle\theta\rangle}{\partial x_j}}_{\text{生成项}P_{\varepsilon\theta1}}\underbrace{-2\alpha\langle u_j{}'\frac{\partial\theta}{\partial x_k}\rangle\frac{\partial^2\langle\theta\rangle}{\partial x_k\partial x_j}}_{\text{生成项}P_{\varepsilon\theta2}}$$

$$\underbrace{-2\alpha\langle\frac{\partial\theta}{\partial x_k}\cdot\frac{\partial\theta}{\partial x_j}\cdot\frac{\partial u_j}{\partial x_k}\rangle}_{\text{湍动生成项}P_{\varepsilon\theta3}}\underbrace{-2\alpha^2\langle\Big(\frac{\partial^2\theta}{\partial x_k\partial x_j}\Big)^2\rangle}_{\text{耗散项}Y_{\varepsilon\theta}}$$

$$\underbrace{-\alpha\frac{\partial}{\partial x_j}\langle u_j\Big(\frac{\partial\theta}{\partial x_k}\Big)^2\rangle}_{\text{湍动扩散项}d_{\varepsilon\theta1}}+\underbrace{\alpha\frac{\partial^2\varepsilon_{i\theta}}{\partial x_j^2}}_{\text{分子扩散项}d_{\varepsilon\theta2}} \tag{2.203}$$

上式非常复杂,一般不再继续建模,而且通过理论分析,可取 $\varepsilon_{i\theta}$ 值为零。

湍动扩散项 $d_{i\theta2}$ 的建模为

$$d_{i\theta2}=C_{i\theta d}\frac{\partial}{\partial x_j}\Big(\frac{k}{\varepsilon}\langle u_j{}'u_k{}'\rangle\frac{\partial\langle u_i{}'\theta'\rangle}{\partial x_k}\Big)\quad(C_{i\theta d}=0.22) \tag{2.204}$$

分子扩散项 $d_{i\theta3}$ 一般利用简单的梯度关系,即

$$d_{i\theta3}=\frac{\partial}{\partial x_j}\Big(\Big(\frac{\alpha+\nu}{2}\Big)\frac{\partial\langle u_i{}'\theta'\rangle}{\partial x_j}\Big) \tag{2.205}$$

关于压力温度梯度项,与标准 DSM 相类似,通过导出脉动压力 Poisson 方程,可得

$$\phi_{i\theta} = \underbrace{- C_{\theta1} \frac{\varepsilon}{k} \langle u_i{}'\theta' \rangle}_{\text{slow项}} + \underbrace{C_{\theta2} \langle u_k{}'\theta' \rangle \frac{\partial \langle u_i \rangle}{x_k}}_{\text{rapid项}} \quad (C_{\theta1} = 3.0 \sim 5.0, C_{\theta2} = 0.3)$$

(2.206)

式中,slow 项和 rapid 项的命名也与标准 DSM 类似,前者仅包含速度与温度的脉动,而后者则包含了平均速度梯度。

　　压力扩散项 $d_{i\theta1}$ 一般认为已包含在 $\phi_{i\theta}$ 或 $d_{i\theta2}$ 中,不再单独考虑其建模。湍动热通量模型建模过程非常复杂,虽然在理论框架的构建方面已经越来越完善,但理论与实践之间还有一定的差距有待克服。突出的表现就是计算易出现不稳定,绝不是使用简便的湍流计算模型。使用者在利用该类模型进行模拟时需要有充分的知识储备。另外,伴随着计算机运算能力的提高,直接应用 LES 无论是从计算精度还是计算稳定性上可能都更可靠。因此类似湍动热通量模型的定位尚有待进一步探讨。

3. 非等温 LES 模型

(1)非等温涡黏模型。

　　利用 LES 进行非等温场模拟时,除了对连续性方程、N - S 方程(含浮力项)进行滤波处理外,还要对能量方程(2.185)进行滤波处理。由于连续性方程的形式不变,即式(2.139),此处分别给出滤波后非等温状态 N - S 方程和能量方程,即

$$\frac{\partial \bar{u}_i}{\partial t} + \frac{\partial \bar{u}_i \bar{u}_j}{\partial x_j} = - \frac{1}{\rho} \frac{\partial \bar{p}}{\partial x_i} + \frac{\partial}{\partial x_j} \Big(\nu \frac{\partial \bar{u}_i}{\partial x_j} \Big) - \frac{\partial \tau_{ij}}{\partial x_i} - g_i \beta (\bar{\theta} - \theta_0) \tag{2.207}$$

$$\frac{\partial \bar{\theta}}{\partial t} + \frac{\partial \overline{u_j} \bar{\theta}}{\partial x_j} = \frac{\partial}{\partial x_j} \Big(\alpha \frac{\partial \bar{\theta}}{\partial x_j} \Big) - \frac{\partial h_j}{\partial x_j} \tag{2.208}$$

式中,h_j 为 SGS 热通量,$h_j = \overline{u_j \theta} - \bar{u}_j \bar{\theta}$。

　　与 2.3.2 节中关于 τ_{ij} 的建模方法类似,导入 SGS 热通量的湍动热扩散系数 α_{SGS},进行梯度扩散近似,即

$$h_j = - \alpha_{\text{SGS}} \frac{\partial \bar{\theta}}{\partial x_j} \tag{2.209}$$

再参考分子温度扩散系数的定义,可得

$$\alpha_{\text{SGS}} = \frac{\nu_{\text{SGS}}}{Pr_{\text{SGS}}} \tag{2.210}$$

ν_{SGS} 的计算方法已述,Pr_{SGS} 通常取为 $0.3 \sim 0.5$。

　　上述基于唯象论涡黏模型的非等温模拟具有标准 Smagorinsky 模型固有的问题,如需要假设 SGS 能量的产生和耗散满足局部平衡;C_s 和 Pr_{SGS} 的取值缺乏普适性等。另外,上述方法虽然考虑了浮力作用对 GS 流场的影响,但浮力对 SGS 湍动的影响未予考虑。当网格划分足够细密时,SGS 的贡献度变小,浮力效果也就不明显。但由于 LES 设定时总有部分区域的网格尺度偏大,在对 SGS 建模时就必须认真对待浮力效果。

(2)非等温动态 SGS 模型[61]。

　　对非等温 N - S 方程先进行 GS 过滤,再进行 STS 过滤后可得

$$\frac{\partial \hat{\bar{u}}_i}{\partial t} + \frac{\partial \hat{\bar{u}}_i \hat{\bar{u}}_j}{\partial x_j} = -\frac{1}{\rho} \frac{\partial \hat{\bar{p}}}{\partial x_i} + \frac{\partial}{\partial x_j}\left(\nu \frac{\partial \hat{\bar{u}}_i}{\partial x_j}\right) - \frac{\partial T_{ij}}{\partial x_j} - g_i \beta(\hat{\bar{\theta}} - \theta_0) \tag{2.211}$$

同理,在对热量输送方程施加 STS 过滤后可得

$$\frac{\partial \hat{\bar{\theta}}}{\partial t} + \frac{\partial \hat{\bar{u}}_j \hat{\bar{\theta}}}{\partial x_j} = \frac{\partial}{\partial x_j}\left(\alpha \frac{\partial \hat{\bar{\theta}}}{\partial x_j}\right) - \frac{\partial H_j}{\partial x_j} \tag{2.212}$$

式中,H_j 为 STS 热通量,$H_j = \widehat{\bar{u}_j \bar{\theta}} - \hat{\bar{u}}_j \hat{\bar{\theta}}$。

再利用前述式(2.209)中 SGS 热通量 h_j,可定义尺度在 Δ_1、Δ_2 之间新增的热通量 P_j 为

$$P_j = H_j - \hat{h}_j = \widehat{\bar{u}_j \bar{\theta}} - \hat{\bar{u}}_j \hat{\bar{\theta}} \tag{2.213}$$

按照标准 Smagorinsky 模型对 H_j、h_j 分别展开建模,即

$$h_j = -\alpha_{\text{SGS}} \frac{\partial \bar{\theta}}{\partial x_j} = -\frac{\nu_{\text{SGS}}}{Pr_{\text{SGS}}} \frac{\partial \bar{\theta}}{\partial x_j} = -\frac{C \overline{\Delta}^2 |S|}{Pr_{\text{SGS}}} \frac{\partial \bar{\theta}}{\partial x_j} \tag{2.214}$$

$$H_j = -\frac{C \hat{\bar{\Delta}}^2 |\hat{\bar{S}}|}{Pr_{\text{SGS}}} \frac{\partial \hat{\bar{\theta}}}{\partial x_j} \tag{2.215}$$

式中,C 可采用等温动态 SGS 模型中的 C_D。将上两式代入式(2.213)并整理后可得

$$P_j = \frac{C}{Pr_{\text{SGS}}}\left(\widehat{\overline{\Delta}^2 |S| \frac{\partial \bar{\theta}}{\partial x_j}} - \hat{\bar{\Delta}}^2 |\hat{\bar{S}}| \frac{\partial \hat{\bar{\theta}}}{\partial x_j}\right) \tag{2.216}$$

令式中 $\left(\widehat{\overline{\Delta}^2 |S| \frac{\partial \bar{\theta}}{\partial x_j}} - \hat{\bar{\Delta}}^2 |\hat{\bar{S}}| \frac{\partial \hat{\bar{\theta}}}{\partial x_j}\right) = R_j$,再利用 2.3.2 节介绍的 Lilly 最小误差法,可确定出 Pr_{SGS} 的动态值为

$$\frac{1}{Pr_{\text{SGS}}} = \frac{1}{C} \frac{P_j R_j}{R_k^2} \tag{2.217}$$

实践表明,该方法与上一节的非等温涡黏模型相比,在室内非等温场求解时获得了更好的计算效果。但从对 H_j、h_j 的建模看,采用的依然是标准 Smagorinsky 模型的思路,即认为满足局部平衡假定,$P_{k\text{SGS}} = \varepsilon_{\text{SGS}}$。从原理上看,浮力对 SGS 湍动的影响依然未予考虑。

2.5.3　浮力湍流计算模型

对于非等温流场,伴随着温度分布会产生浮力作用,浮力作用较强时会对流场自身造成影响。特别是浮力作用下的稳定分层流场,局部流态出现疑似层流化,沿垂直方向湍动动量和湍动热扩散均受到抑制,与充分湍动的流动特点有很大区别。另外,以铅直加热平板附近的自然对流边界层流动为例,研究表明最大速度(平均速度梯度为零)的位置与雷诺应力为零的位置并不一致,同时速度场与温度场相似度很低。这种情况下,再将雷诺应力用涡黏性近似的平均速度梯度表示,同时假定 Pr_t 为常数就不太适合了。这些都说明 2.5.2 节中非等温湍流计算模型的理论基础不适用于此类情况。

浮力湍流计算模型对于建筑内外(大尺度)空间热环境模拟、具有热量生成或热边界条件的机械(设备)内外的流动和传热模拟、火灾及烟气流动等CFD问题的解决具有重要意义。

1. 考虑浮力作用的 RANS 湍流计算模型

(1)稳定分层场零方程与一方程模型。

关于稳定分层流动模拟,最初的发展是在气象学领域。由于气象学领域应用零方程或一方程模型较多,浮力效果也主要是通过对特征长度 l 进行修正来实现。例如 Monin - Obukhov 模型[62] 以局地 Richardson 数 Ri 为修正参数,对零方程模型的 Prandtl 混合长度 L 或一方程模型中的特征长度 l 进行如下修正,即

$$\frac{L_m}{L_{m0}} = 1 - \beta_1 Ri \quad (\beta_1 \approx 2 \sim 7) \tag{2.218}$$

式中,L_{m0}、L_m 分别为不考虑浮力影响以及考虑浮力影响的混合长度;$Ri = -\dfrac{g_3\beta(\partial\langle\Theta\rangle/\partial z)}{(\partial\langle U\rangle/\partial z)^2}$,$\Theta$ 为位温。当大气稳定分层时,$Ri > 0$;大气不稳定时,$Ri < 0$。

除气象学的应用之外,对于明渠的稳定成层流动,Mizushina 等人还提出了直接对涡黏性系数进行浮力修正的方法[63],即

$$\frac{\nu_t}{\nu_{t0}} = \frac{1}{1 + 2.5Ri} \tag{2.219}$$

式中,ν_{t0}、ν_t 分别为不考虑浮力影响以及考虑浮力影响的涡黏性系数。

另外,Ellison 在 Pr_t 数中引入通量 Richardson 数进行浮力修正[64],即

$$\frac{Pr_{t0}}{Pr_t} = \frac{1 - Rf/Rf_c}{(1 - Rf)^2} \quad \left(Rf = -\frac{G_k}{P_k} = -\frac{g_3\beta\langle u_3'\theta'\rangle}{\langle u_1'u_3'\rangle(\partial\langle U_1\rangle/\partial x_3)} \right) \tag{2.220}$$

式中,Pr_{t0}、Pr_t 分别为不考虑浮力影响以及考虑浮力影响的湍动普朗特数;Rf_c 为临界通量 Richardson 数,一般取 0.15。

以上模型的优点是计算方法简单,缺点在于它们是主要依据实验和观测值得到的经验公式,因此缺乏普适性。

(2)考虑各向异性的非等温 $k - \varepsilon$ 模型[65]。

该方法以二维稳定成层水平剪切流的实验数据为对象,将雷诺正应力和湍动动能 k 之比与 Rf 数建立联系,其他雷诺应力分量则根据雷诺应力和湍动热通量的输送方程进行适当的简化建模。这样 $k - \varepsilon$ 模型中的 N - S 方程和能量方程中的雷诺应力和湍动热通量可依此进行修正。该模型与实验数据吻合度高,是后期著名的 WET(Wealth = Earning × Time)模型的基础。

$$\langle u_1'^2\rangle/k = 0.94 + 0.41Rf/(1 - Rf) \tag{2.221}$$

$$\langle u_2'^2\rangle/k = 0.53 \tag{2.222}$$

$$\langle u_3'^2\rangle/k = 0.53 - 0.41Rf/(1 - Rf) \tag{2.223}$$

$$-\langle u_1'u_3'\rangle = \alpha\frac{k\langle u_3'^2\rangle}{\varepsilon}\frac{\partial\langle u_1\rangle}{\partial x_3} \tag{2.224}$$

$$- \langle u'_1 \theta \rangle = \phi_\theta \Big(1 + 0.5 \frac{\gamma}{\alpha} \Big) \frac{k}{\varepsilon} \langle u'_1 u'_3 \rangle \frac{\partial \langle \theta \rangle}{\partial x_3} \tag{2.225}$$

$$- \langle u'_3 \theta \rangle = \gamma \frac{k}{\varepsilon} \langle u'^2_3 \rangle \frac{\partial \langle \theta \rangle}{\partial x_3} \tag{2.226}$$

式中，$\alpha = \dfrac{\phi}{1 + \phi \phi_\theta (1 + 0.5 \gamma / \alpha) B}$；$\gamma = \dfrac{\phi_\theta}{1 + 0.8 \Phi_\theta B}$；$B$ 为浮力参数，$B = g_3 \beta (k^2 / \varepsilon^2)(\partial \langle \theta \rangle / \partial x_3)$；$\phi = 0.2$；$\phi_\theta = 1/3.2$。

另外，$\dfrac{Pr_{t0}}{Pr_t} = \dfrac{1 + \phi \phi_\theta B}{1 + \phi_\theta (0.8 - 0.5 \phi_\theta) B}$，$Pr_{t0} = 0.64$。

（3）MKC 模型[66]。

MKC 模型引入新的变量 f_{BV}、$f_{B\theta}$，以反映浮力作用下温度稳定成层对湍动的衰减效果，即

$$\langle u'_i u'_j \rangle = - \nu f_\mu f_{BV} \Big(\frac{\partial \langle u_i \rangle}{\partial x_j} + \frac{\partial \langle u_j \rangle}{\partial x_i} \Big) + \frac{2}{3} k \delta_{ij} \tag{2.227}$$

$$\langle u'_i \theta' \rangle = - \nu f_\mu f_{B\theta} \frac{\partial \langle \theta \rangle}{\partial x_i} \tag{2.228}$$

式中，f_{BV} 和 $f_{B\theta}$ 的导出同样参考了 WET 模型。

$$f_{BV} = \begin{cases} 1.36 - 0.36 \dfrac{P_k}{\varepsilon} + 0.72 \dfrac{G_k}{\varepsilon} & (i,j = 3) \\ 1 & (i,j \neq 3) \end{cases}$$

$$f_{B\theta} = \begin{cases} 1.37 - 0.37 \dfrac{P_k}{\varepsilon} + 1.6 \dfrac{G_k}{\varepsilon} & (i = 3) \\ 1 & (i \neq 3) \end{cases}$$

可以看出，对稳定成层，f_{BV} 对 $\langle -u'_3 u'_3 \rangle$、$\langle -u'_1 u'_3 \rangle$、$\langle -u'_2 u'_3 \rangle$，$f_{B\theta}$ 对 $\langle -u'_3 \theta' \rangle$ 起到衰减作用。

另外，为反映远离壁面部分的低 Re 数效果，还有意识地引入了衰减系数 f_μ，即

$$f_\mu = \Big\{ 1 - \exp \Big(- \frac{y^*}{14} \Big) \Big\} \Big\{ 1 - \exp \Big(- \frac{Re_t^{3/4}}{2.4} \Big) \Big\} \Big\{ 1 + \frac{1.5}{Re_t^{5/4}} \Big\} \tag{2.229}$$

式中，$y^* = \dfrac{u_\varepsilon y}{\nu}$，$u_\varepsilon = (\varepsilon / \nu)^{1/4}$。

研究表明该模型对于大空间等温度成层现象的计算结果比标准 $k - \varepsilon$ 模型要好。

（4）铅直表面自然对流计算模型[67]。

如前文所述，根据沿垂直加热平板自然对流边界层的精密实验结果可知，雷诺应力为零的位置与最大速度出现的位置并不一致，而是靠近壁面。模型基于该现象，假定构成雷诺应力和湍动热通量的速度脉动分量直接受到浮力影响。将速度脉动 u_i' 分为强迫对流造成的 $u_{i,q'}$ 和由于浮力引起的 $u_{i,f'}$ 两部分，则雷诺应力为

$$- \langle u'_i u'_j \rangle = - \langle u'_{i,q} u'_j \rangle + C_b \tau_m g_i \beta \langle u'_j \theta' \rangle$$

$$= \nu_t \Big(\frac{\partial \langle u_i \rangle}{\partial x_j} + \frac{\partial \langle u_j \rangle}{\partial x_i} \Big) - \frac{2}{3} k \delta_{ij} + C_b \tau_m g_i \beta \langle u'_j \theta' \rangle \tag{2.230}$$

式中，τ_m 即为 2.5.2 节中温度场二方程模型中的 τ_{eff}。

同理，考虑浮力影响的湍动热通量为

$$- \langle u'_i \theta' \rangle = - \langle u'_{i,q} \theta' \rangle + C_b \tau_m g_i \beta \langle \theta'^2 \rangle = \alpha_t \frac{\partial \langle \theta \rangle}{\partial x_i} + C_b \tau_m g_i \beta \langle \theta'^2 \rangle \quad (2.231)$$

式中，α_t 的计算式见 2.5.2 节中式（2.196）。

该模型与温度场二方程模型相结合，对于垂直加热平板周边自然对流现象的计算精度较高。

2. 考虑浮力作用的 LES

（1）考虑浮力作用的 Smagorinsky 修正模型。

为解决前述非等温 LES 模型在 SGS 计算中无法直接体现浮力影响的缺陷，又提出了各种非等温 Smagorinsky 修正模型。例如 Mason 模型[68]，对比 2.3.2 节中式（2.157），SGS 的涡黏性系数 ν_{SGS} 的计算式变为

$$\nu_{\text{SGS}} = (C_S \overline{\Delta})^2 (1 - Rf)^{1/2} |\overline{S}| \quad (2.232)$$

上式也可以改写为

$$\nu_{\text{SGS}} = (C_S \overline{\Delta}_m)^2 |\overline{S}| \quad (2.233)$$

式中，$\overline{\Delta}_m$ 表示反映稳定度的特征尺度，$\overline{\Delta}_m = \overline{\Delta}(1 - Rf)^{1/4}$。

本模型在气象领域最早提出，以考虑大气稳定度带来的浮力影响。但后来的研究表明该模型并不适合稳定状态的流场。这是因为对于稳定分层流动（$Rf > 0$），垂直方向的扩散减少，伴随着湍动动能耗散的变化，特征尺度也会改变。为反映此现象，又有进一步的修正方案，即

$$\overline{\Delta}_m = \overline{\Delta}(1 - Rf/Rf_c) \quad (Rf > 0) \quad (2.234)$$

式中，Rf_c 为临界通量 Richardson 数，一般取 0.33。根据此式，大气稳定度提高（Rf 接近 Rf_c），$\overline{\Delta}_m$ 将逐渐趋近于零。

（2）考虑浮力作用的 SGS 一方程模型。

参考 2.3.2 节内容，该方法首先直接建立湍流动能中 SGS 部分的输送方程为

$$\frac{\partial k_{\text{SGS}}}{\partial t} + \underbrace{C_{k\text{SGS}}}_{\text{对流项}} = \underbrace{D_{k\text{SGS}}}_{\text{扩散项}} + \underbrace{P_{k\text{SGS}}}_{\text{产生项}} + \underbrace{G_{k\text{SGS}}}_{\text{浮力产生项}} - \underbrace{\varepsilon_{\text{SGS}}}_{\text{耗散项}} \quad (2.235)$$

式中等号右端各项分别建模为

$$P_{k\text{SGS}} = - \tau_{ij} \overline{S}_{ij} = \nu_{\text{SGS}} |\overline{S}|^2 \quad (2.236)$$

$$G_{k\text{SGS}} = - h_i g_i \beta = \alpha_{\text{SGS}} \frac{\partial \overline{\theta}}{\partial x_i} g_i \beta = \frac{\nu_{\text{SGS}}}{Pr_{\text{SGS}}} \frac{\partial \overline{\theta}}{\partial x_i} g_i \beta \quad (2.237)$$

$$D_{k\text{SGS}} = \frac{\partial}{\partial x_j} \left(\frac{\nu_{\text{SGS}}}{\sigma_k} \frac{\partial k_{\text{SGS}}}{\partial x_j} \right) \quad (2.238)$$

$$\varepsilon_{\text{SGS}} = \frac{C_D k_{\text{SGS}}^{3/2}}{\overline{\Delta}_\varepsilon} \quad (2.239)$$

ν_{SGS} 与 k_{SGS} 建立以下关系式，即

$$\nu_{SGS} = C_k \overline{\Delta} k_{SGS}^{1/2} \tag{2.240}$$

以上各式中的常数 C_D、σ_k 和 C_k 分别取 0.7、0.5 和 0.1（不稳定情况）。

式中，$\overline{\Delta}_\varepsilon$ 为消散长度尺度，在温度不稳定情况下可认为 $\overline{\Delta}_\varepsilon = \overline{\Delta}$。

在温度稳定成层情况下，上述常数、变量需要进行修正[69] 为

$$\overline{\Delta}_\varepsilon = \frac{0.76 k_{SGS}^{1/2}}{N}(\overline{\Delta}_\varepsilon < \overline{\Delta}) \tag{2.241}$$

$$C_D = 0.19 + 0.51 \frac{\overline{\Delta}_\varepsilon}{\overline{\Delta}} \tag{2.242}$$

$$Pr_{SGS} = \left(1 + \frac{2 \overline{\Delta}_\varepsilon}{\overline{\Delta}}\right)^{-1} \tag{2.243}$$

式中，N 为浮力波数，$N = \left(-g_3 \beta \dfrac{\partial \overline{\theta}}{\partial x_3}\right)^{1/2}$，反映稳定温度成层流动中上下振动的强度，意味着成层程度越明显，垂直方向的扰动越受到抑制，$\overline{\Delta}_\varepsilon$ 越小。而由式（2.239）可以看出，$\overline{\Delta}_\varepsilon$ 越小，越带来 ε_{SGS} 的增加。

上述方法把 SGS 部分的能量传输（包括浮力作用）考虑得更加全面，对于湍动对流、扩散和浮力作用影响很大，而网格划分细密度又受到限制的 CFD 模拟问题（如建筑物周边气流场模拟），可获得比标准 Smagorinsky 模型更好的计算结果。

（3）考虑浮力作用的动态 SGS 模型。

基于 2.3.2 节的标准动态 SGS 模型框架，再设法引入上节"（2）考虑浮力作用的 SGS 一方程模型"式（2.235）中的浮力产生项 G_{kSGS}，则式（2.165）、式（2.166）可改写为

$$T_{ij} - \frac{1}{3}\delta_{ij}T_{kk} = -2C_D(\hat{\overline{\Delta}}_2)^2\left(1 + \frac{g_3\beta}{Pr_{SGS} |\hat{\overline{S}}|^2} \frac{\partial \hat{\overline{\theta}}}{\partial x_3}\right)^{1/2} |\hat{\overline{S}}|\hat{\overline{S}}_{ij} \tag{2.244}$$

$$\hat{\overline{\tau}}_{ij} - \frac{1}{3}\delta_{ij}\hat{\overline{\tau}}_{kk} = -2C_D(\hat{\overline{\Delta}}_1)^2\left(1 + \frac{g_3\beta}{Pr_{SGS} |\overline{S}|^2} \frac{\partial \overline{\theta}}{\partial x_3}\right)^{1/2} \widehat{|\overline{S}|\overline{S}}_{ij} \tag{2.245}$$

由以上两式可得到新的 L_{ij}。再按照与标准动态 SGS 模型同样的最小误差法原理即可得到 C_D 值。这种方法在理论和实践方面都已有一些相关的报告，但计算量比标准动态 SGS 模型更大，用于工程应用有更大的难度。

2.6　总　结

表 2.7 给出了 DNS、RANS 和 LES 模型的主要特点与区别。RANS 系列以及 LES 等湍流模型拥有各自的理论体系，它们对流动现象都不是完全忠实的表述，而是或多或少地采取了不同的近似和简化手法，因此面对同样的计算问题它们的计算结果也不会完全相同，精度也就不会完全一样。总体上，LES 模型是进行复杂流动计算的最佳选择。

单纯地比较各种湍流计算模型的精度，分出优劣并没有太大的意义。要根据具体的计算目的，结合各种模型的原理来选择"最合适"的湍流计算模型。

表 2.7　DNS、RANS 和 LES 模型的主要特点与区别

	DNS	LES	RANS
分辨率	分辨所有尺度脉动	只分辨大尺度脉动	只分辨平均运动
建模	不需要额外建模	小尺度脉动动量建模	所有尺度动量建模
计算精度	最高	高	相对较低
计算量	巨大	大	小
计算存储量	巨大	大	小

复习思考题

1. 直接数值模拟(DNS)的理论基础是什么？为什么目前阶段在工程领域尚很难应用此项技术？

2. 什么是湍流计算模型？湍流计算模型为什么可以在工程领域得到应用？

3. 湍流计算模型主要包括哪两大类方法，其理论区别在哪里？

4. 简要说明系综平均法的基本概念，试自行推导时均化的运算特性式(2.4)、推导雷诺方程式(2.6)的形式并分析雷诺应力的由来。简要说明什么是方程组的封闭问题。

5. 简要说明 Boussinesq 假设的含义，说明涡黏性系数与黏性系数的区别。为什么说以此假设涡黏性模型在理论严谨性上有所欠缺？

6. 简要说明涡黏性模型所包含的各类模型及其主要理论思路。

7. 作为 Airpak 的缺省模型，主要用于工程界建筑气流组织模拟的是哪个模型？其优势和问题点主要是什么？

8. 试推导 k 输送方程式(2.23)并说明方程中每一项的物理意义。

9. 写出等温状态标准 k-ε 模型的所有方程和常数(表 2.1)，说明标准 k-ε 模型的优缺点。

10. 简要说明 LK 模型、RNG 模型、Realizable 模型、非线性 k-ε 模型、低 Re 数 k-ε 模型针对标准 k-ε 模型的问题如何进行修正。

11. 简要说明应力方程模型的基本思路。

12. 试自行推导滤波函数的主要性质。简要说明滤波函数的主要应用种类，定性画出其在物理空间和频谱空间上的形状。

13. 简要说明唯象论涡黏模型的主要原理。写出标准 Smagorinsky 模型的方程及常数。为什么说标准 Smagorinsky 模型相当于涡黏性模型中的零方程模型？

14. 简要说明建立 RANS/LES 复合型模型的主要出发点。

15. 简要说明什么是被动标量，什么是标量场的湍流输送模型。

16. 试推导得到非等温状态 N-S 方程式(2.182)中的浮力项。

17. 简要说明湍动热通量的物理意义。

18. 总结 DNS、RANS 和 LES 的主要特点与区别。

第 3 章　CFD 模拟的数值计算方法

湍流计算模型的选择和确定是 CFD 模拟的首要技术环节,它解决了"用什么方法进行计算"的问题。但随之而来的就是"如何进行计算"的问题。如第二章所述,所有的湍流计算模型的表述都是偏微分方程组形式,再加上工程问题普遍存在的边界和初始状况非常复杂,利用纯粹的数学工具求得其解析解极为困难,甚至是不可实现的任务。CFD模拟技术需要通过一系列数值计算环节来替代数学方法,从而求解上述计算模型并最终获得数值近似解(图 3.1),这些重要的数值计算环节和相应方法对于 CFD 模拟的计算稳定性和计算精度都产生重大的影响,将在本章中进行逐项说明与介绍。

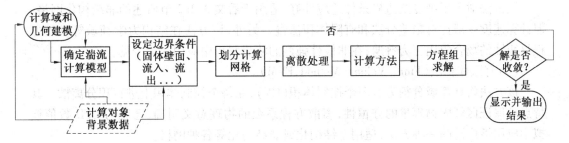

图 3.1　CFD 模拟的主要数值计算环节

3.1　离　散　处　理

所谓离散处理,就是通过网格操作,把时间和空间坐标中物理量的连续场(速度场、温度场、浓度场等)用一系列有限个离散点(又称节点,node)上的值的集合代替,再利用一定的计算方法把流体的基础控制方程从偏微分形式转化为反映这些离散点上变量值之间关系的代数方程(称为离散方程,discretization equation),最后求解所建立起来的代数方程组以获得所求解变量近似值的过程。

离散处理是 CFD 模拟过程中重要的环节,一般分为空间离散和时间离散处理这两部分内容。时间离散由于只涉及一个时间变量,属于"常微分方程的离散";空间离散由于最多涉及 3 个空间变量,属于"偏微分方程的离散"。但严格意义上讲,这两种离散处理相互之间有联系,是不能完全区分开的。

本节主要介绍离散处理的主要方法、各种离散格式的特点和应用时注意的问题。与离散内容密切相关的计算网格划分部分将在下一节中予以介绍。

3.1.1　主要离散处理方法概述

目前 CFD 模拟中主要采用的离散处理方法有以下 3 种:

（1）有限差分法（Finite Difference Method，FDM）。

有限差分法是数值解法中最经典的方法，有的文献也简称差分法。将求解域划分为差分网格，然后利用 Taylor 展开，将偏微分方程转化为差分方程组。通过求解差分方程组以得到微分方程定解问题的数值近似解。

该方法不考虑流体节点所对应空间内的物理过程，精度评价容易，便于高精度的离散化处理，所以需要高精度计算时一般采用该方法。适用于后文 3.2.2 节所述的结构化网格，对于边界条件复杂的场合适应性较差。另外，差分法离散后求解的流场可能不满足连续性法则。

（2）有限元法（Finite Element Method，FEM）。

该方法将连续的求解域任意分为一系列适当形状的元体（以二维情况为例，元体多为三角形或四边形），元体上取数点作为节点，通过元体中节点上的被求变量之值构造形状函数，然后根据加权余量法，将控制方程转化为所有元体上的有限元方程，求解该有限元方程组就得到了各节点上待求的变量值。

该方法对不规则复杂边界条件适应性好，适用于后文 3.2.2 节所述的非结构化网格，但计算速度一般比有限差分法和有限体积法慢。另外，该方法在结构力学领域等基础方程呈线性的场合应用更为普遍，在非线性强烈的湍流解析中应用尚为少见。

（3）有限体积法（Finite Volume Method，FVM）。

该方法将计算域分割为有限个控制体积（CV），在每个控制体积上进行积分离散。其特点是保证区域内物理量的守恒性，离散方程系数的物理意义明确，已成为 CFD 数值模拟中应用最广泛的一种方法，适用于结构化或非结构化等各种网格。

该方法可以看作是考虑计算域整体守恒性的差分近似方法。

上述离散方法的概念可通过图 3.2 定性表示。

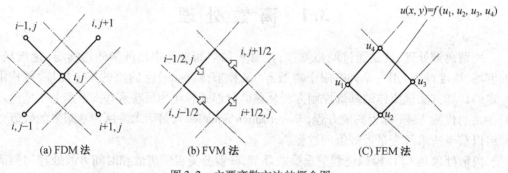

(a) FDM 法　　　　　　(b) FVM 法　　　　　　(C) FEM 法

图 3.2　主要离散方法的概念图

3.1.2　有限体积法概述

首先给出有限体积法涉及的一些重要概念：

（1）节点：需要求解的未知物理量所在的几何位置，是控制体积的代表；

（2）控制体积：应用控制方程或守恒定律的最小几何单位，是积分离散的具体对象；

（3）子区域：由一系列与坐标轴相应的直线或曲线簇所划分的小区域；

（4）界面：与各节点相对应的控制体积的分界面位置；

（5）网格线：沿坐标轴方向连接相邻两节点而形成的曲线簇。

控制体积和子区域不一定是重合的。

下面以最为简单的一维流动问题为例介绍有限体积法的具体步骤（图3.3）。中心节点 P 所在的控制体积为阴影所示空间，左右两侧相邻节点分别为 W 和 E，也对应各自的控制体积。对中心节点 P 所在的控制体积，将一维 $N-S$ 方程形式进行二重的空间和时间积分，可得

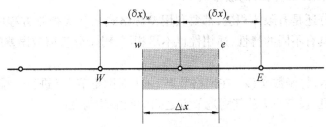

图 3.3　　一维问题的有限体积划分

$$\int_w^e \int_t^{t+\Delta t} \frac{\partial u}{\partial t} \mathrm{d}t \mathrm{d}x + \int_w^e \int_t^{t+\Delta t} (u \cdot u) \, \mathrm{d}t \mathrm{d}x$$

$$= -\frac{1}{\rho} \int_w^e \int_t^{t+\Delta t} \frac{\partial p}{\partial x} \mathrm{d}t \mathrm{d}x + \int_t^{t+\Delta t} \int_w^e \nu \frac{\partial}{\partial x}\left(\frac{\partial u}{\partial x}\right) \mathrm{d}x \mathrm{d}t \tag{3.1}$$

上式等号左侧第一项为非稳态项，设控制体积内的变量值均以节点位置的值为代表，先进行时间积分，然后再进行空间积分，则有

$$\int_w^e \int_t^{t+\Delta t} \frac{\partial u}{\partial t} \mathrm{d}t \mathrm{d}x = \int_w^e (u^{t+\Delta t} - u^t) \, \mathrm{d}x = (u_P^{t+\Delta t} - u_P^t) \Delta x \tag{3.2}$$

式（3.1）等号左侧第二项为移流项，先进行空间积分，然后再进行时间积分。设变量值随时间做显式阶跃变化，同时设控制体积足够小，从而界面处的变量值分别取左右节点变量值的平均值，则有

$$\int_w^e \int_t^{t+\Delta t} (u \cdot u) \mathrm{d}t \mathrm{d}x = \int_t^{t+\Delta t} \left[(u \cdot u)_e - (u \cdot u)_w \right] \mathrm{d}t = \left[(u \cdot u)_e^t - (u \cdot u)_w^t \right] \Delta t$$

$$= \left[\left(u_E \cdot \frac{u_P + u_E}{2}\right)^t - \left(u_W \cdot \frac{u_P + u_W}{2}\right)^t \right] \Delta t \tag{3.3}$$

式（3.1）等号右侧第一项为压力项，处理方法和移流项完全一致，此处不再赘述。（3.1）等号右侧第二项为扩散项，同样先进行空间积分，然后再进行时间积分。对于界面处一阶导数部分，设变量值沿 x 方向呈分段线性变化，则有

$$\int_t^{t+\Delta t} \int_w^e \nu \frac{\partial}{\partial x}\left(\frac{\partial u}{\partial x}\right) \mathrm{d}x \mathrm{d}t = \int_t^{t+\Delta t} \left[\left(\nu \frac{\partial u}{\partial x}\right)_e - \left(\nu \frac{\partial u}{\partial x}\right)_w \right] \Delta t$$

$$= \left[\left(\nu \frac{\partial u}{\partial x}\right)_e^t - \left(\nu \frac{\partial u}{\partial x}\right)_w^t \right] \Delta t$$

$$= \left[\frac{\nu_E + \nu_P}{2} \left(\frac{u_E - u_P}{(\delta x)_e}\right)^t - \frac{\nu_P + \nu_W}{2} \left(\frac{u_P - u_W}{(\delta x)_w}\right)^t \right] \Delta t \tag{3.4}$$

将式（3.2）～式（3.4）代入式（3.1），可以看出通过有限体积法的离散处理，$N-S$ 方程这样的二阶微分方程被转化为以每个节点物理量为未知量的线性方程组形式。二维、

三维问题的处理思路与一维完全相同,读者可自行推导。需要指出的是,本节的目的只是展示如何利用有限体积法将微分方程转化为离散方程组的主要过程,实际的 CFD 模拟中对各微分项的处理还需要了解不同差分格式的特点。

3.1.3　空间微分项的离散处理

1. Taylor 展开法及常用的离散格式

无论有限差分还是有限体积法,都要利用差分格式来替代控制方程中的各阶导数。每种差分格式都具有不同的特性,适用性也不尽相同,对于分析离散误差的成因具有重要的意义。

如图 3.4 所示,将函数 $\Phi(x)$ 在网格节点 $i+1$ 对网格节点 i 进行一维 Taylor 展开,为后续说明简便起见,设节点 i 及其附近节点之间的间隔均为 Δx:

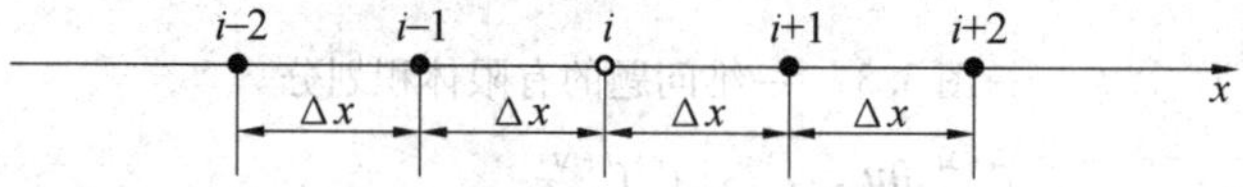

图 3.4　Taylor 展开法示意图

$$\phi_{i+1} = \phi_i + \frac{\partial \phi}{\partial x}\bigg|_i \Delta x + \frac{\partial^2 \phi}{\partial x^2}\bigg|_i \frac{\Delta x^2}{2!} + \cdots \tag{3.5}$$

将上式等号右端一阶导数系数项单独提取出来,重新整理后可得

$$\frac{\partial \phi}{\partial x}\bigg|_i = \frac{\phi_{i+1} - \phi_i}{\Delta x} - \frac{\partial^2 \phi}{\partial x^2}\bigg|_i \frac{\Delta x}{2!} + \cdots = \frac{\phi_{i+1} - \phi_i}{\Delta x} + o(\Delta x) \tag{3.6}$$

上式中 $o(\Delta x)$ 代替了二阶及以上更高阶导数系数项之和,称为截断误差(truncation error)。截断误差未给出误差的精确值,但指出了截断误差如何随 Δx 而变化,是衡量离散精度的重要指标。截断误差的主要部分与 Δx^n 成正比的话,该差分式为 n 次精度差分。这样,利用上式得到的差分格式就被称为一次精度向前差分(1st order forward difference),具体表达式如下:

$$\frac{\partial \phi}{\partial x}\bigg|_i = \frac{\phi_{i+1} - \phi_i}{\Delta x} + o(\Delta x) \rightarrow \frac{\partial \phi}{\partial x}\bigg|_i \approx \frac{\phi_{i+1} - \phi_i}{\Delta x} \tag{3.7}$$

同理,利用节点 $i-1$ 针对节点 i 进行 Taylor 展开所构成的差分格式被称为一次精度向后差分(1st order backward difference),具体表达式如下:

$$\phi_{i-1} = \phi_i - \frac{\partial \phi}{\partial x}\bigg|_i \Delta x + \frac{\partial^2 \phi}{\partial x^2}\bigg|_i \frac{\Delta x^2}{2!} - \cdots \Rightarrow \frac{\partial \phi}{\partial x}\bigg|_i = \frac{\phi_i - \phi_{i-1}}{\Delta x} + o(\Delta x) \rightarrow \frac{\partial \phi}{\partial x}\bigg|_i \approx \frac{\phi_i - \phi_{i-1}}{\Delta x} \tag{3.8}$$

利用两个节点 $i-1$ 和 $i+1$ 针对节点 i 进行 Taylor 展开所构成的差分格式被称为 2 次精度中心差分(2nd order central difference),具体表达式如下:

$$\frac{\partial \phi}{\partial x}\bigg|_i = \frac{\phi_{i+1} - \phi_{i-1}}{2\Delta x} - \frac{1}{6}\frac{\partial^3 \phi}{\partial x^3}\bigg|_i \Delta x^2 + \cdots = \frac{\phi_{i+1} - \phi_{i-1}}{2\Delta x} + o(\Delta x^2) \rightarrow \frac{\partial \phi}{\partial x}\bigg|_i \approx \frac{\phi_{i+1} - \phi_{i-1}}{2\Delta x} \tag{3.9}$$

观察可知,上式以节点 i 为中心, $\pm$ 号和系数值均两侧对称,故称为中心差分。

同理,4 次精度中心差分(4th order central difference) 的具体表达式如下:

$$\frac{\partial \phi}{\partial x}\bigg|_i = \frac{-\phi_{i+2} + 8\phi_{i+1} - 8\phi_{i-1} + \phi_{i-2}}{12\Delta x} + \frac{1}{30}\frac{\partial^5\phi}{\partial x^5}\bigg|_i \Delta x^4 + \cdots =$$

$$\frac{-\phi_{i+2} + 8\phi_{i+1} - 8\phi_{i-1} + \phi_{i-2}}{12\Delta x} + o(\Delta x^4) \rightarrow \frac{\partial \phi}{\partial x}\bigg|_i \approx \frac{-\phi_{i+2} + 8\phi_{i+1} - 8\phi_{i-1} + \phi_{i-2}}{12\Delta x}$$

$$(3.10)$$

以上是针对一阶导数的主要离散格式,对于控制方程中的二阶导数项,可利用式(3.6)、式(3.8) 相加减的方法得到其离散格式,被称为 2 阶中心差分:

$$\frac{\partial^2 \phi}{\partial x^2}\bigg|_i = \frac{\phi_{i+1} - 2\phi_i + \phi_{i-1}}{\Delta x^2} + o(\Delta x^2) \rightarrow \frac{\partial^2 \phi}{\partial x^2}\bigg|_i \approx \frac{\phi_{i+1} - 2\phi_i + \phi_{i-1}}{\Delta x^2} \qquad (3.11)$$

总结 Taylor 展开法及由此得到的上述各离散格式,有以下特点或规律值得注意:

(1) 差分式分子各项系数代数和必为零;

(2) 差分式量纲必须与导数式量纲一致;

(3)Talyor 展开只有针对平滑函数才有效,至少在差分区间内函数必须是平滑的,否则分析截断误差就失去意义。另外,即使是平滑函数,也有可能不适合采用 Taylor 展开的。因此 Taylor 展开仅仅是一种主要的离散处理方法,还有多项式拟合法等其他可供选择的方法。

最后,需要指出的是,上述差分格式是按照节点之间等间距的假设所得到的。但现在的绝大多数 CFD 模拟中所采用的网格设置都决定了完全等间距的节点关系很难做到,不等间距或曲线间的节点关系更为普遍。这是否意味着前文所述的差分格式没有意义? 由下文 3.2.5 节中关于适体坐标的介绍可知,事实上不等间距或曲线网格可以通过坐标系的转换变为等间距网格后进行差分。因此,作为离散分析的基础,等间距条件下的差分格式是具有普适意义的。

2. 离散方程的误差

CFD 模拟的误差主要由 3 大部分构成,其中前文所述湍流计算模型自身与现实世界之间的偏差无疑是最重要的,计算问题的物理实质的分析永远居于第一位。

除此之外的两大误差都和离散有关,都可以看作数学运算方面带来的误差:

(1) 离散误差(discretization error)。指的是离散方程的精确解与微分方程精确解之间的差值。此处要注意:离散方程的误差是针对整个方程而言的,不等同于前文中具体离散格式的截断误差,但与截断误差密切相关。在相同网格间隔下,截断误差的次数越高,离散误差就越小。换言之,对于同一离散格式,网格越细密,离散误差也越小。

(2) 舍入误差(round - off error)。即由计算机实际求得的解与离散方程精确解之间的差值。由计算方法(如迭代精度)和计算机字长等决定。

相比之下,离散求解过程中的主要误差是离散误差。

并不是所有的情况下都是网格越细密、截断误差次数越高,计算精度就越高。其原因在于:大多数的实际运算,当网格细密到一定程度、截断误差次数高到一定程度,离散格式势必变得更为复杂,计算次数剧增,会导致舍入误差增加,最终计算结果变化不大,但却消耗了更多的计算资源和计算时间。另外,精度高的差分格式其采用的节点就多,对于固体表面等边界条件的设定往往会带来困难,实际 CFD 模拟中一般不太建议采用 3 次精度以上的差分格式(LES 除外)。

离散误差从性质上区分主要有两种:

(1) 中心差分的截断误差主要项的系数包含奇数阶的微分项,又被称为弥散性(dispersive)误差。易导致数值解出现空间振荡,造成计算不稳定(图 3.5(a))。

(2) 向前或向后差分的截断误差主要项的系数包含偶数阶的微分项,又被称为扩散性(dissipative)误差,或人工黏性,导致计算结果失真(图 3.5(b))。关于人工黏性的形成和作用,在下文中还要予以介绍。

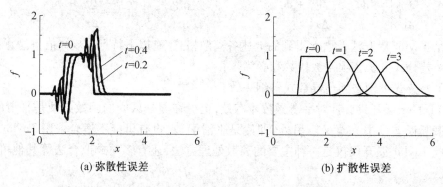

(a) 弥散性误差　　　　　　　　　　(b) 扩散性误差

图 3.5　弥散性误差和扩散性误差的区别

如果离散过程中一些原有的基本属性未能保持实际物理现象,无论精度多高,都属于严重的离散误差,必须尽力避免。重点要考虑的是离散格式的守恒性、迁移性和人工黏性。后两者将在下文中再重点介绍。

所谓离散格式的守恒性,就是对一个离散方程在计算域的任一有限空间进行求和运算,所得的表达式应该满足该物理量在该区域上的守恒关系。这样做的优点是采用具有守恒性的离散方程可以与原物理问题在守恒性上保持一致;可以更好地控制和估算整体离散误差;另外,具有守恒性的离散方程能给出比较准确的计算结果。

保证离散过程守恒性需满足的条件:

(1) 导出离散方程的控制方程本身是守恒性的。如 $\dfrac{\partial \phi}{\partial t} = -\dfrac{\partial (u\phi)}{\partial x}$ 是守恒性的方程,而 $\dfrac{\partial \phi}{\partial t} = -u\dfrac{\partial \phi}{\partial x}$ 则属于非守恒性方程。基于非守恒性方程的离散格式就不具备守恒性。

(2) 在同一界面上各物理量及其一阶导数必须是连续的。

3. 移流项的离散处理

N－S 方程(1.22)中等号左侧第二项,即移流项离散处理是 CFD 计算能否成功的关键问题之一,是 CFD 数值误差和计算不稳定的主要原因。由于移流作用强烈的方向相关性,虽然从形式上看移流项只是一阶导数,但却远比二阶的扩散项要复杂得多。

N－S 方程中的移流和扩散项所反映的现象是完全不同的。扩散是由于分子热运动引起的,其向空间各方向运动的概率是相同的。故扩散项表现的是动量或物质在流体内部的等向传递过程。由于中心差分既具有守恒性,又能把扰动均匀地向四周传递,是理想的描述扩散过程的差分格式;相比而言,移流是由于流体微团宏观定向运动引起,带有强烈的方向性。故移流项表现的是动量或物质随着流体流动的,从上游向下游特定方向的传递过程。移流项的这种重要特征也就相应地要求其离散格式必须具备能使扰动沿流动方向进行定向传递的特性,被称为离散格式的迁移性。迁移性是移流项离散格式的重要特性,对数值稳定性有重要影响。凡是由不具备迁移性的移流项离散格式构成的离散方程,在数值计算中可能会出现数值振荡(物理量的值随位置做上下波动,numerical oscillation),只能实现有条件的稳定。可证明中心差分不具备迁移性。

以下介绍几种常用的具备迁移性的差分格式。其基本思路都是在采用 Taylor 展开法时,根据流动方向只利用上游方向的节点来构造一阶导数的差分表达式,从而体现出迁移性的影响。

首先是 1 次精度迎风差分(1st order upwind difference)。该方法根据流动方向,永远从上游获得 1 个节点,从而构成一个向后差分形式(图 3.6)。其差分表达式如下:

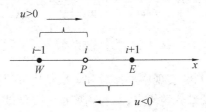

图 3.6　1 次精度迎风差分示意图

$$-u\left.\frac{\partial\phi}{\partial x}\right|_i=\begin{cases}-u(\phi_i-\phi_{i-1})/\Delta x-u\left.\frac{\partial^2\phi}{\partial x^2}\right|_i\Delta x/2+\cdots&(u\geqslant 0)\\[2mm]-u(\phi_{i+1}-\phi_i)/\Delta x+u\left.\frac{\partial^2\phi}{\partial x^2}\right|_i\Delta x/2+\cdots&(u<0)\end{cases}\Rightarrow$$

$$-u\left.\frac{\partial\phi}{\partial x}\right|_i\approx-u\frac{\phi_{i+1}-\phi_{i-1}}{2\Delta x}+\frac{|u|\Delta x}{2}\frac{\phi_{i+1}-2\phi_i+\phi_{i-1}}{\Delta x^2}$$

$$=-u\left[\left.\frac{\partial\phi}{\partial x}\right|_i+\frac{1}{6}\left.\frac{\partial^3\phi}{\partial x^3}\right|_i\Delta x^2+\cdots-\frac{1}{2}\frac{|u|}{u}\left.\frac{\partial^2\phi}{\partial x^2}\right|_i\Delta x+\cdots\right] \tag{3.12}$$

1 次精度迎风差分的截差仅为 1 次,低于 2 次精度中心差分。实践表明,在数值解不出现振荡的范围内,移流项采用中心差分计算的结果要比 1 次精度迎风差分的计算精度高。但从物理意义上分析,迎风差分比中心差分合理。这说明,在面对实际物理问题时,仅仅根据截差等级来判断差分格式的优劣是不够的。但当移流作用强烈,计算网格数又受到限制的情况下,采用中心差分易出现数值振荡。相比之下,1 次精度迎风差分绝对稳定,即无论在任何计算条件下都不会引起解的振荡,永远可以得出在物理上看起来合理的解。

观察 1 次精度迎风差分的表达式,可以看出实际上是由 2 次精度中心差分加上 2 阶微分的中心差分构成的附加项,即式(3.12)中底部画线部分所构成的,该附加项的作用是让流场内物理量分布均匀,可使计算稳定,但同时降低了计算精度。在计算流体力学中,将由于移流项离散格式的截差小于 2 次而带来的较大离散误差称为假扩散(false diffusion)、数值黏性(numerical viscosity)或人工黏性(artificial viscosity)。从物理过程本身的特性而言,扩散的作用总是使物理量随时空的变化率降低,整个流场趋于均一化。假扩散相当于人为在流体中添加了扩散作用,除了 Re 数降低等反映湍动程度的指标出现偏离之外,高阶数值黏性的导入还会有各种莫名其妙的涡旋产生,从而使得计算结果和实际情况完全不符。因此,除非采用相当细密的网格,目前一般不建议在正式计算时采用 1 次精度迎风差分,很多高层次的学术刊物也已经不接受 1 次精度迎风差分的计算结果。当然,在软件调试或初期试运算过程中,1 次精度迎风差分由于其绝对稳定的特点依然有其应用的价值。

在 1 次精度迎风差分的基础上,又提出了所谓混合差分格式。该方法将前述 2 次精度中心差分和 1 次精度迎风差分结合起来。中心差分用于 Pe 数较小的情况,而迎风差分用于 Pe 数较大的情况。其差分表达式如下所示:

$$-u\left.\frac{\partial\phi}{\partial x}\right|_i \approx -u\frac{\phi_{i+1}-\phi_{i-1}}{2\Delta x}+\left\{|u|\frac{\phi_{i+1}-2\phi_i+\phi_{i-1}}{2\Delta x}\right\}\times A \tag{3.13}$$

式中,$A=\begin{cases}0 & (Pe\leqslant 2)\\1 & (Pe>2)\end{cases}$,$Pe=u\Delta x/\Gamma$,$\Gamma$ 为扩散系数。

这种方法通过 Pe 数的判断实现中心差分和 1 次精度迎风差分间的切换,相当于综合了中心差分和 1 次精度迎风差分的优点,本身高度稳定。但缺点依然是截差较低。

1 次精度迎风差分的成功为构造更为优良的离散格式提供了有益的启示:即应当尽可能在上游方向上获取比下游方向更多的流场信息,从而更客观更准确地反映流动的物理本质。以下的差分格式都体现了这一思想:

(1)2 次精度迎风差分。该方法根据流动方向,永远在上游获取 2 个节点(图 3.7)。其差分表达式如下:

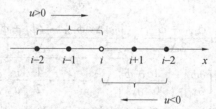

图 3.7　2 次精度迎风差分示意图

$$-u\left.\frac{\partial\phi}{\partial x}\right|_i \cong \begin{cases}-u(3\phi_i-4\phi_{i-1}+\phi_{i-2})/2\Delta x+\cdots & (u\geqslant 0)\\-u(-3\phi_i+4\phi_{i+1}-\phi_{i+2})/2\Delta x+\cdots & (u<0)\end{cases}\Rightarrow$$

$$-u\left.\frac{\partial\phi}{\partial x}\right|_i = -u\left[\left.\frac{\partial\phi}{\partial x}\right|_i -\frac{1}{3}\left.\frac{\partial^3\phi}{\partial x^3}\right|_i\Delta x^2+\cdots+\frac{1}{4}\frac{|u|}{u}\left.\frac{\partial^4\phi}{\partial x^4}\right|_i\Delta x^3+\cdots\right] \tag{3.14}$$

(2)3 次精度迎风差分(UTOPIA 格式)。该方法根据流动方向,除在上游获取 2 个节点外,还在下游获取 1 个节点(图3.8)。其差分表达式为

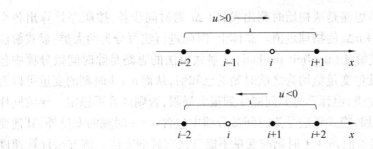

图 3.8　3 次精度迎风差分示意图

$$- u \frac{\partial \phi}{\partial x}\bigg|_i \approx \begin{cases} - u(2\phi_{i+1} + 3\phi_i - 6\phi_{i-1} + \phi_{i-2})/6\Delta x & (u \geqslant 0) \\ - u(-\phi_{i+2} + 6\phi_{i+1} - 3\phi_i - 2\phi_{i-1})/6\Delta x & (u < 0) \end{cases} \Rightarrow$$

$$- u \frac{\partial \phi}{\partial x}\bigg|_i \cong - u \frac{-\phi_{i+2} + 8\phi_{i+1} - 8\phi_{i-1} + \phi_{i-2}}{12\Delta x} - |u| \frac{\phi_{i+2} - 4\phi_{i+1} + 6\phi_i - 4\phi_{i-1} + \phi_{i-2}}{12\Delta x}$$

$$= - u \left[\frac{\partial \phi}{\partial x}\bigg|_i + \frac{1}{12} \frac{|u|}{u} \frac{\partial^4 \phi}{\partial x^4}\bigg|_i \Delta x^3 - \frac{1}{30} \frac{\partial^5 \phi}{\partial x^5}\bigg|_i \Delta x^4 + \cdots \right] \tag{3.15}$$

可以看出,3 次精度迎风差分由 4 次精度中心差分和 4 阶微分的扩散附加项构成。由于多向下游取了一点,比 2 次精度提高了截断误差精度。人工黏性由于阶数较高,其作用没有 1 次精度迎风差分明显,但计算稳定性受到影响,变为条件稳定。总体上这是一个计算精度和计算稳定性都比较好的差分形式。网格间距较大时,计算误差增加,应用 LES 进行模拟时需要慎重。

(3)QUICK 差分(quadratic upstream interpolation for convection kinematics)[70]。

$$- \frac{\partial u\phi}{\partial x}\bigg|_i \cong - u \frac{-\phi_{i+2} + 10\phi_{i+1} - 10\phi_{i-1} + \phi_{i-2}}{16\Delta x} - |u| \frac{\phi_{i+2} - 4_{i+1} + 6\phi_i - 4\phi_{i-1} + \phi_{i-2}}{16\Delta x}$$

$$= - u \left(\frac{\partial \phi}{\partial x}\bigg|_i + \frac{1}{24} \frac{\partial^3 \phi}{\partial x^3}\bigg|_i \Delta x^2 + \cdots \right) - \frac{|u| \Delta x^3}{16u} \left(\frac{\partial^4 \phi}{\partial x^4}\bigg|_i \Delta x^3 + \frac{1}{6} \frac{\partial^6 \phi}{\partial x^6}\bigg|_i \Delta x^5 + \cdots \right)$$

$$\tag{3.16}$$

可以看出,QUICK 差分是由 2 次精度中心差分和 4 阶微分的扩散附加项构成。但和 2 次精度中心差分相比,从 2 次截差主要项(3 阶导数)系数看,2 次精度中心差分是 1/3,而 QUICK 差分是 1/24,说明截差绝对值相对较小;4 阶微分的扩散附加项系数为 1/16,还低于 3 次精度迎风差分所对应的扩散附加项系数 1/12,说明数值黏性比较小。相比于迎风差分和混合差分,该差分格式具有相对更高的计算精度,同时计算稳定性也较好(虽然也属于有条件稳定),在 RANS 模型,如标准 $k - \varepsilon$ 模型中应用广泛。但对于 LES 来说,QUICK 差分的数值黏性就变成了误差的主要原因之一,一般很少采用。

3.1.4　时间微分项的离散处理

控制方程中等号左侧第一项为时间微分项(非稳态项),代表了物理量 ϕ 随时间变化的情况。在 CFD 非稳态模拟中,如何解决时间微分项所带来的离散处理问题是非常关键的设定内容之一。目前一般利用时间进行法(time - marching method)进行类似空间微分项的差分处理。其基本思路是从初始时刻出发,以 Δt 为时间步长,按顺序计算出各个时刻 $t + \Delta t$、$t + 2\Delta t$、$\cdots$、$t + n\Delta t$ 的物理量值。总体上,时间进行法可分为两大类:显式解法(explicit method)和隐式解法(implicit method)。显式解法的思路是除时间微分项中包含 $n + 1$ 时刻的变量外,其他变量值均为之前时刻的已知值,从而 $n + 1$ 时刻的变量可以直接求解。该方法计算速度快,但计算时间间隔受到很大局限,否则计算不稳定。导致同样的计算时间,计算次数增加;隐式解法是除时间微分项中包含 $n + 1$ 时刻的变量外,其他变量值也有 $n + 1$ 时刻的代求值,$n + 1$ 时刻的变量不能直接求解的方法。该方法计算速度受到影响,但计算时间间隔可以适当放宽而不必担心计算不稳定问题。

另外,由于实际求解的偏微分方程中除时间微分项外,一般还包含有多项表达式。此时往往可根据显式解法和隐式解法的不同特点同时采用,即只有计算稳定性不好的项采用隐式求解,这样不需要增加很多计算工作量即可大幅改善整体的计算稳定性。这种方法又被称为半隐式解法(semi - implicit method)。这种解法最直接的应用就是后文3.3.2节中的SMAC法。该方法就是分别对移流项和黏性项按显式解法、压力项按隐式解法进行离散处理的。

为确保计算的稳定性,进行非稳态 CFD 模拟时要求时间步长必须在某个限值以下。虽然有若干理论上的分析方法,但由于实际模拟过程中同时存在了网格划分不均匀、有非线性项导入等各种因素,这些理论分析方法并不太适用。目前一般根据柯兰数(Courant number)C 进行简单的预估,然后再根据经验乘以必要的安全系数后确定时间步长。为避免局部数值计算不稳定,当网格间隔不等时,要分别计算柯兰数,然后选择出最小的时间步长值。柯兰数的定义式如下:

$$C = \frac{\Delta t}{\Delta x} u \Rightarrow \Delta t_{\text{lim}} < \frac{\Delta x}{u} C \qquad (3.17)$$

式中,$\Delta t u$ 代表时间步长 Δt 内移流的距离,Δx 代表网格间隔。另外,对于三维 CFD 模拟来说,总的柯兰数等于各方向柯兰数之和:

$$C = \sum C_i \quad \left(C_i = \frac{\Delta t}{\Delta x} u_i \right) \qquad (3.18)$$

柯兰数主要用于评估移流项进行时间离散时的计算稳定性。对于扩散项来说,一般用所谓扩散数(diffusion number)d 进行时间离散时计算稳定性的评估,由此得到的时间步长限值如下:

$$\Delta t_{\text{lim}} < \frac{\Delta x^2}{2\lambda} d \qquad (3.19)$$

式中,λ 为扩散系数。与柯兰数和网格间隔 Δx 的一次方成比例相比,扩散数和网格间隔 Δx 的二次方成比例,这说明扩散数相比柯兰数,对于网格间隔的大小变化更为敏感。在移流项和扩散项同时存在时,需要综合考虑这两者之间的相互作用来确定时间步长限值。在实际 CFD 模拟中这种确定往往很困难,模拟者更多地要依靠个人的经验。

1. 显式解法

(1)Euler 显式解法。

Euler 显式解法相当于时间尺度的 1 次精度向前差分,直接利用 n 时刻的已知变量值

求 $n + 1$ 时刻的变量值,计算式如下所示。控制方程中除时间微分项外的其他各项均用 $f(\phi)$ 的函数形式表示:

$$\frac{\partial \phi}{\partial t} = f(\phi) \Rightarrow \phi^{n+1} - \phi^n = \Delta t \cdot f(\phi^n) \tag{3.20}$$

如果时间离散采用该显式解法,同时空间离散采用迎风差分,则柯兰数应满足下式:

$$C < 1.0 \Rightarrow \Delta t_{\lim} < \frac{\Delta x}{u} \tag{3.21}$$

以上条件又被称为 CFL 条件(courant - friedrichs - levy condition)。

(2)Adams - Bashforth 法。

Adams - Bashforth 法在计算 ϕ^{n+1} 时,用到 $\phi^n, \phi^{n-1}, \cdots$ 的值,故属于高次精度的外插型前进差分,又被称为多步单阶的显式解法。事实上 1 次精度的 Adams - Bashforth 法就是 Euler 法,而 2 次精度和 3 次精度的 Adams - Bashforth 法的表达式分别如下:

$$\frac{\partial \phi}{\partial t} = f(\phi) \Rightarrow \phi^{n+1} - \phi^n = (\Delta t/2) \cdot [3f(\phi^n) - f(\phi^{n-1})] \tag{3.22}$$

$$\frac{\partial \phi}{\partial t} = f(\phi) \Rightarrow \phi^{n+1} - \phi^n = (\Delta t/12) \cdot [23f(\phi^n) - 16f(\phi^{n-1}) + 5f(\phi^{n-2})] \tag{3.23}$$

利用高次精度的 Adams - Bashforth 法虽然精度比 Euler 法高,但由于同时用到 $\phi^n, \phi^{n-1}, \cdots$ 等之前时刻的值,因此计算容量会有所增加。另外,在计算的初始阶段,ϕ^0 可以由初始条件给出,但 $\phi^{-1}, \phi^{-2}, \cdots$ 需要通过其他办法给出。对于非稳态计算来说,初始阶段的取值非常重要,利用高次精度的 Adams - Bashforth 法可能会带来问题。

(3)3 次精度 Runge - Kutta 法。

3 次精度 Runge - Kutta 法在一个时间步长内分为多个阶段计算,其中 $\phi^{(1)}$ 相当于 Euler 显式解法,其后的各阶段都是对预测值的校正。该方法又被称为一步多阶法。计算式如下所示:

$$\phi^{(1)} = \phi^n + \frac{1}{3}\Delta t \cdot f(\phi^n) \quad g^{(1)} = f(\phi^{(1)}) - \frac{5}{9}f(\phi^n)$$

$$\phi^{(2)} = \phi^n + \frac{15}{16}\Delta t \cdot f(g^{(1)}) \quad g^{(2)} = f(\phi^{(2)}) - \frac{153}{128}g^{(1)} \tag{3.24}$$

$$\phi^{(n+1)}(= \phi^{(3)}) = \phi^{(2)} + \frac{5}{18}\Delta t \cdot g^{(2)}$$

该方法计算精度高但计算容量较大。

2. 隐式解法

(1)Euler 隐式解法。

很明显,方程等号右端包含了未知量,不能直接代入变量值进行计算。该方法相当于时间上的 1 次精度向后差分,属于无条件稳定的格式。计算式如下所示:

$$\frac{\partial \phi}{\partial t} = f(\phi) \Rightarrow \phi^{n+1} - \phi^n = \Delta t \cdot f(\phi^{n+1}) \tag{3.25}$$

(2)Crank - Nicolson 法。

Crank - Nicolson 法在时间微分项之外,其他各项相当于进行了 Euler 显式和隐式解

法的平均处理。该方法属于 2 次精度,也是无条件稳定的格式。计算式如下所示:

$$\frac{\partial \phi}{\partial t} = f(\phi) \Rightarrow \phi^{n+1} - \phi^n = (\Delta t/2) \cdot [f(\phi^n) + f(\phi^{n+1})] \tag{3.26}$$

3.1.5 小 结

在满足稳定性条件的范围内,截差次数越高的差分格式,其计算解精度越高。但截差次数高,引入节点多,边界处需要特殊处理。

如何保证离散处理的准确性和稳定性往往相互矛盾。以移流项的空间离散为例,为提高截差等级,需要从对象节点两侧取尽可能多的新的节点以构成针对该节点的导数计算式,而一旦下游的节点值出现,必然破坏迁移性。目前尚没有一种在稳定性和准确性上都让人感到非常满意的差分格式。

关于空间微分项的离散处理,2 次精度以上的迎风差分为 RANS 模型主要采用的移流项离散格式。对于 LES 模拟来说,即使采用高精度的 SGS 模型,离散精度在 2 次以下的话也没有什么意义。必须尽量提高移流项的离散精度,或者采用把离散误差包含到 SGS 应力中进行统一考虑的方法。图 3.9、图 3.10 给出了平板通道内部湍流流动的计算结果,分别采用 2 次到 16 次精度的差分。频谱法作为该问题计算最为准确的方法,是差分精度比较的基准。可以看出,随着差分精度的提高,平均流速分布和湍流强度的计算结果都在逐渐靠近频谱法,特别是从 2 次精度提高到 4 次精度时改善幅度非常大。故 LES 模拟的移流项建议采用 4 次精度以上的离散格式进行处理。另外一点需要指出的是,为保证计算稳定性而在 RANS 模型也采用的各种迎风差分格式,即使是高次的,也会由于导入了数值黏性而对 LES 的计算结果带来较大误差。因此,除了解决局部空间出现的数值振荡外,一般不建议在 LES 模拟时对移流项采用迎风差分格式,而代之以中心差分。中心差分计算不稳定的缺陷可通过引入能量守恒型移流项差分格式加以解决。具体方法参见其他相关文献。

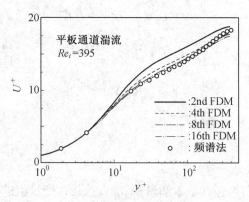

图 3.9　不同差分精度下的平均流速分布计算结果

关于时间微分项的离散处理,从计算稳定性上做定性的比较,大体有如下的优劣关系:Euler 隐式解法>Crank-Nicolson 法>3 次精度 Runge-Kutta 法>Euler 显式解法>Adams-Bashforth 法。总体上,隐式求解的计算稳定性要好于显式求解。但需要说明的是,隐式求

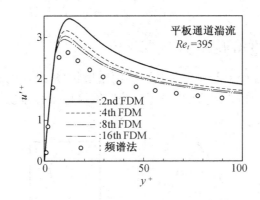

图 3.10　不同差分精度下湍流强度分布的计算结果

解的计算稳定是指数学意义上的计算稳定,不能保证一定得到有物理意义的计算结果。对于 RANS 模型来说,一般用 Euler 法等隐式解法,因为可以适当放宽计算时间间隔;对于 LES 模型来说,移流项一般用 2 次精度 Adams–Bashforth 法或 3 次精度 Runge–Kutta 法等 2 次精度以上的显式求解。对于壁面等边界附近网格集中的情况,扩散项利用显式求解时时间间隔必须设定很小,所以一般用 Crank–Nicolson 等 2 次精度的隐式求解。最后要指出的是,进行非稳态 CFD 模拟时还要考虑到特定的物理现象可能有其特定的时间常数,仅仅根据柯兰数或扩散数来确定的时间间隔限值可能无法正确把握现象的实质。

3.2　计算网格(grid)划分

3.2.1　概述

在 CFD 模拟过程当中,首要的一项工作就是把连续的空间计算域划分为若干个子区域,这一过程被称为网格划分或网格生成。通过此过程,将计算域转化为由许多网格构成的有限离散点集,然后确定每个子区域中的节点并配置好变量,从而对控制方程进行离散求解。

划分计算网格是 CFD 计算的必要步骤。网格是 CFD 模型的几何表达形式。网格质量对 CFD 计算精度和计算效率有重要影响。随着计算机能力的飞速发展,即使是大尺度复杂的三维问题在短时间内完成整个运算过程也是有可能的。但尺度越大、计算对象形状越复杂,网格划分就越困难。建筑环境问题涉及的空间网格数少则十几万,多的可能达到上百万甚至上千万,完全依靠人工手动操作,一个一个地输入网格节点坐标很明显是不可能的。利用 CAD 等绘图软件得到计算对象形状,然后再利用商用 CFD 软件的自动网格生成技术可以极大地提高工作效率。但即使如此网格划分也是极为耗时且极易出错的工作,一般来说生成网格所需时间常常大于实际 CFD 计算的时间。另外,作为一名合格的 CFD 使用者,进行网格划分时还必须同时兼顾计算精度与计算时间之间的平衡,尽量保持网格系统的光滑性和规整的网格形状。因此,很多时候需要首先基于某种网格系统进行试运算,然后根据模拟结果改定网格系统再重新计算,经过这样的多次反复才能得到理想的模拟结果。

3.2.2　常见的网格形式

图 3.11、图 3.12 为 CFD 模拟常用的一些网格形状,从最常见的四边形、六面体网格到三角形、四面体、三棱柱或金字塔形等等。按照网格排布总体规律进行划分,可分为以下两类(图 3.13):

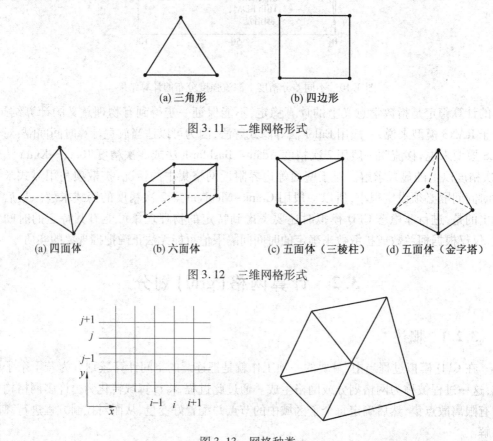

(a) 三角形　　　　　　　　(b) 四边形

图 3.11　二维网格形式

(a) 四面体　　　(b) 六面体　　　(c) 五面体(三棱柱)　　　(d) 五面体(金字塔)

图 3.12　三维网格形式

图 3.13　网格种类

(1)结构化网格(structured grid)。网格中节点排列有序、邻点间的关系明确。以二维空间为例,与网格点(i,j)相邻的网格点分别为$(i-1,j)$,$(i+1,j)$,$(i,j-1)$,$(i,j+1)$这 4 个点。结构化网格一般表现为简单的正交网格形式。对于边界形状复杂的流场大多采用近似的处理方法。另外,还有一种适体网格(boundary-fitted grid),沿着曲面或斜面组成的曲线型网格,由于满足节点的邻点间关系明确的特征,也属于结构化网格(图 3.14)。这种网格的生成技术及特点将在 3.2.5 节中予以简单介绍。

(2)非结构化网格(unstructured grid)。网格中节点的位置无法用一个固定的法则予以有序地命名。根据实践,对几何外形相对简单的计算采用结构化或非结构化网格差别不大,但对几何外形复杂的计算采用结构化网格可能会非常困难。非结构化网格舍弃了结构化所带来的限制,有着极好的适应性和灵活性,尤其对具有复杂边界的流场计算问题特别有效。但非结构化网格生成过程比较复杂,一般通过专门的程序或软件来生成。

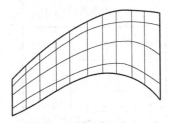

图 3.14　适体网格

同样是采用非结构化网格,对于几何外形复杂或流动尺度很大的计算,采用三角形网格或四面体网格所生成的单元数要比等量的四边形或六面体网格少得多。后者可能会在不需要加密的地方产生不需要的单元。但对于管道流等简单流动,四边形或六面体网格允许比三角形或四面体网格更大的比率,从而节省了单元数。图 3.15 给出了进行人体表面与周边空气间热质交换 CFD 模拟时,人脸部复杂形状对应的非结构化网格划分体系[71]。在最接近假人表面区域采用了 20 层三棱柱非结构化网格设置,第一层网格高度为 0.2 mm,然后以 1.13 倍逐渐增大网格间距。在三棱柱网格之外设置了四面体非结构化网格,离假人更远的区域则设置结构化网格。

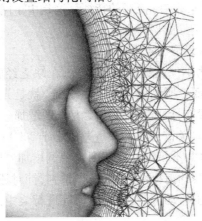

图 3.15　人体面部附近网格划分

3.2.3　网格质量

需要指出的是,对于 CFD 模拟来说,即使网格质量不好,一般也可以得到计算结果,但这种结果往往是不正确的。比如常常遇到的网格过于稀疏,数量不充分问题,由于微尺度的涡旋被忽略,造成计算尺度湍动强度和方向性也受到影响(表现为湍动动能增加、各向异性加强等),从而平均流速分布也受到很大影响。

文献中给出如下算例[72],直观地看出网格疏密程度对于计算结果的影响。图 3.16 所示为包括一个送风口和排风口的二维室内气流场。图 3.17 为送风气流处于不同 Re 数,以及不同计算网格数下流场流线图。其中,送风气流 Re 数分为 10、100、200 共 3 个等级,网格数分为 9×9、18×18、36×36、72×72 共 4 个网格密度。

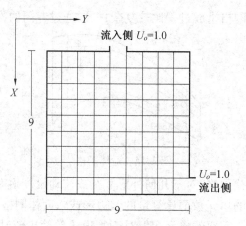

图 3.16　二维室内气流场

由结果可以看出，当 Re 数为 10 时，除网格数 9×9 以外，18×18、36×36、72×72 均没有显著的差别；Re 数为 100 时，虽然除网格数 9×9 以外，18×18、36×36、72×72 的结果也很相似，但仔细观察会发现排风口附近的流线存在着差异；而当 Re 数达到 200 时，四种网格密度的结果差异就很大，网格数少的计算结果明显是非现实的。可见网格划分越密，得到的流场流线越平滑连续，越能体现实际流场的特征。这是由于网格划分越粗，控制方程离散生成的截差越大，相应计算结果的误差也越大。

好的网格质量主要可从以下几点考虑：

（1）网格密度。首先，为确保足够的网格密度，在缺乏经验的时候，一定要做网格独立性（grid independency）验证。所谓网格独立性验证，就是先用较粗的网格划分进行计算，然后进行逐步加密（一般在计算的空间维度上分别增加一倍的网格数），直至两次计算结果之间的差别很小（比如关键位置物理量差值小于 2%）；其次，要注意合理的疏密有间。如前文所述，网格数增加，不一定计算精度也单调增加。因此，当满足网格独立性验证后，要在网格总数大体不变的前提下，设法根据预判，针对流动变化比较剧烈的重点区域，如边界层、剪切流动、冲击流动区域、分离流动等进行集中加密，在提高计算精度的同时不增加计算负荷量。

在进行网格划分时，如能做到网格分布均匀无疑是比较理想的。但对于实际空间尺度较大或形状较为复杂的流场，为充分利用计算机资源，网格分布往往是不均匀的。此时提升网格质量还要注意以下两点：

（1）网格间距的光滑性。相邻网格体积的急剧变化会增加计算误差，一般相邻网格宽度比宜保持在 0.8 ~ 1.2 之间。

（2）网格形状的规整性。网格尽量采用规整形状（如四方形网格顶角为 90°，三角形网格顶角为 60° 等），长宽比尽量不要大于 5：1。

3.2.4　变量的网格配置

物理参数（如速度 u_i、压力 p 等）在网格上的配置方法不是唯一的。目前主要有以下 3 类（图 3.18）：

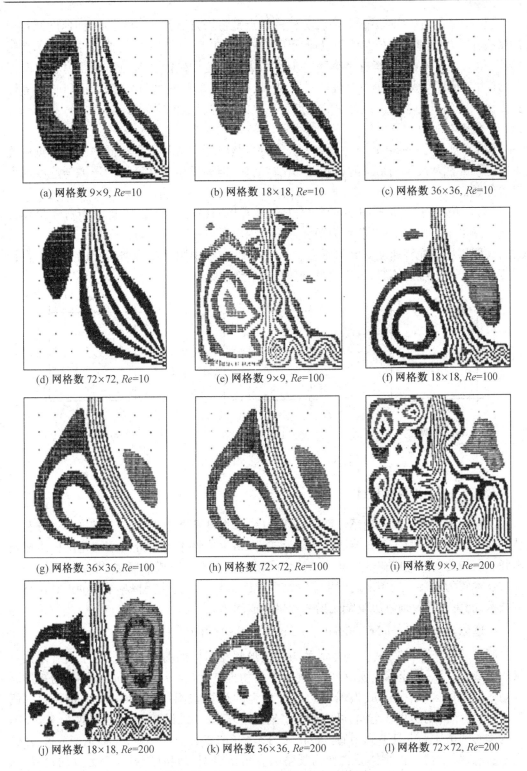

图 3.17　不同计算条件下的流场流线图

（1）交错网格（stagger grid）。该方法的特点是将压力配置于网格中心，而速度配置于网格边界。由于速度的控制体积以速度所在位置为中心，可知速度的控制体积与主控制体积（压力控制体积）之间有半个网格步长的错位。这样做能够避免出现压力场空间振荡（压力与速度间失耦）等不合理的计算结果，在后文 3.3 节的 MAC 法、SIMPLE 法等计算方法中得到广泛应用。该方法的缺点是在复杂的计算域网格划分时，程序编制相对复杂与不便。

（2）常规网格（regular grid）。该方法的特点是将所有变量设置在同一网格节点位置上。这种方法从设定到结果的后处理都比较简便，但易发生上文所说的压力与速度间失耦等问题。

（3）同位网格（collocated grid）。该方法是常规网格的一种修正，即将所有变量设置在同一网格节点位置上的同时，力图保证不出现压力与速度间失耦。特点是 N-S 方程求解时在网格中心配置速度 u、v 和压力 p，在连续性方程中则利用网格边界的速度。在针对复杂区域的三维运算时，该方法具有独特的优势。

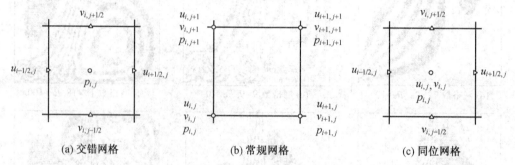

图 3.18　三种不同的变量网格配置方法

3.2.5　网格生成技术

网格生成技术指的是利用计算机内部程序，根据计算要求对网格进行自动划分和调整的相关技术。按照 3.2.2 节所述网格形式，网格生成技术也可分为结构化网格生成技术和非结构化网格生成技术。其中结构化网格生成技术相对成熟简便，非结构化网格的生成技术较为复杂。近年来还产生了将结构化网格与非结构化网格相结合的混合网格生成技术，能更为有效地解决复杂流场的网格生成问题。

1. 适体坐标法（boundary-fitted coordinate method，BFC）

所谓适体坐标，是一种人为生成的与物体形状相适应的曲线坐标。对于具有复杂形状的区域，采用适体坐标变换，可以将现实中的物理空间（physical domain）转化为矩形域或矩形组合的区域，从而成为理想的便于计算的计算空间（computational domain）。图 3.19（a）为不规则的物理空间，可以笛卡尔坐标系表示，二维设为 x、y，三维设为 x、y、z。其构建的网格体系也是不规则的。转化为图 3.19（b）的计算空间后，坐标系变为 ξ、η（二维），ξ、η、ζ（三维）。网格体系也变为规整的直角正交型。同时边界也变为直线边界，从而网格点可准确位于边界处，不需采用插值等办法来确定边界条件，提高了计算精度。很明显，适体坐标系应为结构化网格。

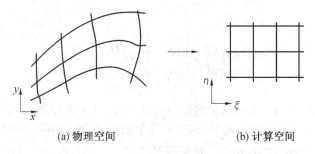

(a) 物理空间　　　　　　　　　　　　　(b) 计算空间

图 3.19　适体坐标变换示意图

适体坐标法的主要步骤如下：

（1）网格生成。在计算空间上选择与物理空间不规则区域相对应的区域，找出两个区域内内部节点之间的对应关系。以二维平面为例，有 $x = x(\xi, \eta)$，$y = y(\xi, \eta)$。

（2）控制方程的转化与离散。把物理空间上的控制方程和边界条件转化为计算空间上的形式，利用 3.1 节所示离散处理方法建立离散方程。由于计算空间上是直角正交网格，离散处理相对容易很多。

（3）离散方程的求解及解的传递。在计算平面上获得的解根据节点间的对应关系传递回物理平面，进行后续计算。

适体坐标法的关键是如何将物理空间上的控制方程转换为计算空间上的控制方程，需要用到复合函数和反函数微分方法。以二维平面为例，两个坐标系统间有如下的关联关系：

$$
\begin{pmatrix} \dfrac{\partial}{\partial \xi} \\[2mm] \dfrac{\partial}{\partial \eta} \end{pmatrix} = \begin{bmatrix} \dfrac{\partial x}{\partial \xi} & \dfrac{\partial y}{\partial \xi} \\[2mm] \dfrac{\partial x}{\partial \eta} & \dfrac{\partial y}{\partial \eta} \end{bmatrix} \begin{pmatrix} \dfrac{\partial}{\partial x} \\[2mm] \dfrac{\partial}{\partial y} \end{pmatrix}
\tag{3.27}
$$

或

$$
\begin{pmatrix} \dfrac{\partial}{\partial x} \\[2mm] \dfrac{\partial}{\partial y} \end{pmatrix} = \begin{bmatrix} \dfrac{\partial \xi}{\partial x} & \dfrac{\partial \eta}{\partial x} \\[2mm] \dfrac{\partial \xi}{\partial y} & \dfrac{\partial \eta}{\partial y} \end{bmatrix} \begin{pmatrix} \dfrac{\partial}{\partial \xi} \\[2mm] \dfrac{\partial}{\partial \eta} \end{pmatrix}
\tag{3.28}
$$

以上关联关系又被称为链式法则（chain rule）。上述公式右端的系数矩阵互为可逆矩阵，即

$$
\begin{bmatrix} \dfrac{\partial x}{\partial \xi} & \dfrac{\partial y}{\partial \xi} \\[2mm] \dfrac{\partial x}{\partial \eta} & \dfrac{\partial y}{\partial \eta} \end{bmatrix} \begin{bmatrix} \dfrac{\partial \xi}{\partial x} & \dfrac{\partial \eta}{\partial x} \\[2mm] \dfrac{\partial \xi}{\partial y} & \dfrac{\partial \eta}{\partial y} \end{bmatrix} = \begin{bmatrix} 1 & 0 \\ 0 & 1 \end{bmatrix}
\tag{3.29}
$$

速度矢量的变换和坐标系变换的形式有所不同。同样以二维物理空间为例，设速度矢量为 u、v，计算空间上的速度矢量为 U、V，则有如下关联关系：

$$
\begin{pmatrix} U \\ V \end{pmatrix} = \begin{bmatrix} \dfrac{\partial \xi}{\partial x} & \dfrac{\partial \xi}{\partial y} \\[2mm] \dfrac{\partial \eta}{\partial x} & \dfrac{\partial \eta}{\partial y} \end{bmatrix} \begin{pmatrix} u \\ v \end{pmatrix}
\tag{3.30}
$$

或

$$\begin{pmatrix} u \\ v \end{pmatrix} = \begin{bmatrix} \dfrac{\partial x}{\partial \xi} & \dfrac{\partial x}{\partial \eta} \\ \dfrac{\partial y}{\partial \xi} & \dfrac{\partial y}{\partial \eta} \end{bmatrix} \begin{pmatrix} U \\ V \end{pmatrix} \tag{3.31}$$

观察式(3.27),在将(x,y)坐标系的偏微分变换到(ξ,η)坐标系时,等式右端坐标变换系数的分子是(x,y)的偏导数,而分母是(ξ,η)的偏导数,这种坐标变换的偏微分形式被称为协变矢量(covariant vector)。而观察式(3.28),在将(ξ,η)坐标系的偏微分变换到(x,y)坐标系时,等式右端坐标变换系数的分子是(ξ,η)的偏导数,而分母是(x,y)的偏导数,这种坐标变换的偏微分形式被称为逆变矢量(contravariant vector)。

同样以最为简单的一种二维移流方程为例,在物理空间内的表达式为

$$\frac{\partial \phi}{\partial t} = - u \frac{\partial \phi}{\partial x} - v \frac{\partial \phi}{\partial y} \tag{3.32}$$

代入式(3.28)、式(3.30),经过推导最终可得

$$\frac{\partial \phi}{\partial t} = - U \frac{\partial \phi}{\partial \xi} - V \frac{\partial \phi}{\partial \eta} \tag{3.33}$$

由此可见,经过转换后的公式形式同样简单(要注意,此处举例不代表普遍规律,很多情况下转换后的偏微分形式会比原方程复杂),而直角正交网格的离散处理又非常简单,充分体现了适体坐标法的优越性。

对于建筑环境中经常涉及的绕流问题,在利用适体坐标法时,可根据物体形状归纳出几种基本的拓扑结构,如图 3.20 所示的 O 型、C 型、H 型等。单一绕流物体采用 O 型和C 型拓扑结构较多。整体看 O 型网格数较少,网格形状方面的异常变形也较少,但尖锐边缘附近的网格变形程度较大;C 型网格沿流动方向布置,即使是尖锐边缘附近的网格形状也可以保持正常。但下游部分往往会设置不必要多的网格数。H 型更多应用于多个绕流物体共存的情况。

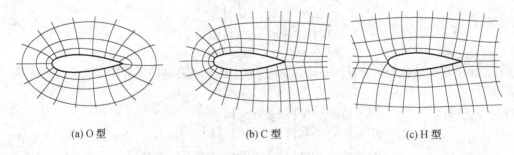

(a) O 型　　　　　　　　(b) C 型　　　　　　　　(c) H 型

图 3.20　绕流物体适体坐标网格的拓扑结构

对于具有更为复杂形状的流场,仅利用单一拓扑结构的适体坐标网格系统是困难的。此时还可以将不同拓扑结构的网格系统通过分区网格生成的方法来加以解决。该方法的基本思想是将总体区域分为若干个子区域,对每个子区域分别建立各自的适体坐标网格并对方程求解。各子区域的解在边界处通过耦合条件实现连接。又具体可分为同一网格单元边界且网格点在边界上完全对接;同一网格单元边界,但网格点位置在边界上不对接

这两种情况(图 3.21(a)、(b))。除此之外,还可以允许不同分区网格系统具有共同的或重叠的区域(图 3.21(c))。由于不要求各子区域共享边界,大大减轻了各子区域自身网格生成的难度。缺点是重叠区内的公共网格点需要在不同网格系统计算之间进行插值更新,计算量增大。

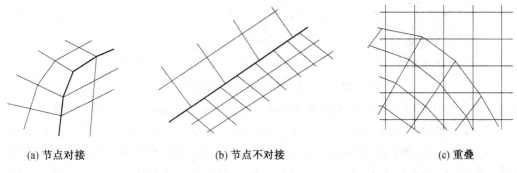

(a) 节点对接　　　　　　　(b) 节点不对接　　　　　　　(c) 重叠

图 3.21　分区网格生成

适体坐标的生成方法主要有代数法、保角变换法及求解偏微分方程法等。代数法主要是利用已知的边界值进行中间插值产生网格,又包括边界规范法、双边界法和无限插值法等。这种方法生成网格快速,算法相对简单,但由于实际流场边界形状千变万化,构建合适的插值方法往往很困难;保角变换法的数学基础是复变函数,一般只适用于二维问题;求解微分方程法主要是指通过求解椭圆型微分方程来生成网格的方法,其代表为所谓的 TTM 方法[73]。这种方法通用性好,可处理任意几何形状的流场,且生成网格光滑均匀,还可调整网格疏密,近年来获得大量应用。上述方法各有其特点和适用范围。需要指出的是,在处理复杂流场时,单一方法往往不能满足要求,需要根据实际流场的特点,合理选择多种方法组合在一起应用。由于篇幅限制,上述几种方法的具体内容在本书不予详细展开。

2. 非结构化网格生成

非结构化网格的常用生成方法有 Delaunay 三角化法(Delaunay triangulation method)和阵面推进法(advancing front method)等。下面简单介绍一下 Delaunay 三角化法。

Delaunay 三角化法在二维模拟中可用于生成三角形的非结构化网格。其主要原则是不管生成的三角形具体形状如何,其外接圆内不能包含其他的网格节点。假设目前有一个初始的三角化结果,向其中引入一个新的网格节点,则已有的三角形网格系统需要重建(图 3.22(a))。观察外接圆中包含有这个新的节点的三角形网格,最终可合并处理得到一个凸多边形(图 3.22(b)中粗线部分)。如果外接圆包含有该节点的三角形网格只有一个,则凸多边形就是此三角形网格。然后,由这个新的节点和凸多边形的各顶点相连线(图 3.22(c)),则形成了包含有新的节点的 Delaunay 三角化结果。依照以上方法,可以一次引入一个网格节点。不断引入新的节点,网格不断完善,最终完成 Delaunay 三角化进程。由于引入节点仅对其周边带来影响,对后期便捷地调整网格疏密极为有利。

根据算法,Delaunay 三角化外接圆的中心,正好是三角形各边垂直平分线的交点,由此外接圆的中心到该三角形各顶点的距离相等,很明显不会存在比此距离更短的其他顶

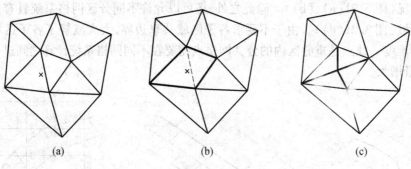

(a)　　　　　　　　　　(b)　　　　　　　　　　(c)

图 3.22　三角化进程中的非结构化网格生成

点存在。由外接圆中心和各条垂直平分线构成的图形称为 Voronoi 图形(图 3.23 中淡色线)。这样一来,围绕 Delaunay 三角化各顶点,构成了相应的 Voronoi 凸多边形。由此可以认为 Delaunay 三角化和 Voronoi 凸多边形构成了两套互相依存的网格系统。按照有限体积法的定义,如果将 Voronoi 凸多边形顶点作为网格节点,则 Voronoi 凸多边形成为子区域,各子区域之间的相邻关系由 Delaunay 三角化描述;反之,如果将 Delaunay 三角化顶点作为网格节点,则子区域就是 Delaunay 三角形,各子区域之间的相邻关系则由 Voronoi 凸多边形描述。

Voronoi 图形
Delaunay 三角形

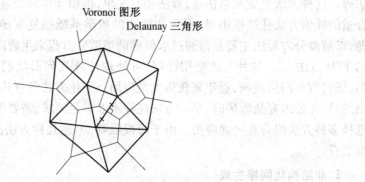

图 3.23　Delaunay 三角化与 Voronoi 图形

　　Delaunay 三角化法的优点是能得到尽可能等边的高质量三角形网格单元,生成效率也比较高。缺点是由于节点的产生和三角形的形成不是同步的,在连点过程中有可能破坏原有的边界,即不能保证边界的完整性。需要在连点过程中对边界实行保护,或在连点后对被破坏的边界予以修复。

3.2.6　小　结

　　表 3.1 给出了结构化网格和非结构化网格的比较。总体而言,虽然结构化网格对计算对象的边界和形状适应性稍差,但更容易得到高精度的计算结果。另外,同样的网格数,数据排列更规则的结构化网格体系比非结构化网格的计算效率也更高。因此,在进行 CFD 模拟时,要根据模拟对象的特点,尽量按照以下的优先度来选择合适的网格体系:结构化网格(直角正交)→适体坐标法网格→非结构化网格→结构/非结构化混合网格。

表 3.1　结构化网格和非结构化网格的比较

	结构化网格	非结构化网格
离散方法	有限差分法、有限体积法	有限体积法、有限元法
对复杂形状的适应性	小	大
网格的有效利用	造成网格过剩	可节省网格
网格的计算精度	高	低
网格的计算量	少	多
提高计算精度的方法	集中网格	追加网格

对于更为复杂形状的物体或多个物体同时存在的情况,仅依靠一种网格体系可能比较困难。此时还可在计算域内灵活设置多个网格体系来提高计算效果。不同网格体系相接或相重合的部分需要利用特殊的数据交换技术。感兴趣的读者可参考相关文献。最后再次强调,很多情况下,在没有获得流场数值解之前,很难判断网格质量是否真的达到要求。提高网格划分水平没有捷径可走,只能依靠大量的实战训练。

3.3　计算方法

3.3.1　概述

前文中已经介绍,可通过网格划分并对控制方程进行离散处理后得到离散方程,但出于计算量和计算速度的综合考虑,此时生成的离散方程还不能直接用来求解。必须对离散方程做进一步调整,同时还需要考虑各计算变量(u_i、p 等)的求解顺序及方式。总体上代数方程组的整体计算方法大致可分为两类(图 3.24):耦合式求解和分离式求解。耦合式求解的主要思路是各计算变量联立在一起求解。这种方法对计算机的资源和运算能力要求较高,发展也不成熟。目前应用较多的是分离式求解。所谓分离式求解方法,就是u_i、p 等各类变量按顺序、独立地进行求解的方法。具体讲,就是在一组给定的代数方程的系数下,先用迭代法求解出一类变量而保持其他变量为常数,然后逐一依次求解所有变量。分离式求解法中的原始变量法以速度和压力(或密度)作为基本变量,是目前主要利用的方法。

原始变量法又分为以密度为基本变量和以压力为基本变量的方法。前者以连续性方程作为密度求解的控制方程,解得的密度再利用状态方程求出压力。该方法只能利用于马赫数较高的可压缩流动计算中,本书中不做具体展开。以压力为基本变量的方法的关键问题是压力本身没有控制方程,只作为源项出现在 N-S 方程中,压力和速度的关系隐藏在连续性方程中。求解的压力场必须根据连续性方程进行修正。该问题又被称为压力-速度耦合问题(pressure-velocity coupling)。针对并能解决此问题的各种原始变量法被统称为压力修正法。

本书重点介绍在非稳态模拟中常用的 MAC 法系列以及稳态模拟中常用的 SIMPLE 法系列。

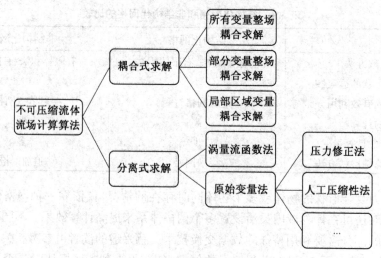

图 3.24　计算方法分类

3.3.2　MAC 法系列

1. 经典 MAC 法(Marker and Cell method)[74]

最初提出该方法的主要思路是:①可以引入交错网格(stagger grid)来避免压力空间高频振荡和迭代过程中质量守恒误差的同时累积;②可以通过引入标识粒子来求解自由表面计算问题。但现在②的方法已经很少使用了,MAC 法主要被看作是与交错网格相对应的计算方法而不断发展。

该方法的主要原理是:对连续性方程和 N-S 方程的压力项进行隐式求解,其他各项进行显式求解。时间差分采用 Euler 法显式求解。则有

$$D^{n+1} = \frac{\partial u_i^{n+1}}{\partial x_i} = 0 \tag{3.34}$$

$$\frac{u_i^{n+1} - u_i^n}{\Delta t} = f(u_i^n) - \frac{\partial p^{n+1}}{\partial x_i} \tag{3.35}$$

式中,n 为时刻;$f(u_i)$ 为 N-S 方程的移流项和扩散项的简化形式。将上式两侧对 x_i 进行偏微分处理,可得关于压力 p 的 Poisson 方程:

$$\frac{\partial^2 p^{n+1}}{\partial x_i^2} = \frac{D^{n+1} - D^n}{\Delta t} + \frac{\partial f(u_i^n)}{\partial x_i} \tag{3.36}$$

具体步骤如下:

(1) 建立满足 $n+1$ 时刻的连续性方程,即式(3.34);

(2) 将上一步骤代入压力 p 的 Poisson 方程,即式(3.36),再利用 SOR 法、共轭梯度法等求解,式(3.36)变为 $\frac{\partial^2 p^{n+1}}{\partial x_i^2} = -\frac{D^n}{\Delta t} + \frac{\partial f(u_i^n)}{\partial x_i}$。很明显,这是一个显式求解,可以很方便地得到 p^{n+1}。再回代到式(3.35),求出 u_i^{n+1}。

MAC 法用压力 Poisson 方程替代连续性方程,然后和 N－S 方程交互求解的办法,保证了即使 n 时刻连续性方程不满足,也不至于由方程组迭代求解等造成误差累积,从而不影响 $n+1$ 以后时刻的计算。该方法的缺陷在于时间差分采用显式求解,时间间隔 Δt 设定受到限制。另外,压力 Poisson 方程的计算工作量很大,导致目前直接利用经典 MAC 法的较少。

2. SMAC 法(simplified MAC method)[75]

将 N－S 方程的时间差分分为两个阶段,对压力 Poisson 方程进行简化求解:

$$\frac{u_i^{n+1} - \tilde{u}_i}{\Delta t} = -\frac{\partial(p^{n+1} - p^n)}{\partial x_i} = -\frac{\partial \delta p}{\partial x_i} \tag{3.37}$$

$$\frac{\tilde{u}_i - u_i^n}{\Delta t} = f(u_i^n) - \frac{\partial p^n}{\partial x_i} \tag{3.38}$$

$$p^{n+1} = p^n + \delta p \tag{3.39}$$

可以很容易看出,式(3.37)和式(3.38)相加其实就是式(3.35)。式中 $\tilde{u}_i$ 为 u_i 的预报值; δp 为压力计算修正值。

将式(3.37)两侧对 x_i 微分,令满足 $n+1$ 时刻的连续性方程 $D^{n+1}=0$,可以导出关于压力修正值的 Poisson 方程:

$$\frac{\partial^2 \delta p}{\partial x_i^2} = \frac{1}{\Delta t}\frac{\partial \tilde{u}_i}{\partial x_i} \tag{3.40}$$

具体步骤如下:

(1) 利用已知的 u_i^n、p^n 由式(3.38)计算出 u_i 的预报值 $\tilde{u}_i$;

(2) 将 $\tilde{u}_i$ 代入式(3.40),求出 δp;

(3) 将 δp 分别代入式(3.37)、式(3.39)对速度和压力同时修正,分别求出 u_i^{n+1} 和 p^{n+1}。

该方法通过求解压力修正项的 Poisson 方程替代直接求解压力 Poisson 方程,使计算速度提高;另外,速度和压力同时通过 δp 修正,进一步提高运算效率。

3. HSMAC 法(highly simplified MAC method)[76]

HSMAC 法和 SMAC 法对 N－S 方程时间差分的处理方法相同,为避免求解压力修正量 δp 的 Poisson 方程,对该方程左侧进行大胆的中心差分近似,从而可通过简单的代数运算求解。

$$^l\delta p = -\omega\frac{\partial^l \tilde{u}_i}{\partial x_i}\left\{2\Delta t\left(\frac{1}{\Delta x_1^2} + \frac{1}{\Delta x_2^2} + \frac{1}{\Delta x_3^2}\right)\right\} \tag{3.41}$$

式中,ω 为加速系数,可按 1～2 之间取值;左上标 l 为反复运算的次数。反复运算过程速度和压力的修正如下:

$$^{l+1}\tilde{u}_i = {}^l\tilde{u}_i + {}^l\Delta\tilde{u}_i \tag{3.42}$$

$$^l\Delta\tilde{u}_i = -\Delta t\frac{\partial^l\delta p}{\partial x_i} \tag{3.43}$$

具体步骤如下:

(1) 利用已知的 u_i^n、p^n 由式(3.38)计算出 u_i 的预报值 $\tilde{u}_i$;

(2) 将 $\tilde{u}_i$ 作为 $^l\tilde{u}_i$ 的初始值代入式(3.41),求出 $^l\delta p$;

(3) 将 $^l\delta p$ 代入式(3.43)、式(3.42),按顺序求出速度修正值 $^l\Delta\tilde{u}_i$ 和 $^{l+1}\tilde{u}_i$;

(4) 重复(2)以下步骤,直到式(3.43)的计算结果满足精度要求。此时 $^l\tilde{u}_i \to u_i^{n+1}$, $^l p \to p^{n+1}$。

由于不考虑压力 Poisson 方程,计算机编程简便。实践表明,对于常规解法如 SOR 法等,HSMAC 法和 MAC 法、SMAC 法的计算负荷差别不大;对于压力 Poisson 方程的 CG 法等高速解法,HSMAC 法的计算负荷相对较小。

4. FS 法(fractional step method)[77]

与 SMAC 及 HSMAC 法相类似,但 N – S 方程的时间离散方法不同,其速度预报值计算中不包含压力项:

$$\frac{u_i^{n+1} - \tilde{u}_i}{\Delta t} = -\frac{1}{\rho}\frac{\partial p^{n+1}}{\partial x_i} \tag{3.44}$$

$$\frac{\tilde{u}_i - u_i^n}{\Delta t} = f(u_i^n) \tag{3.45}$$

具体步骤如下:

(1) 将 u_i^n 代入式(3.45)求得速度预报值 $\tilde{u}_i$;

(2) 令满足 $n+1$ 时刻的连续性方程 $D^{n+1} = 0$,从式(3.44)导出 p^{n+1} 的 Poisson 方程式,代入 $\tilde{u}_i$ 求解得 p^{n+1} 值;

(3) 将 p^{n+1} 代入式(3.44)得出 u_i^{n+1}。

3.3.3　SIMPLE 法(semi – implicit method for pressure – linked equations)[78]

SIMPLE 法与 MAC 法一样,也要利用交错网格技术。但与 MAC 法系列不同,SIMPLE 法采用隐式求解的思路,相比 MAC 法系列要复杂一些。这里结合稳态 2 维流动问题稍加详细地说明 SIMPLE 法的求解过程。

在前文 3.1.2 节中以 1 维简单的流动问题对有限体积法进行了讲解,2 维流动的有限体积法离散处理过程读者可自行推导,节点与物理量符号的配置关系如图 3.25 所示。最终得两个方向上的速度 u、v 在交错网格上的离散表达式:

$$a_e u_e = \sum a_{nb}u_{nb} + b + A_e(p_P - p_E) \tag{3.46}$$

$$a_n v_n = \sum a_{nb}v_{nb} + b + A_n(p_P - p_N) \tag{3.47}$$

上式中下标 nb 代表相邻节点,a 代表系数矩阵,b 代表源项,A 代表 N – S 方程压力项系

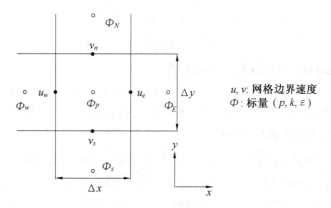

图 3.25　二维流动的变量配置

数。

对压力、速度分别给出适当的预报值 p^*、u^*、v^*，则根据以上两式有

$$a_e u_e^* = \sum a_{nb} u_{nb}^* + b + A_e(p_P^* - p_E^*) \tag{3.48}$$

$$a_n v_n^* = \sum a_{nb} v_{nb}^* + b + A_n(p_P^* - p_N^*) \tag{3.49}$$

假设压力及速度的精确解为 p、u 和 v，则对于预报值 p^*、u^*、v^* 的修正值为

$$\begin{aligned} p &= p^* + p' \\ u &= u^* + u' \\ v &= v^* + v' \end{aligned} \tag{3.50}$$

综合以上各式，又可得到如下关系式：

$$a_e u'_e = \sum a_{nb} u'_{nb} + b + A_e(p'_P - p'_E) \tag{3.51}$$

$$a_n v'_n = \sum a_{nb} v'_{nb} + b + A_n(p'_P - p'_N) \tag{3.52}$$

上式说明速度修正值实际上是由两部分构成的：等号右端第一项是体现相邻点速度修正值的作用，可视为相邻点压力修正值对所计算节点速度修正的间接影响；等号右端第三项则体现与该速度在同一方向的两个节点间压力修正值之差，这是产生速度修正的直接原因。实际运算时如果保留上式右端第一项，则最终势必所有节点的压力修正和速度修正都将包含在一起，计算量过大。一般可认为直接原因更为重要，而相邻网格节点处速度修正值的影响较小，从而忽略上式右端第一项。这样的处理对计算结果不会带来不利影响。这是因为，不考虑间接作用项，则可以利用逐次求解方法，实现变量之间的解耦。实际上，只要最终迭代收敛，各点的速度修正值一定会趋于零。但恰恰由于这部分忽略，求解上式时就不算"完全隐式"（full implicit），而是部分隐式（semi - implicit）。这样，速度修正值为

$$\begin{aligned} u'_e &= d_e(p'_P - p'_E) \\ v'_n &= d_n(p'_P - p'_N) \end{aligned} \tag{3.53}$$

式中，$d_e \equiv A_e/a_e$，$d_n \equiv A_n/a_n$。

将上式再代回式（3.50），可得速度表达式：

$$u_e = u_e^* + d_e(p'_P - p'_E)$$

$$v_n = v_n^* + d_n(p'_P - p'_N)$$

(3.54)

而连续性方程利用有限体积法离散处理后得

$$(u_e - u_w)\Delta y + (v_n - v_s)\Delta x = 0$$

(3.55)

将式(3.54),以及 u_w 和 v_s 同理得到的关系式代入到上式中,就可以得到关于压力修正值 p' 的计算式(即压力修正值的 Poisson 方程):

$$a_p p'_P = \sum a_{nb} p'_{nb} + (u_e^* - u_w^*)\Delta y + (v_n^* - v_s^*)\Delta x$$

(3.56)

由上式得到 p' 后,分别回代入式(3.50)、式(3.53)则可求出 p、u、v。

通过上述介绍可以发现,由于相邻节点速度修正所带来的对流、扩散项变化在该点对应的速度修正方程中被人为忽略,速度修正的精度完全取决于压力修正,而压力修正方程易出现计算不稳定,即无法收敛现象。此时可采用所谓亚松弛方法(3.5.3 节 1 中有一般性介绍)。具体处理如下:

$$p = p^* + \alpha_p p'$$

(3.57)

式中,α_p 为压力亚松弛因子。同理,速度求解也需要进行亚松弛处理。式(3.46)、式(3.47)分别改写为

$$\frac{a_e}{\alpha_u} u_e^l = \sum a_{nb} u_{nb}^l + b + A_e(p_P - p_E) + \frac{1 - \alpha_u}{\alpha_u} a_e u_e^{l-1}$$

(3.58)

$$\frac{a_n}{\alpha_v} v_n^l = \sum a_{nb} v_{nb}^l + b + A_n(p_P - p_N) + \frac{1 - \alpha_v}{\alpha_v} a_n v_n^{l-1}$$

(3.59)

式中 l 为迭代次数,α_u、α_v 分别为 u、v 的动量方程求解时的亚松弛因子。一般 α_p、α_u、α_v 可分别取 0.8、0.5 和 0.5,收敛性就可以保证。

SIMPLE 法具体步骤如下:

(1) 假定压力场分布 p^*(初始条件中可全场设为0);

(2) 求解方程(3.46)和(3.47)或施加亚松弛处理的(3.58)和(3.59),得到 u^*、v^*;

(3) 由式(3.56)求出压力修正值 p';

(4) 利用式(3.50),求出压力值 p;

(5) 由速度修正计算式(3.54),求出速度 u、v;

(6) 将修正后的 p 作为新的压力预报值 p^*,返回步骤(2)循环,直至得到收敛解。

由于在时间差分上采用隐式求解,时间间隔可适当放大,在计算速度和计算稳定性都较好,目前应用广泛。感兴趣的读者还可进一步参考学习如 SIMPLER、SIMPLEC、SIMPLED 等 SIMPLE 法的各种修正算法。尤其是 SIMPLER 算法,由于收敛加快,总体上比 SIMPLE 算法节省可观的运算时间,在很多商业 CFD 软件中作为默认算法。

3.3.4 小 结

计算方法是 CFD 模拟非常重要的内容。本节所介绍的 MAC 法系列在非稳态模拟、SIMPLE 法系列在高速稳态模拟中均有广泛的应用。这些成功的方法具有的普遍特点是通过分离式变量求解,避免了将连续性方程与 $N-S$ 方程联立求解导致方程组过于巨大,

计算机能力不够的弊端,同时又巧妙地满足了质量守恒关系,保证了计算结果的客观性和科学性。

3.4　边　界　条　件

3.4.1　概述

按照定义,边界是指属于研究的流动空间且与该空间外界直接接触的接触面。边界条件是关于边界的形状、边界所受的外力以及外界给予研究空间的位移限制等的设定条件。随着商业软件在网格处理等方面的发展,边界条件的设定和网格划分一样越来越成为考验使用者的 CFD 使用技巧和经验的重要内容之一。边界条件设定成功与否直接关系到计算结果的可信度,需要给予充分的重视。边界条件可以表述为比控制方程低一阶的微分方程形式,如下所示:

$$C_1 \frac{\partial \phi}{\partial N} + C_2 \phi + C_3 = 0 \tag{3.60}$$

根据上式中 C_1、C_2 和 C_3 取值的不同,边界条件可分为如下 3 类:

第一类边界条件(Dirichlet 边界条件):$C_1 = 0$,即直接给出边界处的速度、湍动动能 k、耗散率 ε 的数值都属于这类边界条件。这种边界条件由于约束力强,如果可以保证正确性的话,将有助于计算的稳定。

第二类边界条件(Neumann 边界条件):$C_2 = 0$,即给出边界处的速度、湍动动能 k、耗散率 ε 沿边界法线方向的梯度变化值都属于这类边界条件。这种边界条件约束力较弱,计算的稳定性不如第一类边界条件。

第三类边界条件:C_1、C_2 都不为零时的边界条件,属于混合型的边界条件。

3.4.2　计算域与计算物体几何形状描述

1.计算域的设定

在进行 CFD 模拟时,如何设定模拟对象的外部空间范围和内部物体形状往往是不可回避的问题。计算域指实际模拟的空间范围。如图 3.26 所示,流体从物体外部流过(a)、流体被不同形状的固体表面包围在其中的流动(b)以及半无限大空间内的流动(c)、(d)等都属于各种不同性质的边界。

对于建筑环境领域的 CFD 模拟来说,建筑(或房间)内部气流流动、热质扩散等属于情况(b)或(d),计算域确定比较简单。但要注意的是由于固体表面附近流速梯度的急剧变化,对于适用于高 Re 数的湍流计算模型来说(如标准 k-ε 模型),除了模型自身的调整外,其边界条件及相应的网格划分也需要予以充分考虑,否则将无法准确模拟出固体表面附近的流动现象。

计算域确定起来比较复杂的是类似建筑内外气流或热相互作用、建筑外部环境等模拟,属于上图中的情况(a)或(c)。由于计算域不可能无限大,模拟者必须人为划定出有限区域作为研究对象。划定区域过大会影响计算速度和时间,划定区域过小则会直接影响计算的准确性。尤其是对于绕流现象,尾流部分的区域往往需要设定得很大,否则模拟的整个流场形态都将严重失真。一般的设定原则见后文 5.5.1 节。

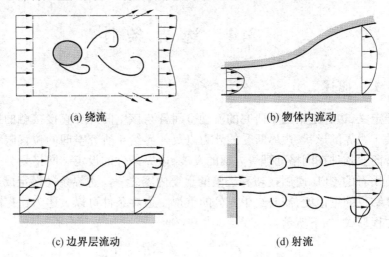

(a) 绕流　　　　　　　　　　　　　　　　　(b) 物体内流动

(c) 边界层流动　　　　　　　　　　　　　　(d) 射流

图 3.26　　各种不同的边界情况

2. 计算物体的几何形状描述

对于建筑(或房间)内部环境 CFD 模拟来说,如果仅仅是考察整体的通风效果,为简化计算,除大的隔断之外,没有必要把其他物体的细部进行复现;如果涉及建筑热湿环境或空气品质,则需要考虑热湿源或污染源所在位置和具体形状;另外,一些研究以人体在建筑环境中的热感觉、舒适性为研究目的,此时一般要对人体的形状进行必要的建模,根据研究目的的不同,可以采用各种粗略和非常精细的建模方法(见第 5 章算例介绍)。

对于建筑外环境 CFD 模拟来说,计算域内分布的建筑物是影响该区域风热环境的最主要障碍物。由于实际空间尺度较大,建筑数量往往较多、形状和分布不规则、表面凸凹不平,若在建模时完全再现实际状况,则工作量太大且容易造成计算不稳定。此时需要明确模拟的目的:若仅仅为了了解计算域内大体的气流场或温度场分布,就同样没有必要去试图掌握计算域内的每一个细节。可以对计算物体进行大胆的简化处理,包括对相邻建筑物进行适当合并或削减、对凸凹的建筑表面进行适当的光滑处理等等。但要注意的是,若要详细研究计算区域内某一建筑或某几栋建筑周边的气流或温度分布,则这些对象建筑应尽可能进行细致的建模;至于不好进行具体建模的障碍物,如尺度很小的建筑物、灌木丛、草地、人群、车流等,当其对区域内的流场和温度场的影响不能忽略时,则需要参考冠层模式,以附加项的形式对基础方程式进行修正。具体做法见 5.5.1 节。

3.4.3　固体表面边界条件

所谓固体表面边界条件,主要指计算域自身边界或内部各种物体表面处的边界条件。对于建筑内部环境 CFD 模拟来说,固体表面主要指建筑或房间内壁面、内部各种物体外表面;对于室外环境 CFD 模拟来说,固体表面边界主要指各类下垫面和建筑外表面。

首先分析一下固体表面附近区域的流动特点。前文已述,由于受到固体表面的强烈抑制作用,使该区域的湍流 Re 数相对较低,物理量变化梯度很大。近壁区域又大致可分为以下 3 个部分(图 3.27):

①黏性底层。该层极薄,紧贴固体表面,黏性力在动量、热量和物质交换中起主要作用,$\nu \gg \nu_t$,流动几乎为层流,平行于固体表面的速度分量沿壁面法线方向呈线性分布(注意图 3.27 横轴为对数轴)。

②过渡层。该区域处于黏性底层外部,其黏性力与湍动切应力作用相当,$\nu \sim \nu_t$,流动状态复杂,难以用一个公式表述。通常归入对数律层考虑。

③对数律层。该区域与充分湍动的核心区(主流区)相接,黏性力作用不明显,湍流切应力占主要地位,平行于固体表面的速度分量沿表面法线方向呈对数分布。

固体表面边界条件的设定对整个流场的湍动现象的正确模拟具有极为重要的意义。以下将分别从 RANS 模型和 LES 模型的不同应用角度予以介绍。

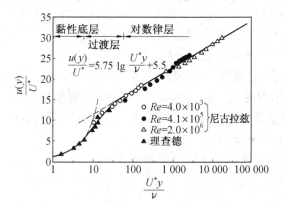

图 3.27　壁面附近流速分布的一般规律

1. RANS 模型

如前文所述,作为 RANS 模型的标准 $k - \varepsilon$ 模型属于高 Re 数模型,壁面附近由于黏性作用加强导致出现低 Re 数以及各向异性效应。解决的办法是将壁面剪切应力 τ_w 作为源项加入 $N - S$ 方程,从而体现出壁面对湍动的影响。如下所示

$$\frac{\partial \langle u_i \rangle}{\partial t} + \langle u_j \rangle \frac{\partial \langle u_i \rangle}{\partial x_j} = -\frac{1}{\rho} \frac{\partial \langle p \rangle}{\partial x_i} + \frac{\partial}{\partial x_j} \left(\nu \frac{\partial \langle u_i \rangle}{\partial x_j} - \langle u_i' u_j' \rangle \right) + \langle \tau_w \rangle \quad (3.61)$$

$$\frac{\langle \tau_w \rangle}{\rho} = \nu \cdot \frac{\partial \langle u \rangle}{\partial x_n} \Big|_{\text{wall}} \quad (3.62)$$

式中,τ_w 为固体表面附近的流速梯度函数。具体的导入方法又分为以下几种:

(1)无滑移(no slip)边界条件。

该设定方法认为壁面处速度为零,壁面附近的速度满足线性分布。设距壁面最近网格处切线时均速度为 $\langle u_p \rangle$,距壁面法线方向距离为 x_p,则上式改写为

$$\frac{\langle \tau_w \rangle}{\rho} = \nu \cdot \frac{\langle u_p \rangle}{x_p} \quad (3.63)$$

由图 3.27 可以看出,速度处于线性分布的固体表面附近区域为黏性底层部分。因此若要采用此种设定方法,网格必须细划到黏性底层内部,涡旋基本上要分解到 Kolmogorov

尺度。黏性底层的厚度 δ 一般用壁坐标值 x_n^+ 表示,则有 $0 < \delta < 5$。以 δ 和整个流场特征尺度相比,一般在 10^{-3} 程度左右,而且随着 Re 数的增加还将进一步减小。另一方面,平行于固体表面方向上的网格间距 h 即使加密后,其和流场特征尺度的比值也就在 10^{-2} 程度,从而造成网格形状异常。因此利用 RANS 模型,在以复杂形状为对象的三维 CFD 解析中应用此方法是非常困难的。但对于管内流等单纯流场的解析,壁面附近的网格一般可以划分得很细,同时采用低 Re 数 $k - \varepsilon$ 模型进行计算(特别是针对壁面传热问题的高精度计算时)可使用这种边界条件。

(2)自由滑移(free slip)边界条件。

该设定方法认为沿固体表面的法线方向速度梯度为零,则式(3.62)变为

$$\frac{\langle \tau_w \rangle}{\rho} = \nu \frac{\partial \langle u \rangle}{\partial x_n} \Big|_{\text{wall}} = 0 \tag{3.64}$$

很显然,这种设定方法与实际现象是不一致的,因此很少应用于实际固体表面,而用于空气等假想壁面或对称壁面的情况。

(3)壁函数(wall function)边界条件。

如前文所述,当固体表面附近的网格不能划分得非常细时,不能采用无滑移边界条件。壁函数法是假定固体表面和距固体表面最近网格(壁坐标 x_n^+ 在 $30 \sim 100$ 之间)的速度分布满足某种经验函数,从而确定 τ_w 的方法。这种方法又主要包括以下两种:

① 幂函数法则(power law)。

认为固体表面附近的速度梯度满足幂函数分布:

$$\frac{\langle u(x_n) \rangle}{\langle u_p \rangle} = \left(\frac{x_n}{x_p} \right)^{1/m} \tag{3.65}$$

式中,幂指数 $1/m$ 一般取 $1/4$ 或 $1/7$。将上式两侧对 x_n 微分可得

$$\frac{\partial \langle u \rangle}{\partial x_n} \Big|_{x_n = x_p} = \frac{1}{m} \frac{\langle u_p \rangle}{x_p} \tag{3.66}$$

认为固体表面附近的剪切应力满足 constant flux,从而 τ_w 可表示为

$$\frac{\langle \tau_w \rangle}{\rho} \approx \frac{\langle \tau_{x_p} \rangle}{\rho} = (\nu + \nu_t) \frac{\partial \langle u \rangle}{\partial x_n} \Big|_{x_n = x_p} = (\nu + \nu_t) \frac{1}{m} \frac{\langle u_p \rangle}{x_p} \tag{3.67}$$

② 对数法则(log law)。

由图 3.27 可以看出,壁函数法中距固体表面最近网格应该大致处于对数律层,因此认为固体表面附近的速度梯度满足对数函数分布就成为很自然的想法。从而得到以下表达式:

$$\frac{\langle u_p \rangle}{(\langle \tau_w \rangle / \rho)^{1/2}} = \frac{1}{\kappa} \ln x_n^+ + A = \frac{1}{\kappa} \ln \frac{(\langle \tau_w \rangle / \rho)^{1/2} \cdot x_p}{\nu} + A \tag{3.68}$$

式中,A 为常数,光滑固体表面一般取 $5 \sim 5.5$;κ 为卡门常数,$\kappa \approx 0.4$。

当固体表面或地表面相对粗糙且不能用网格体现时,可引入包含粗糙长度 z_0 的对数法则:

$$\frac{\langle u_p \rangle}{(\langle \tau_w \rangle / \rho)^{1/2}} = \frac{1}{\kappa} \ln \left(\frac{x_p}{z_0} \right) \tag{3.69}$$

观察发现,式(3.68)中左右两端均包含待求量 τ_w,尤其是右端的 τ_w 更包含在对数函数中,不能直接求解,需要利用迭代法,增加了计算负荷。为解决此问题,提出了正规化对数法则(generalized log law):

$$\frac{\langle u_p \rangle}{(\langle \tau_w \rangle / \rho)}(C_\mu^{1/2} \cdot k_p)^{1/2} = \frac{1}{\kappa}\ln\left[\frac{E \cdot x_p \cdot (C_\mu^{1/2} \cdot k_p)^{1/2}}{\nu}\right] \tag{3.70}$$

式中,k_p 为距固体表面最近网格的湍动动能 k 值($\mathrm{m}^2/\mathrm{s}^2$);$E$ 为常数,对于光滑固体表面,$E \approx 9.0$。

对于标准 $k - \varepsilon$ 模型来说,还需要考虑 k 和 ε 的固体表面边界条件设定。一般设固体表面附近的 k 沿法向梯度为零,与固体表面相邻的网格处 k 的产生与耗散相等。而 ε 的固体表面边界条件一般由固体表面相邻网格的 k 值计算:

$$\varepsilon_p = \frac{C_\mu^{3/4} \cdot k_p^{3/2}}{\kappa x_p} \tag{3.71}$$

采用正规化对数法则时,对与固体表面相邻网格内 ε 进行体积积分后,按下式计算:

$$\overline{\varepsilon}_p = \frac{C_\mu^{3/4} \cdot k_p^{3/2}}{\kappa x_p}\ln\left[\frac{E \cdot x_p \cdot (C_\mu^{1/2} \cdot k_p)^{1/2}}{\nu}\right] \tag{3.72}$$

壁函数法目前是 RANS 模型最普遍采用的固体表面边界条件设定方法,主要优点在于对网格设置的要求不那么严格,与 RANS 模型自身特点基本匹配。计算效率比较高,工程实用性强。但要指出的是,对于冲击流、固体表面附近出现流动剥离、循环等复杂流动现象,壁面附近的流速分布不一定保证满足幂函数或对数分布,壁函数本身能否依然适用也有待进一步研究。实际上壁函数法只能看作固体表面边界条件处理时的暂时性解决方案。

另外,对于低 Re 数 $k - \varepsilon$ 模型来说,如果修正项 D 为零,则 ε 的固体表面边界条件与标准 $k - \varepsilon$ 模型相同。如果 D 不为零,则 ε 的固体表面边界条件设为零。

2. LES 模型

由于 LES 模型的网格划分比 RANS 模型要细密很多,适合采用无滑移边界条件:

$$\frac{\tau_w}{\rho} = \nu \cdot \frac{\partial \overline{u}}{\partial x_n}\Big|_{\text{wall}} = \nu\frac{\overline{u}_p}{x_p} \tag{3.73}$$

LES 也可采用壁函数法以节省计算时间和计算量,但一般直接采用瞬时值进行计算:

$$\frac{\overline{u}(x_n)}{(\tau_w/\rho)^{1/2}} = C \cdot (x_n^+)^{1/m} \tag{3.74}$$

式中,对于壁面光滑的管道流,$m = 1/7$ 时,C 约为 8.74。

当网格细划到黏性底层时,可把无滑移边界条件和壁函数法同时考虑,建立线性 - 幂函数 2 层模型:

$$\begin{cases} \dfrac{\overline{u}(x_n)}{(\tau_w/\rho)^{1/2}} = x_n^+ & (x_n^+ \leqslant 11.81) \\[3mm] \dfrac{\overline{u}(x_n)}{(\tau_w/\rho)^{1/2}} = 8.3(x_n^+)^{1/7} & (x_n^+ > 11.81) \end{cases} \tag{3.75}$$

3.4.4 流入边界条件

所谓流入边界条件,主要指流体流入计算域时状态的设定。对于建筑内部环境 CFD 模拟来说,流入边界条件主要指送风条件的设定,其设定原则在本节介绍;对于建筑周边微尺度环境 CFD 模拟来说,流入边界条件主要指来流风的设定,其设定原则见5.5.1节的专门介绍。

1. RANS 模型

RANS 模型一般直接给出流入侧(如送风口处)实测得到的参数平均值或分布(风速、压力、质量流量、k 及 ε),也可以采用设计值,这些都属于第一类边界条件。

此处要特别注意,对于标准 $k - \varepsilon$ 模型来说,k 及 ε 的输入值不合理,会直接影响到计算结果的准确性。当无法用实测方法得到 k 及 ε 的输入值时,只能借助文献中已有的近似公式进行估算。目前应用较多的如下式:

$$k = \frac{3}{2}(U_{\text{avg}}I)^2 \tag{3.76}$$

$$\varepsilon = C_\mu^{3/4}\frac{k^{3/2}}{l} \tag{3.77}$$

$$l = 0.07L \tag{3.78}$$

式中,U_{avg} 为流入边界平均风速;I 为湍动强度;L 为流入侧特征长度尺度。

2. LES 模型

由于 LES 是随机偏微分方程,其流入边界条件的设定与 RANS 模型这样的确定性偏微分方程有本质的区别。其流入边界条件需要按随时间变化的函数设置。现有方法主要有两类:

(1)将物理流入边界向上游延伸,在计算流入边界处给定时间上的随机速度分布。该速度分布向下游发展,到达物理流入边界处时可认为发展到了真实湍流的流入状态。该方法的优点是简单易于实现;缺点是计算负荷增加(上游长度大约是进口平均位移厚度的 50 倍),很多情况下(如上游区域内湍流尚未充分发展等)不一定能保证获得的边界条件正确。

(2)事先预测边界湍动状态(湍动强度、湍动长度尺度等),利用湍流的概率理论,设定满足此湍动状态的能谱,将其进行傅里叶变换,最终人工生成随时间变化的风速边界条件。

3.4.5 流出边界条件

所谓流出边界条件,主要指流体流出计算域时状态的设定。对于建筑内部环境 CFD 模拟来说,流出边界条件主要指回风或排风条件的设定,其设定原则在本节介绍;对于建筑周边微尺度环境 CFD 模拟来说,流出边界条件主要指风在下游流出计算域处的设定,其设定原则见5.5.1节的专门介绍。流出边界条件一般是与流入边界条件联合使用的。

1. RANS 模型

RANS 模型一般采用流出边界面法线上速度梯度或压力梯度为 0 或压力的 2 阶微分为 0 的方法,即第二类边界条件。要注意设定压力边界条件时,需要补充流出边界面切线方向的速度条件。总体上,与速度边界条件相比,压力边界条件计算不稳定,使用相对较少。

2. LES 模型

对 LES 模型来说,预测流出位置的非稳态湍动速度分布极为困难。传统采用梯度为 0 的设定方法。对于单一主流方向的流动(管道流、混合层流动、射流、尾流等),下游的湍流结构受移流项的强烈影响(所谓冻结湍流现象),故近年更多采用如下的对流边界条件,效果更好。

$$\frac{\partial \bar{u}_i}{\partial t} + U_c \frac{\partial \bar{u}_i}{\partial x_{n,\text{out}}} = 0 \tag{3.79}$$

式中,U_c一般采用流入断面平均速度。

3.4.6　自由边界条件

所谓自由边界条件,主要指流体在对称界面或虚拟边界处状态的设定。

当计算域足够大时,自由边界条件一般按边界面法线方向速度设为 0,切线方向速度梯度设为 0 的方法,计算相对稳定;当计算域非足够大时,一般采用 3 个方向的速度分量梯度均设为 0(即所谓自由流入流出条件)的设定方法。

对于建筑周边微尺度环境 CFD 模拟来说,诸如侧边界及上边界这样的自由边界条件设定同样非常重要。具体原则见 5.5.1 节介绍。

3.4.7　初始条件

所谓初始条件,主要指初始时刻流场状态的设定。

1. RANS 模型

对于稳态计算问题,初始条件的意义不大;

对于非稳态计算问题,初始条件值必须认真选取。一般根据现场的实际情况或经验值设定,不能凭空想象。

2. LES 模型

LES 一般要在网格点上针对平均初始物理量发送随机数(外扰),生成人工脉动场的空间随机分布,同时要求初始速度场满足连续性方程。其中随机数的大小要适当,特别是存在层流到湍流转换情况时要特别注意。实际计算中,由于 SGS 应力耗散大,采用 Smagorinsky 模式时经常出现随机数偏小导致计算结果层流化、无法出现湍流的情况,另外易出现计算不稳定。

3.4.8　小　结

在 CFD 模拟实践中,很多情况下对边界条件进行合理设定是很困难的。现实中的边界情况往往很复杂,不光是要忠实地还原边界形状,把握边界附近流动、热质传递的规律,还要在边界上进行合理的流入、流出等的设定,要能够和流体基础控制方程完全匹配。对于非稳态 CFD 模拟来说,流入时还要同时考虑到瞬间的复杂脉动状态,流出要自然,不能出现异常的回流现象等。事实上同时达到上述要求是十分困难的,目前还没有完美的边界条件设定方法。

至于对初始条件的设定,事实上目前并没有什么特别的原则规定,很大程度要依赖于使用者的感觉和经验。如果所给出的初始值恰好接近计算解且能满足连续性方程是最理想的,但一般都比较困难。实际上即使是非稳态计算中初始条件不完全满足连续性方程,只要正确利用 MAC 法系列,经过数个时间步长的计算后误差就会缩小到允许的范围内。但同时需要指出的是,如果给出的初始条件太过异常(比方说流入流出采用了非物理性的数值,造成流体的质量和动量控制方程无法平衡),在到达稳态或充分发展流动前容易发生迭代发散。即使不发生迭代发散,达到理想解所需时间也会变长,对计算效率不利。

3.5　代数方程组求解方法

3.5.1　概述

本节重点介绍对控制方程进行离散后得到的大型代数方程组的数值求解方法,这是 CFD 模拟中最后一个重要的环节,直接关系到 CFD 计算的准确度和运算速度。

CFD 涉及的代数方程组规模和网格划分有密切关系,同时有着鲜明的结构特点。为说明简便起见,以二维正交网格为例,设每个维度上的网格总数均为 N,结合 3.1.2 节中有限体积法的原理,可以推断出,离散后将得到一个系数矩阵大小为 $N^2 \times N^2$ 的代数方程组,以此类推,三维问题离散后将得到一个系数矩阵大小为 $N^3 \times N^3$ 的代数方程组。这意味着如果 $N=100$ 的话,计算机就将求解一个由 10^6 个代数方程组成的方程组!这从一个方面论证了 CFD 模拟对计算资源要求较高,同时又比较耗时的原因。

再观察图 3.28 左侧,进行二维离散处理后,和内部节点 i 计算相关只有 $i-1$、$i+1$、$i+N$ 和 $i-N$ 共 4 个节点。这意味着代数方程组的系数矩阵中除主对角线及其左右相邻几个位置的元素不为零外,其余都是零元素。图 3.28 右侧给出了据此组成的系数矩阵形式,由于仅在 5 条平行于对角线的位置不为零,又被称为五对角矩阵。同理,对于一维离散后得到的应该是三对角矩阵,而三维离散后得到的应该是七对角矩阵。以上是以结构化网格举例的情况。对于非结构化网格来说,情况比较复杂,不能简单地确定是 n 对角矩阵。但为了网格编号和后续计算方便,一般也需要通过特定的算法尽可能将非零元素集中到对角线附近。因此实际上无论是结构化网格还是非结构化网格,最终得到的矩阵都属于所谓的大型带状稀疏矩阵。

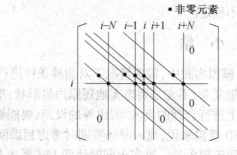

图 3.28　二维正交网格和生成的代数方程组系数矩阵构造

如图 3.29 所示,代数方程组的求解方法分为以下两大类:

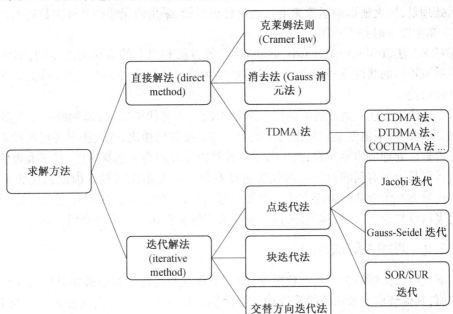

图 3.29　代数方程组主要求解方法

(1)直接解法。通过有限步的数值计算获得代数方程组精确解(不考虑舍入误差)的方法。又包括:

①Cramer 法则。这是最基本的数学算法。即用行列式求解线性方程组为 $AX = B \Rightarrow$ $x_i = \dfrac{\det A_i}{\det A}$。但由于其计算次数近似正比于 $(N+1)!$,无法应用于 CFD 计算。

②Gauss 消元法。这是最常用的线性方程组数值解法之一。先将系数矩阵进行逐次消元得到上三角矩阵,然后通过回代逐次求解各未知量。以下为 Gauss 消元法的计算通式:

$$x_i = \left(b_i^{(i)} - \sum_{j=i+1}^{n} a_{ij}^{(i)} x_j \right) \Big/ a_{ii}^{(i)} \quad (i = n-1, n-2, \cdots, 1)$$

式中

$$\begin{cases} a_{ij}^{(k+1)} = a_{ij}^{(k)} \\ b_i^{(k+1)} = b_i^{(k)} \end{cases} \quad (i \leqslant k, j \leqslant n)$$

$$\begin{cases} a_{ij}^{(k+1)} = a_{ij}^{(k)} - \dfrac{a_{ik}^{(k)}}{a_{kk}^{(k)}} \times a_{kj}^{(k)} \\ b_i^{(k+1)} = b_i^{(k)} - \dfrac{a_{ik}^{(k+1)}}{a_{kk}^{(k)}} \times b_k^{(k)} \end{cases} \quad (i, j = k+1, k+2, \cdots, n) \tag{3.80}$$

$$a_{ii}^{(i)} \neq 0 \quad (i = 1, 2, \cdots, n)$$

这种方法有几个关键问题:消元过程中的舍入误差会逐步累积;对角线元素不能为零,因此实践中需要通过选定行主元或列主元等方法加以克服;更关键的是,对于大型带状稀疏系数矩阵来说,消元的过程实际上将原有矩阵中零元素变成了非零元素,大大增加了数据处理量,极大地影响运算速度。理论分析可知,采用消元法的计算次数近似正比于 N^3,当未知量较多时并不适用。

③TDMA 法(tridiagonal matrix method)。该方法和以上的直接解法不同,非常适合于稀疏系数矩阵的线性方程组求解。目前经常和迭代法结合在一起使用,后文 3.5.2 节中会具体讨论。

(2)迭代法。这一类方法的共同思路是构造一个迭代格式,进而形成一个收敛的迭代序列,序列的极限值就是方程组的近似解。与直接解法相比,迭代法不会把系数矩阵中的零元素重新处理成非零元素,大大节约了计算内存并提高了运算速度,对于大规模代数方程组运算是极为有利的;另外,迭代法也没有舍入误差累积问题。因此迭代法是 CFD 模拟中代数方程组求解的主流方法。但要注意的是,迭代法在使用时存在收敛性判断以及如何提高收敛速度问题,其具体方法、应用特点等将在 3.5.3 节中介绍。

3.5.2　TDMA 解法

以下式所示典型的三对角系数矩阵,即每个节点的代数方程中最多只包含 3 个节点的未知值,其他节点上未知值的系数均为零的矩阵形式方程组为例进行介绍。与 Gauss 消元法类似,TDMA 法也包括消元和回代两大步骤。

$$a_i\phi_i = b_i\phi_{i+1} + c_i\phi_{i-1} + d_i \Rightarrow$$

$$\begin{pmatrix} a_1 & -b_1 & & & & \\ -c_2 & a_2 & -b_2 & & 0 & \\ \ddots & \ddots & \ddots & & & \\ & \ddots & \ddots & \ddots & & \\ 0 & & -c_{N-1} & a_{N-1} & -b_{N-1} \\ & & & -c_N & a_N \end{pmatrix} \begin{bmatrix} \phi_1 \\ \phi_2 \\ \vdots \\ \vdots \\ \phi_{N-1} \\ \phi_N \end{bmatrix} = \begin{bmatrix} d_1 \\ d_2 \\ \vdots \\ \vdots \\ d_{N-1} \\ d_N \end{bmatrix} \tag{3.81}$$

具体计算步骤如下:

(1)$i = 1$ 时,$a_1\phi_1 = b_1\phi_2 + d_1 \Rightarrow \phi_1 = \dfrac{b_1}{a_1}\phi_2 + \dfrac{d_1}{a_1}$,令等号右端第一项系数为 P_1,第二项常数为 Q_1。

(2)$i = 2$ 时,$a_2\phi_2 = b_2\phi_3 + c_2\phi_1 + d_2 \Rightarrow \phi_2 = \dfrac{b_2}{a_2 - c_2P_1}\phi_3 + \dfrac{d_2 + c_2Q_1}{a_2 - c_2P_1}$,同样令等号右端第一项系数为 P_2,第二项常数为 Q_2。

(3)以此类推,进展到第 $i - 1$ 行时,$\phi_{i-1} = P_{i-1}\phi_i + Q_{i-1}$。

(4)将上式代入第 i 行:$a_i\phi_i = b_i\phi_{i+1} + c_i(P_{i-1}\phi_i + Q_{i-1}) + d_i$,进行整理后可得 TDMA 法的一般计算表达式为

$$\phi_i = P_i\phi_{i+1} + Q_i \quad \left(P_i \equiv \frac{b_i}{a_i - c_iP_{i-1}}, \quad Q_i \equiv \frac{d_i + c_iQ_{i-1}}{a_i - c_iP_{i-1}}\right) \tag{3.82}$$

(5)进行到第 $N - 1$ 行和第 N 行:$\begin{cases} \phi_{N-1} = P_{N-1}\phi_N + Q_{N-1} \\ a_N\phi_N = c_N\phi_{N-1} + d_N \end{cases}$,即可求出 ϕ_N:

$$\phi_N = \frac{c_N Q_{N-1} + d_N}{a_N - c_N P_{N-1}} \tag{3.83}$$

（6）利用回代可顺次求出所有 ϕ_i 值。

可以看出,该方法总体计算过程很简单,有效利用了原有稀疏系数矩阵零元素多的特点,因此远比其他各种消去法计算效率高。

3.5.3 迭代法

1. 主要迭代方法

（1）Jacobi 迭代。该方法的特点是任一点数值的迭代更新是利用上一次迭代得到的各点值,迭代格式如下:

$$\phi_k^{(n)} = \Big(\sum_{i=1}^{k-1} a_{ki}\phi_i^{(n-1)} + \sum_{i=k+1}^{N} a_{ki}\phi_i^{(n-1)} + b_k \Big) / a_{kk} \quad (k=1,2,\cdots,N) \tag{3.84}$$

式中右上标数字为迭代次数。该方法在某些非线性显著的场合有利于收敛,但迭代收敛速度很慢,在实际 CFD 模拟中较少使用。

（2）Gauss - Seidel 迭代。该方法和 Jacobi 迭代大致相同,特点是每一步迭代取其他各点的最新值,迭代格式如下所示。如此处理的结果是节省了存储空间,同时运算速度可提高1/3左右。但即使如此,对于 CFD 这种大规模线性方程组计算依然显得很慢,实际应用很少。

$$\phi_k^{(n)} = \Big(\sum_{i=1}^{k-1} a_{ki}\phi_i^{(n)} + \sum_{i=k+1}^{N} a_{ki}\phi_i^{(n-1)} + b_k \Big) / a_{kk} \quad (k=1,2,\cdots,N) \tag{3.85}$$

（3）SOR/SUR（逐次超松弛/亚松弛迭代）法。该方法表达式如下:

$$\phi_k^{(n)} = \phi_k^{(n-1)} + [\phi_k^{(n)} - \phi_k^{(n-1)}] \Rightarrow \phi_k^{(n)} = \phi_k^{(n-1)} + \alpha[\tilde{\phi}_k^{(n)} - \phi_k^{(n-1)}] \quad (0 \leqslant \alpha \leqslant 2) \tag{3.86}$$

式中, $\tilde{\phi}_k^{(n)}$ 表示第 n 轮迭代中用 Jacobi 迭代或 Gauss - Seidel 迭代的计算值; α 为松弛因子。当 $\alpha = 1$ 时,最终的 $\phi_k^{(n)}$ 其实就是 Jacobi 迭代或 Gauss - Seidel 迭代法的结果;当 $\alpha > 1$ 时,该值起到加速收敛的作用,此种情况即为逐次超松弛迭代;当 $\alpha < 1$ 时,该值起到降低未知量的变化率,避免发散的作用,此种情况即为逐次亚松弛迭代,一般在求解矩阵不易收敛时使用。

实践表明,松弛因子选择适当的话,收敛速度会比常规的 Gauss - Seidel 迭代快很多。使迭代过程收敛速度最快的松弛因子称为最佳松弛因子。对于简单的网格系统,可以从理论上推出最佳松弛因子的大小,但对于相对复杂的网格系统(如适体网格、非结构化网格),该值大小就没有确定的规律。但一般来说网格节点数越多,最佳松弛因子也越大。另外,在寻找最佳松弛因子时,当所用松弛因子小于最佳松弛因子时,收敛过程单调且随收敛因子的增加而收敛速度加快;当所用松弛因子大于最佳松弛因子时,收敛过程是振荡性进行的。利用上述特性有助于寻找到最佳松弛因子。

上述几种迭代法属于点迭代法。每一步迭代运算只能针对计算域内的一个节点,且该值利用其他各节点的已知值求出,又称显式迭代法。实际的 CFD 模拟中为进一步提高计算效率,更多地采用所谓隐式迭代法的方式,就是以行或列为单位,同一行或同一列上的各元素值按照直接解法(如 TDMA 解法)求解获得,而逐行或逐列推进则采用迭代的方法。这样做的结果是大大减少了迭代次数和发生发散的可能性,当然同时直接解法所带来的代数运算也增加了。但总体上这么做确实可以缩短运算时间。隐式迭代法的代表是交替方向隐式迭代法(the alternating direction implicit method,ADI 法)。

(4)ADI 法。这种方法的特点是交替方向扫描,即先逐行(或逐列)进行一次扫描,再逐列(或逐行)进行二次扫描,两次扫描完成才算一轮迭代结束。以 Jacobi 迭代说明:

$$a_P\phi_P^{(\tilde{n})} = a_E\phi_E^{(\tilde{n})} + a_W\phi_W^{(\tilde{n})} + (a_N\phi_N^{(n)} + a_S\phi_S^{(n)} + b) \tag{3.87}$$

$$a_P\phi_P^{(n+1)} = a_N\phi_N^{(n+1)} + a_S\phi_S^{(n+1)} + (a_E\phi_E^{(\tilde{n})} + a_W\phi_W^{(\tilde{n})} + b) \tag{3.88}$$

式中,上标 $\tilde{n}$ 为第 $n+1$ 次迭代的中间值。很明显,这是先进行列的扫描,然后再进行行的扫描。在进行列扫描的时候,由于 $\phi_N^{(n)}$ 和 $\phi_S^{(n)}$ 均为第 n 次迭代的已知值,每个节点的计算值就只和上下两个节点相关,正好可以应用 TDMA 解法求解。

2. 迭代收敛性和判断条件

当利用迭代法求解线性方程组时,由于不可能获得精确解,必须根据设定的收敛条件,当变量计算值满足收敛精度时认为计算收敛,从而终止该步计算(或对变量的计算值进行逐次的监测和可视化显示,计算者根据经验判断计算值的变化情况,从而决定是否收敛)。迭代收敛的判定依据有多种,一般是根据连续两次迭代过程中各物理量的相对偏差是否小于允许值来进行判定。如下式:

$$\text{STED} = \frac{\sum_1^N |\phi^{n+1} - \phi^n|}{(\phi_{max} - \phi_{min}) \times N} \tag{3.89}$$

式中,N 为未知量总数;ϕ_{max}、ϕ_{min} 分别为各物理量计算值中的最大值和最小值。

对于 Jacobi 迭代和 Gauss - Sedal 迭代法来说,收敛的主要充分条件是系数矩阵严格对角占优或不可约且弱对角占优。对于 SOR 迭代法来说,在上述充分条件的基础上再加上 $0 < \alpha < 2$。当发现计算不收敛时,剔除湍流计算模型和边界条件等设定方面的问题之外,可通过检查网格质量是否不好(如网格长宽比过大)、迭代松弛因子设定是否过大等问题来发现不收敛的原因。

在满足迭代收敛的同时,还希望达到精度要求的迭代速度越快越好。影响收敛速度的因素主要包括:① 边界条件(第一类边界条件有利于收敛);② 网格密度和疏密变化梯度(密网格收敛速度慢)。

3.5.4 小 结

商用 CFD 软件一般均具有根据预先设定好的收敛精度自动判断收敛程度、中止计算的功能。使用者也可通过监控不同迭代次数时某些关键位置的计算中间值或根据可视化显示来辅助进行判断。一定要注意仅仅根据有限的计算次数来轻易判断收敛趋势是非常危险的(如图 3.30 所示室外风场的算例,可以看出在计算条件一致的前提下,迭代步数不同,计算结果相互之间的差异很大)。另外,使用者一定不能为了尽快收敛而随意放宽收敛精度要求,这会对计算结果的正确性带来极大的负面影响。一般来说,10^{-3}左右的收敛精度是不够的,最好设置到 10^{-6} 以下。事实上,为尽可能让使用者能够得到计算结果,多数商用 CFD 软件默认的收敛判断条件都不很严格,使用者在正式计算时最好有意识地提高收敛精度的设定。

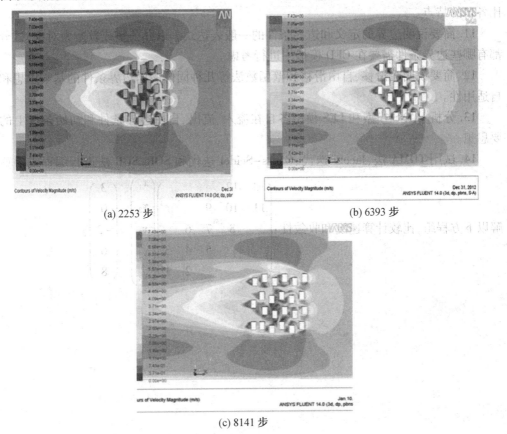

(a) 2253 步　　　　　　　　　　　　　　　　　(b) 6393 步

(c) 8141 步

图 3.30　不同迭代次数下风场分布

复习思考题

1. 简要说明离散处理的概念与意义,主要的 3 种离散方法的原理。

2. 试用有限体积法进行一维、二维简单流动的离散。

3. 简要说明离散误差、舍入误差、离散格式的截断误差等概念。说明为什么中心差分格式易发生数值振荡?

4. 分析为什么不宜采用一次精度迎风差分进行正式 CFD 运算? 比较混合差分、二次精度迎风差分、三次精度迎风差分及 QUICK 差分格式的特点以及相对于一次精度迎风差分的改进之处。

5. 简要说明时间微分项的不同离散方法及各自特点。

6. 简要说明网格的概念与意义。简要说明网格的两种主要形式及各自特点。

7. 简要说明如何提高 CFD 模拟的网格质量。

8. 简要说明物理变量在网格上的配置方法主要有哪几种,各自的特点是什么?

9. 简要说明适体坐标法的基本原理。

10. 简要说明压力变量法的基本原理,说明 MAC 法系列和 SIMPLE 法的基本步骤,对比各自的特点。

11. 简要说明边界的定义和边界条件的一般表达式。以办公室或教室为对象,试分析都有哪些边界条件需要在 CFD 模拟中进行考虑。

12. 简要说明无滑移、自由滑移和壁函数法等几种固体表面边界条件的基本思想和各自适用性。

13. 分析 RANS 模型和 LES 模型各自在流入、流出、自由边界条件和初始条件上的主要思想。

14. 试用 TDMA 法、Jacobi 迭代、Gauss−Seidel 迭代和 SOR/SUR 法进行编程或手算求

解以下方程组,比较计算速度和收敛性:
$$\begin{pmatrix} 13 & 12 & & & \\ 11 & 10 & 9 & & \\ & 8 & 7 & 6 & \\ & & 5 & 4 & 3 \\ & & & 2 & 1 \end{pmatrix} \begin{pmatrix} x_1 \\ x_2 \\ x_3 \\ x_4 \\ x_5 \end{pmatrix} = \begin{pmatrix} 3 \\ 0 \\ -2 \\ 6 \\ 8 \end{pmatrix} 。$$

第4章　建筑环境 CFD 软件模拟

4.1　CFD 模拟软件简介

4.1.1　概述

在 CFD 技术被引入建筑环境领域的最初阶段,模拟工作主要由科研机关的科研人员根据自身需要自主编写源程序进行计算。其优点是:内容完全可控,可根据具体计算对象或研究兴趣进行不断拓展;不需要缴纳昂贵的软件使用费和维护费;另外,部分开源的程序对于普及 CFD 建模理论和技巧、促进科研成果共享也有很大裨益,如下文所述 Open-FOAM。但同时需要指出的是,由于程序编写者绝大多数是专业技术人员而非计算机专业出身,缺乏必要的程序编写训练,程序的可读性、可移植性都普遍较差、运行效率不高;另外,程序的操作界面普遍不够友好,也缺乏足够有效的验证。

自从最早的 CFD 商用软件 PHOENICS 于 1981 年问世以来,发展非常迅猛,目前已取代自主编程而成为 CFD 应用的主流。CFD 商用软件的优点非常突出:①功能比较全面,适用性强,可以解决各种工程问题;②具有易于用户操作的前后处理系统,很多烦琐的工作(如网格划分)可以快速完成。具有和多种主流 CAD 或数据处理软件的接口能力,便于用户方便地进行建模和数据统计分析;③允许用户利用自定义系统实现互动式操作,灵活性强;④软件的系统维护更为专业,可与多种计算机、操作系统实现兼容,可实现更为复杂的串行或并行运算等。事实上,正因为商用软件的功能越来越全面、容错技术越来越完备,用户甚至已经不需要具备计算流体力学有关的理论基础,就可以进行 CFD 模拟工作(当然不推荐这么做,理由见本章小结)。

除 PHOENICS 外,到目前为止世界上陆续有几十种 CFD 软件面世,其中比较知名的如 CFX、STAR-CCM+、FLUENT、CRADLE 等多个知名软件。下面分别予以简单的介绍。有关的详细信息及算例可参考后文中提供的网址。

1. OpenFOAM 开源软件

OpenFOAM(Open Source Field Operation and Manipulation)[79] 是 1989 年由英国帝国理工大学的学生最早研发出来、采用 C++语言编写的面向对象的开源代码程序库(可处理计算流体力学、固体力学等多方面的问题)。OpenFOAM 的核心是由一系列的高效 C++模块数据包组成,使用者可以利用这些数据包构造出一系列有效的求解器、辅助工具和库文件,用以模拟特定的工程实际问题并进行相关的前后处理,包括数据处理、图形显示、网格处理、物理模型和求解器接口等。OpenFOAM 集成了很多预编译的标准求解器、辅助工具及模型库,可以对一系列复杂问题进行数值模拟,如模拟复杂流体流动、化学反应、湍流流动、换热分析、多相流、燃烧等现象,还可以进行结构动力学分析、应力分析、电磁场分析以及金融评估等。OpenFOAM 主要采用有限体积法描述并离散求解偏微分方程。软件支持任意三维多面体网格,因此可以处理复杂的几何结构,并且支持区域分解并行计算等。

OpenFOAM 的开源性不仅仅在于其程序代码对外公开,而且其软件程序结构和软件架构设计也是开源的,用户可以根据需要扩展其本身所具有的功能和处理能力,以便最大限度地拓展该程序。OpenFOAM 所具有的开放性、完全面向对象开发及完备的分层框架构建等特点,使用户只需花费较少的时间便可研发自己的数值实验模型和求解器。因此OpenFOAM 是进行 CFD 技术研究及新数值计算方法开发的优良平台,近年来得到国内外科研工作者,尤其在学术界内越来越广泛的应用。研究者一般采用 OpenFOAM 为基础研发适合自己特殊需求的 CFD 应用程序及辅助工具。尤其是该软件在 LES 方面具有独特的优势,成为利用 LES 进行湍流内部构造和机理研究的推荐工具。

2. STAR-CCM+商用软件

STAR-CCM+是英国 CD-adapco 公司于 1987 年推出的 STAR-CD 软件的升级版。在已有技术的基础上进行了进一步的拓展。其主要特色包括:

(1)面向对象的图形用户界面非常友好,其“包面”功能可以针对复杂表面的物体,自动形成可生成体网格的完全封闭面。

(2)具有非常强大的网格生成功能。最有特色的就是多面体网格技术,兼具了六面体网格的精确度和四面体网格的易生成性,比四面体网格收敛性更好且网格依赖性更小,大大降低用户的硬件资源要求和计算时间。

(3)与其他商用 CFD 软件不同的是,STAR-CCM+是一体化集成的软件。其操作是流程化且集成在一个界面中,如其 3D-CAD 模块实现了 STAR-CCM+从参数化 CAD 建模到表面准备、体网格生成,再到计算求解和后处理的一体化工作流程。使用户可方便地修改几何模型尺寸。

具备大规模并行计算能力,在前后处理方面也可实现多 CPU 并行处理。

3. PHOENICS 商用软件

如前文所述,PHOENICS(Parabolic Hyperbolic or Elliptic Numerical Intergration Code Series)是世界上最早的 CFD 商用软件,由英国帝国理工大学研发,目前主要由 CHAM 公司维护开发。PHOENICS 具有如下特点:

(1)开放性较好,利用 In-Form 的用户接口功能可完成用户数学表达式的输入、IF 判断等功能,非常方便用户控制边界条件、初始条件以及材料物性等参数的输入。

(2)Shapemaker 的三维造型功能。

(3)PARSOL(cut cell)的网格处理技术,对于各种 CAD 版本的图形导入,网格能快速自动生成。这可以看作是 PHOENICS 软件最大的优势之一。

(4)后处理功能强大,图形显示美观。

(5)松弛因子等可自动设置,从而实现自动收敛。

(6)对所有模型均使用动态内存分配,在相同计算量的前提下,PHOENICS 的计算速度是比较快的。

另外,CHAM 公司还推出了 PHOENICS-FLAIR 这一针对建筑及暖通空调专业设计的CFD 专用模块,可实现室内外风热环境及舒适度、空调设计、热岛效应、污染物浓度扩散预测以及地铁火灾等的仿真。

4. FLUENT 商用软件

FLUENT 是美国 FLUENT 公司于 1983 年推出的商用 CFD 软件,是继 PHOENICS 软件后第二个基于有限体积法的 CFD 软件。FLUENT 软件在 CFD 模拟领域享有盛誉,被认为是功能最全面、适用性最广的 CFD 软件之一,在 CFD 应用市场上拥有很大的占有率。2006 年,FLUENT 公司被 ANSYS 收购。

FLUENT 软件最大的特点就是功能强大,它可以对各种丰富复杂的实物现象进行模拟,同时拥有先进的数值计算方法,其仿真计算的鲁棒性及结果的准确性得到公认。这主要是源于其强大的求解器。FLUENT 软件的求解器在所有同类商品中被认为是最多和最全面的,可以提供多种流体计算解决办法,囊括了绝大多数流行的湍流计算模型、大量的燃烧模型、多相流模型、辐射模型等几乎所有的常用物理模型。为适应多 CPU 的硬件环境,FLUENT 软件的自动分区并行技术可以保证各个 CPU 的负载平衡。FLUENT 也拥有灵活的网格处理系统,可以使用适体坐标系及各种非结构化网格解决复杂形状的流动。被 ANSYS 收购前的 FLUENT 前处理软件为 GAMBIT,收购后为 ICEM-CFD 所取代。后者从界面的操作性以及系统兼容性上都更为优越,网格生成能力(尤其是动网格生成)也更强,但学习起来更为复杂一些。其具体操作讲解见 4.3 节。

另外,FLUENT 还拥有 AirPak 这一面向暖通专业工程师、设计师的人工环境系统分析软件包。它可以比较快速地模拟所研究对象内的空气流动、传热和污染等物理现象,并依照 ISO 7730 标准提供舒适度、PMV、PPD 等衡量室内空气质量(IAQ)的技术指标,非常简便易用。

5. CFX 商用软件

CFX 软件是由英国 AEA Technology 公司于 1991 年推出的商用 CFD 软件。2003 年被 ANSYS 公司收购。相比于其他商用软件,CFX 具有一些独特之处,如:

(1)CFX 采用的是基于有限元的有限体积法。在保持了有限体积法物理守恒特性的基础上,吸收了有限元法的数值精确性,也就更加适用于流固耦合的计算。但由此 CFX 对内存的占用要比其他商用 CFD 软件多。

(2)CFX 第一个发展了全隐式多网格耦合技术,避免了传统压力修正算法的反复迭代过程,使得其计算速度和稳定性都比较理想。

(3)CFX 的前处理模块也是 ICEM CFD,后处理模块为 CFX-post。操作界面友好易学。

(4)在流体机械模拟方面尤其具有优势,但在湍流计算模型、离散格式等的选择上不如 FLUENT 等其他商用 CFD 软件丰富。

4.1.2　CFD 模拟软件计算效果的比较

如前文所述,可进行建筑环境 CFD 模拟的商用软件很多。这些软件各有特色,即使是相同的计算对象和计算条件,最终的计算结果可能也会存在差异。以权威性实测数据为基准,对各种商用 CFD 软件在模拟过程中的特性进行甄别,总结出各自应用中的注意事项是非常有意义的工作。本书中简单介绍好村等人的工作[80],以供学习和研究时参考。

该研究以二维房间等温流场作为研究对象,该房间已利用 LDV 技术进行了详细的测试。工况 A 采用上送上回的通风方式。条缝型送风口和回风口分别位于左上角和右上角紧贴顶棚处,高度均为 $L_0 = 0.02$ m,送风速度为 3 m/s,湍动度经测量为 1.2%。由图 4.1 可知,此工况的流场就是一个顺时针方向的大循环流动。在工况 B 中还分别在 $X=0.45$ m 和 $X=1.05$ m 设置了障碍物,流场更为复杂。

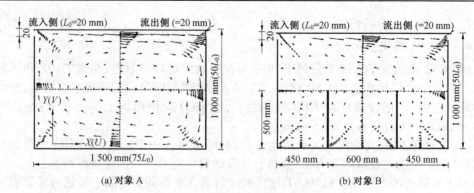

(a) 对象 A　　　　　　　　　　　(b) 对象 B

图 4.1　研究对象及测试结果

表 4.1 和表 4.2 分别给出了计算算例和计算条件。研究中采用了 FLUENT、CFX、Stream 和 Star-CD 这 4 种商用 CFD 软件(用代号 A、B、C、D 表示,但没有给出对应关系),4 种结构化网格体系(网格 A～D)和 1 种非结构化网格体系(网格 E)。网格 A、B 体系中距壁面最近处网格壁坐标 y^+ 约为 30,相对较为粗疏;网格 C 体系中距壁面最近处网格壁坐标 y^+ 约为 1,相对较为适中;网格 D 体系的网格数最多,最为细密。收敛判定一律按照 10^{-7} 考虑。计算方法均采用 SIMPLE 法。

表 4.1　具体计算算例

算例	CFD 商用软件	工况	网格	湍流计算模型
A-A-A-1			网格 A	标准 $k\text{-}\varepsilon$ 模型
A-A-B-1			网格 B	
A-A-C-1			网格 C	
A-A-D-1				标准 $k\text{-}\varepsilon$ 模型
A-A-D-2		工况 A		低 Re 数 $k\text{-}\varepsilon$ 模型
A-A-D-3			网格 D	RNG $k\text{-}\varepsilon$ 模型
A-A-D-4	软件 A			标准 $k\text{-}\omega$ 模型
A-A-D-5				SST $k\text{-}\omega$ 模型
A-A-E-1			网格 E	标准 $k\text{-}\varepsilon$ 模型
A-B-D-1				标准 $k\text{-}\varepsilon$ 模型
A-B-D-2				低 Re 数 $k\text{-}\varepsilon$ 模型
A-B-D-3		工况 B	网格 D	RNG $k\text{-}\varepsilon$ 模型
A-B-D-4				标准 $k\text{-}\omega$ 模型
A-B-D-5				SST $k\text{-}\omega$ 模型
B-A-D-1		工况 A		标准 $k\text{-}\varepsilon$ 模型
B-A-D-2	软件 B		网格 D	SST $k\text{-}\omega$ 模型
B-B-D-1		工况 B		标准 $k\text{-}\varepsilon$ 模型
B-B-D-2				SST $k\text{-}\omega$ 模型
C-A-D-1		工况 A		标准 $k\text{-}\varepsilon$ 模型
C-A-D-2	软件 C		网格 D	低 Re 数 $k\text{-}\varepsilon$ 模型
C-B-D-1		工况 B		标准 $k\text{-}\varepsilon$ 模型
C-B-D-2				低 Re 数 $k\text{-}\varepsilon$ 模型
D-A-D-1	软件 D	工况 A	网格 D	标准 $k\text{-}\varepsilon$ 模型
D-A-D-2				低 Re 数 $k\text{-}\varepsilon$ 模型

表 4.2　计算条件

网格设置	网格 A:94(X)×64(Y)= 6 016,最小网格尺寸 4 mm;非等间距网格 B:150(X)× 100(Y)= 15 000,网格尺寸 10 mm;等间距网格 C:348(X)×284(Y)= 98 832,最小 网格尺寸 0.1 mm;非等间距网格 D:614(X)×474(Y)= 291 036,最小网格尺寸 0.1 mm;网格 E:212 372
差分格式	所有输送方程的移流项均采用 QUICK
算法	SIMPLE
流入边界	$U_{in}=3$ m/s $k_{in}=3/2(0.012U_{in})^2$ $\varepsilon_{in}=C_\mu \cdot k_{in}^{3/2}/l_{in}$, $l_{in}=1/7 \cdot L_0$ 送风湍动度与实验数据一致
流出边界	所有变量梯度为零
壁面条件	固体表面 no-slip 条件
其他	均采用商用 CFD 软件的默认值

图 4.2 给出了不同网格体系下,工况 A 中心处铅垂线($X=0.75$ m)位置的时均水平风速$\langle u_1 \rangle$、雷诺应力的正应力项$\langle u_1'^2 \rangle$和切应力项$\langle u_1'u_2' \rangle$,水平线($Y=0.5$ m)位置的时均垂直风速$\langle u_2 \rangle$、$\langle u_1'^2 \rangle$和$\langle u_1'u_2' \rangle$的模拟及实验结果对比。可以看出,对于时均流速

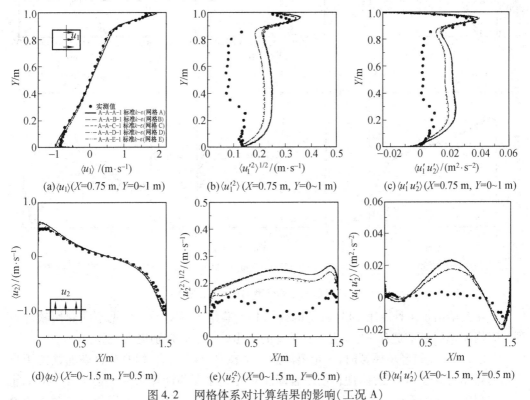

(a)$\langle u_1\rangle$($X=0.75$ m, $Y=0\sim1$ m)　　(b)$\langle u_1'^2\rangle$($X=0.75$ m, $Y=0\sim1$ m)　　(c)$\langle u_1'u_2'\rangle$($X=0.75$ m, $Y=0\sim1$ m)

(d)$\langle u_2\rangle$($X=0\sim1.5$ m, $Y=0.5$ m)　　(e)$\langle u_2'^2\rangle$($X=0\sim1.5$ m, $Y=0.5$ m)　　(f)$\langle u_1'u_2'\rangle$($X=0\sim1.5$ m, $Y=0.5$ m)

图 4.2　网格体系对计算结果的影响(工况 A)

来说,网格体系的影响很小,总体上模拟和实验结果十分吻合;另一方面,关于$\langle u_1'^2 \rangle$、$\langle u_2'^2 \rangle$和$\langle u_1'u_2' \rangle$,除壁面附近区域外,整个主流区域的计算结果都比实验结果大很多,说明无论采用何种网格体系,在预测湍动特性值时都比较困难。网格 E 的总网格数大致在网格 C 和 D 之间,但从结果看似乎与网格 A、B 更为接近,偏差更大。原则上,标准$k-\varepsilon$模型应该是和壁函数法相对应,采用 no–slip 的壁面条件并不合适。但从实际效果看影响也不大。

　　图 4.3 给出了采用不同湍流计算模型时的工况 A 模拟和实验结果对比。对于时均风速$\langle u_1 \rangle$、$\langle u_2 \rangle$来说,除 SST $k-\omega$ 模型在壁面附近的预测值偏大之外,其他模型都和实验较为吻合;另一方面,关于$\langle u_1'^2 \rangle$、$\langle u_2'^2 \rangle$和$\langle u_1'u_2' \rangle$,除壁面附近区域外,整个主流区域的计算结果都比实验结果大很多,说明 RANS 模型预测空间内部湍动特性值还不是很准确。相对好一些的是 SST $k-\omega$ 模型。工况 B(图 4.4)获得的结论与工况 A 类似。SST $k-\omega$ 模型都出现了在壁面附近时均风速偏差较大的问题。这可能与该模型在边界层内、外进行 $k-\omega$ 模型和 $k-\varepsilon$ 模型切换时存在问题有关。

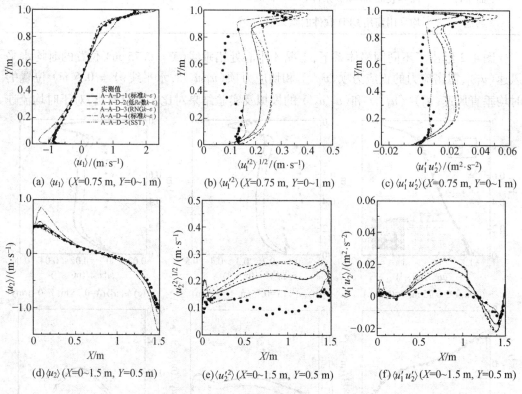

图 4.3　湍流计算模型的比较(工况 A)

　　图 4.5 给出了 4 种商用 CFD 软件的模拟和实验结果的对比。可见不同商用软件得到的时均流速结果还是有一定差别,工况 B 的商用软件之间差别更大一些。

　　总之,进行建筑环境模拟时,一定要注意一个现象:目前商用 CFD 软件普遍注意用户界面的操作友好性和便捷性,使得使用者即使对计算原理和计算条件不是非常了解也能在一定程度上获得看似"合理"(甚至于仅仅是图形漂亮)的结果。但即使是对简单的模

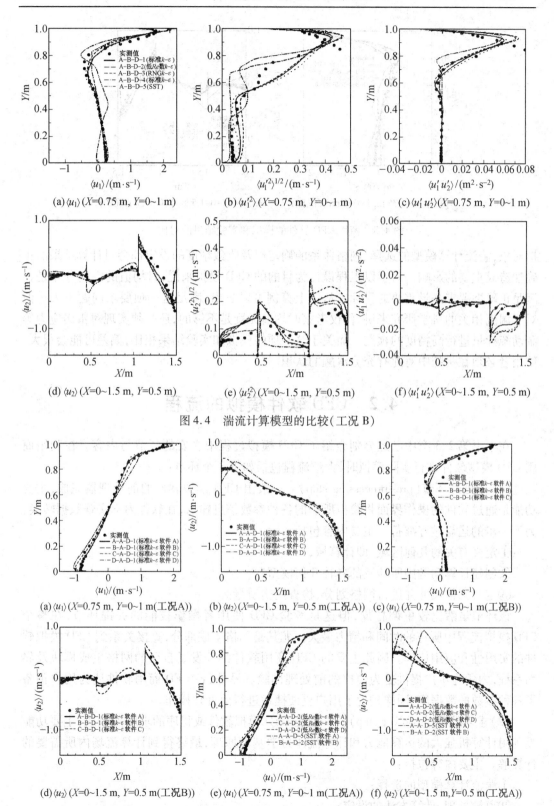

(a) $\langle u_1 \rangle$ (X=0.75 m, Y=0~1 m)　(b) $\langle u_1'^2 \rangle$ (X=0.75 m, Y=0~1 m)　(c) $\langle u_1' u_2' \rangle$ (X=0.75 m, Y=0~1 m)

(d) $\langle u_2 \rangle$ (X=0~1.5 m, Y=0.5 m)　(e) $\langle u_2'^2 \rangle$ (X=0~1.5 m, Y=0.5 m)　(f) $\langle u_1' u_2' \rangle$ (X=0~1.5 m, Y=0.5 m)

图 4.4　湍流计算模型的比较(工况 B)

(a) $\langle u_1 \rangle$ (X=0.75 m, Y=0~1 m(工况A))　(b) $\langle u_2 \rangle$ (X=0~1.5 m, Y=0.5 m(工况A))　(c) $\langle u_1 \rangle$ (X=0.75 m, Y=0~1 m(工况B))

(d) $\langle u_2 \rangle$ (X=0~1.5 m, Y=0.5 m(工况B))　(e) $\langle u_1 \rangle$ (X=0.75 m, Y=0~1 m(工况A))　(f) $\langle u_2 \rangle$ (X=0~1.5 m,Y=0.5 m(工况A))

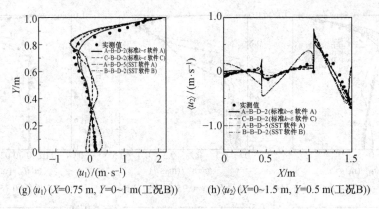

(g) $\langle u_1 \rangle$ (X=0.75 m, Y=0~1 m(工况B))　　(h) $\langle u_2 \rangle$ (X=0~1.5 m, Y=0.5 m(工况B))

图 4.5　商用 CFD 软件的模拟和实验结果的对比

拟对象,湍流计算模型的选择、网格体系的确定以及收敛精度的设定都会对计算结果的正确性造成重要的影响。对于以工程设计为目的的 CFD 模拟来说,时均值的空间分布是否满足正确性要求是最重要的目标。从以上算例可以看出,满足这一项要求问题不大。但对于湍流相关的科学研究来讲,仅仅考察时均值无疑是不够的,还必须实现对雷诺应力等湍动统计量进行高精度的预测。而关于这一项的模拟和实验结果相比,偏差可能会很大。使用者必须在头脑中对此有充分清醒的认识。

4.2　CFD 软件模拟的流程

在本书第 2、3 章中已经分别介绍了 CFD 模拟过程中主要的环节与内容。在利用商用 CFD 模拟软件进行实际模拟时,大致流程包括如下 3 个环节:

(1)前处理环节(pre-processing step)。一般由 CFD 模拟软件的前处理器完成,主要功能是通过软件的操作界面将模拟所需的各种参数信息输入,在软件内部实现数据转换,为下一步的运算做好准备。主要内容包括:

①定义有关的几何区域,即计算域;

②创建计算问题中所涉及的各种几何模型;

③定义网格尺寸并进行网格划分,检查网格质量。

该环节虽然比较单调枯燥,但这是考验 CFD 使用者操作技能的关键环节,在整个 CFD 模拟流程中所花的时间和精力最大。尤其是网格生成部分,直接关系到 CFD 模拟软件的实用性和应用口碑。因此主要的 CFD 商用软件都开发了自己的网格生成模块及界面系统,力争为用户提供更为便捷的前处理体验。另外,各 CFD 商用软件还为用户预备了各种参数的数据库,同样是为了用户更便捷地进行前处理操作。

(2)求解器环节(solver step)。一般由 CFD 模拟软件或程序的求解器完成,主要功能是利用计算机强大的运算能力和计算流体力学基本原理,最终得到计算流场内所需要的计算解。主要内容包括:

①湍流计算模型的选择;

②离散处理、计算方法的设定;

③边界条件和初始条件的设定；

④代数方程组迭代设定；

⑤代数方程组求解和结果保存。

该环节是 CFD 模拟的核心环节,直接关系到计算的稳定性以及仿真结果的正确性。

（3）后处理环节（post-processing step）。一般由 CFD 模拟软件或程序的后处理器完成,主要功能是以可视化方式形象地表现、存储、打印、输出计算结果,直观地反映出流场的流动特征。主要内容包括：

①提取计算结果数据进行各种统计分析；

②计算结果（气流场、温度场、污染物浓度场等）的可视化显示（矢量图、云图、轨迹图）；

③计算结果（气流场、温度场、污染物浓度场等）的动画处理。

后处理环节可帮助使用者有效观察、分析以及展示计算结果。实际上除了图形之外,商用 CFD 软件也都有根据需要进行数据存储和输出的功能,以便于用户对计算结果进行更为深入的分析整理。

4.3　建筑环境 CFD 模拟的操作讲解

在本节中作者将通过 3 个典型案例,以 ANSYS FLUENT 为商用 CFD 软件的代表,从简单到复杂,比较细致地讲解建筑环境 CFD 模拟的操作流程。需要指出的是,不同软件的界面处理方式和操作流程会有所区别,即使同一软件,伴随着版本的不断更新,其操作流程和方法也不可能一成不变。读者在这里要重点了解和体会商用 CFD 软件如何具体实现前文所述的 3 个重要环节的过程。

4.3.1　高大空腔自然对流算例

1. 问题描述

本节中对高大空腔中由于温度差引起的自然对流情况进行模拟。空腔模型如图 4.6 所示。空腔几何尺寸为：$2.18\ \text{m}(H) \times 0.076\ \text{m}(W) \times 0.52\ \text{m}(D)$,图中冷墙和热墙的温度分别保持为 15.1 ℃和 34.7 ℃。P. L. Betts 和 I. H. Bokhari 对于该算例的实验结果[81]表明,空腔中心面（图中虚线所构成的面）附近的气流组织近似二维流场,因此在计算求解时可以将该模型简化为二维流动问题进行模拟。

下面将通过 ANSYS ICEM CFD 进行几何模型的创建以及网格的划分,再将网格文件导入 ANSYS FLUENT 中,通过 ANSYS FLUENT 对该问题进行模拟求解,并将数值模拟结果与实验结果进行比较。

2. 前处理部分

本小节中将利用 ANSYS ICEM CFD 建立空腔的几何模型,定义边界区域,再对所建立的空腔模型进行网格尺寸的划分并生成网格。

图 4.6　空腔模型示意图

（1）创建几何模型。

①启动 ANSYS ICEM CFD 并设定工作目录。

首先在 D 盘根目录下创建名为 nat_conv 的文件夹，用来存放几何和网格文件。在开始菜单→所有程序→ANSYS 主文件包→Meshing 文件夹下打开 ICEM CFD 程序，如图 4.7 所示。在 ICEM 主界面菜单栏中依次点击 File→Change Working Dir，选择在 D 盘创建的 nat_conv 文件夹作为工作路径，如图 4.8 所示。

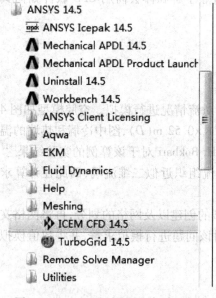

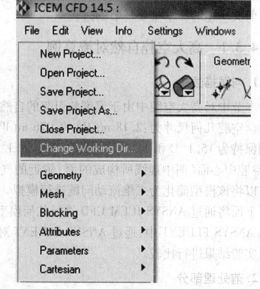

图 4.7　ANSYS ICEM CFD 启动示意图　　　　图 4.8　设置工作路径

Tips：ICEM 中通过不同的鼠标操作可以实现如下所示的诸多功能（表 4.3）。

表 4.3　鼠标的功能

鼠标操作	实现功能
单击左键	选择
单击右键	确定
单击中键	取消
滚轮向上滚动	缩小视图
滚轮向下滚动	放大视图
按住左键移动	旋转
按住中键移动	平移
按住右键上下移动	缩放视图
按住右键左右移动	视图在当前平面内旋转

②创建 Point。

在 ICEM 中的几何模型称作 Geometry，Point、Curve 和 Surface 分别构成了 Geometry 的点、线和面。ICEM 的几何建模往往遵循着由点构造线、再由线构成面的自下而上的建模过程。在前文中已经指出该问题可以简化为二维流动问题进行处理。选取空腔中心面的矩形区域作为流动计算区域，将坐标原点设置在矩形计算区域的左下角处，如图 4.9 所示。

通过输入坐标的方法创建点 P_1：选择 ICEM 主界面上方 Geometry 标签栏中的 来进行 Point 的创建，单击 xiz，在 Method 的下拉菜单中选择 Creat 1 Point，再在下方输入 P_1 的坐标，如图 4.10 所示。按照同样的方法依次创建点 P_2、P_3 和 P_4，其对应的坐标分别为(0.076，0)、(0.076，2.18)和(0，2.18)。

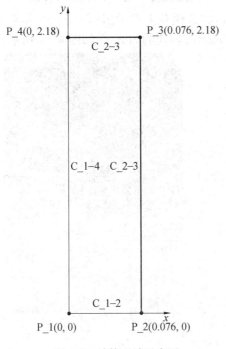

图 4.9　计算区域示意图

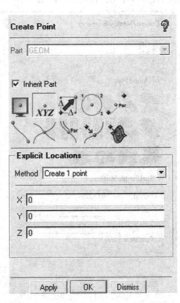

图 4.10　创建点 P_1

③创建 Curve。

选择 Geometry 标签栏中的 ⅄ 进入创建 Curve 的操作,单击 ∕ 通过 Point 来创建 Curve,在 From Points 中单击 ✎,依次左键选择点 P_1 和 P_2,单击中键或单击 Apply 创建 C_1-2,如图 4.11 所示。采用同样的方法创建矩形计算区域其余 3 条 Curves,如图 4.12 所示。

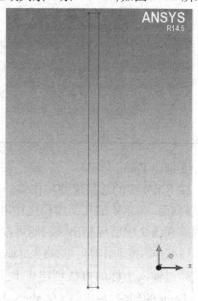

图 4.11　创建线 C_1-2　　　　　　　　图 4.12　所创建的 Curve 示意图

④创建 Surface。

选择 Geometry 标签栏中的 ◳ 来进行 Surface 的创建,单击 ◳,在 Method 的下拉菜单中选择 From 2-4 Curves,单击 Curve 后的 ✎,依次选择 C_1-2、C_2-3、C_3-4 和 C_1-4,如图 4.13 所示,单击中键或单击 Apply 创建 Surface,创建的 Surface 如图 4.14 所示。

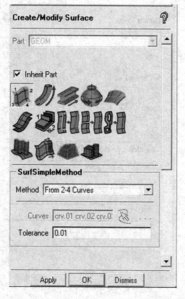

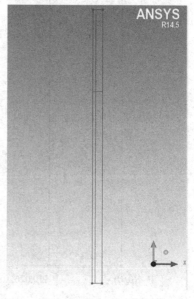

图 4.13　创建面 Surface　　　　　　　　图 4.14　所创建的 Surface 示意图

⑤定义 Part。

ICEM 中定义的 Part 只是边界的名称,其对应的边界类型还需要在 FLUENT 求解器中再行定义,但是合理的定义 Part 可以极大地简化在 FLUENT 中定义边界条件的操作,同时便于定义网格尺寸。需要注意的是对于任意一个几何元素(如 Point、Curve、Surface 等),只能对应单一 Part。

首先定义底面的 Part。右键单击 ICEM 主界面左侧模型树 Model 下方的子标签 Parts,选择 Creat Part,如图 4.15 所示。定义 Part 名称为 BOTTOM,单击 根据选择的几何元素来定义 Part,单击 Entities 后的 选择 C_1-2,单击中键确定,注意到定义 Part 后 C_1 的颜色将自动改变,同时在左侧模型树 Parts 下方出现了刚刚定义的 BOTTOM,如图 4.16 所示。

根据上述方法,依次定义其余 Parts:

定义热墙 C_2-3 的 Part 名称为 HWALL。

定义顶面 C_3-4 的 Part 名称为 TOP。

定义冷墙 C_1-4 的 Part 名称为 CWALL。

定义 Surface 的 Part 名称为 SUR。

定义所有 Points 的 Part 名称为 POINT。

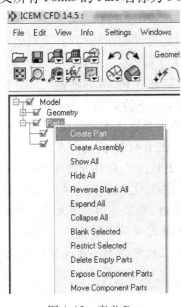

图 4.15　定义 Part

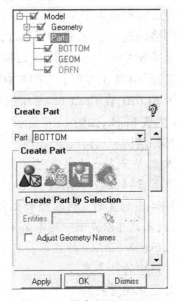

图 4.16　创建底面 BOTTOM

Tips:在选择所有 Points 的操作中,可以关闭 Select geometry 工具栏中的 ,即关闭对 Curve、Surface 和 Body 的选择,从而达到只允许选中 Point 的目的。然后再按键盘上的"A"键来依次选中所有的 Points。

⑥保存几何模型。

在 ICEM 主界面菜单栏中依次点击 File→Geometry→Save Geometry As,如图 4.17 所示,将当前几何模型在工作路径下保存为 nat_conv. tin 文件。

(2)定义网格尺寸并划分网格。

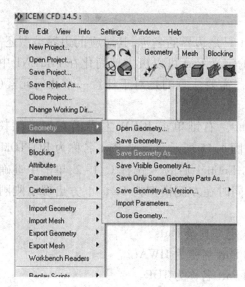

图 4.17　保存几何模型

①创建 Block。

在 ICEM 中,Block 是生成结构化网格的基础,表示几何模型对应的拓扑结构。Block 中的点、线、面被称作 Vertex、Edge、Face,分别对应 Geometry 中的 Point、Curve、Surface。在生成网格的过程中,往往需要通过分析几何模型,得到合理的拓扑结构,再通过建立映射关系来实现 Geometry 和 Block 之间的联系。

选择 ICEM 主界面上方的 Blocking 标签栏,单击 进行 Block 的创建工作。在 Part 栏中输入 FLUID,在 Creat Block 中选择默认项 ,在 Type 下拉列表中选择 2D Planar,单击 Apply 生成 Block,如图 4.18 所示。对于本算例,由于计算区域本身是规整的矩形,因此得到的拓扑结构和几何模型完全一致,创建后的 Block 如图 4.19 所示。在之后的章节我们将用 V_1、V_2、V_3、V_4 来表示几何模型中 P_1、P_2、P_3、P_4 对应的 Vertex,用 E_1-2、E_2-3、E_3-4、E_1-4 来表示几何模型中 C_1-2、C_2-3、C_3-4、C_1-4 对应的 Edge。

Tips:当创建的几何模型和拓扑结构中元素较多时,如果显示所有元素可能会显得过于冗杂,因此可以关闭一些不必要元素的显示,只保留需要关注的元素。图 4.19 中就取消了 Curve 和 Surface 的显示。具体做法是在左侧模型树中找到不需要显示的元素,将其左侧方框中的勾去掉。

②建立映射关系。

a. 首先创建 P_1 到 V_1 的映射。单击 Blocking 标签栏的 开始建立映射关系。单击 来进行 Vertex 映射的创建,在 Entity 栏选择 Point,表示将创建 Vertex 到 Point 的映射。点击 选择 V_1,点击 选择 P_1,单击中键确定,如图 4.20 所示。可以注意到建立映射关系后,Vertex 的颜色变为了红色,表示 Vertex 到 Point 的映射关系成功建立。

采用同样的方法再依次建立 V_2、V_3、V_4 到 P_2、P_3、P_4 的映射关系。

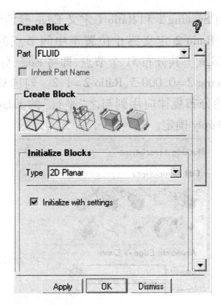

图 4.18 创建 Block

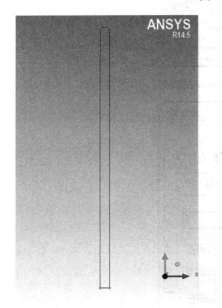

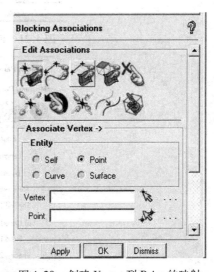

图 4.19 所创建的 Block 示意图　　　　图 4.20 创建 Vertex 到 Point 的映射

b. 接着创建 C_1-2 到 E_1-2 的映射。单击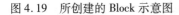来进行 Edge 映射的创建。点击选择 E_1,单击中键确定;点击选择 C_1-2,单击中键确定,如图 4.21 所示。可以注意到建立映射关系后,Edge 的颜色变为了绿色,表示 Edge 到 Curve 的映射关系成功建立。采用同样的方法再依次建立 E_2-3、E_3-4、E_1-4 到 C_2-3、C_3-4、C_1-4 的映射关系。

③定义网格节点数。

a. 单击 Blocking 标签栏中的开始网格预生成的工作。点击对 Edge 进行网格节点数的划分,在 Edge 栏选择 E_1-2,在 Mesh Law 下拉列表中选择 Biexponential,表示网格节点按双指数规律分布,由 Spacing 1 和 Ratio 1 定义 Edge 起始位置至中间节点的初间距和增长比率,Spacing 2 和 Ratio 2 定义终止位置至中间节点的初间距和增长比率。在 Nodes 栏中输入 51,表示 Edge 上共分布 51 个节点,即将 Edge 分为 50 份,输入 Spacing 1 = 0.000 5、Ratio 1 = 1.2、Spacing 2 = 0.000 5、Ratio 2 = 1.2。勾选 Copy Parameters 选项,这样会将 E_1-2 上网格节点的分布规律应用到与之"平行"的 Edge(如本算例中的 E_3-4)上,如图 4.22 所示,单击 Apply 确定。

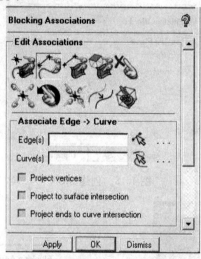

图 4.21 创建 Edge 到 Curve 的映射

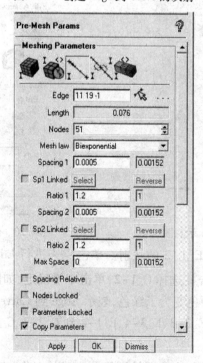

图 4.22 定义 E_1-3 和 E_3-4 的节点分布

b. 采用同样的 Mesh Law 方法定义 E_2-3 和 E_1-4 上的 Nodes 为 201,Spacing 1 = 0.000 5、Ratio 1 = 1.2、Spacing 2 = 0.000 5、Ratio 2 = 1.2,如图 4.23 所示。

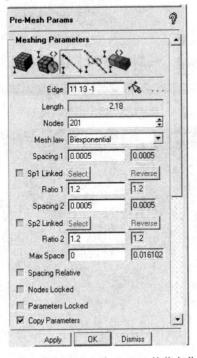

图 4.23　定义 E_2-3 和 E_1-4 的节点分布

④保存块文件。

在 ICEM 主界面菜单栏中依次点击 File→Blocking→Save Blocking As,如图 4.24 所示,将当前 Block 在工作路径下保存为 nat_conv. blk 文件。

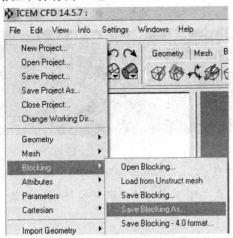

图 4.24　保存块文件

⑤预生成网格。

勾选左侧模型树 Model→Blocking→Pre-mesh,弹出如图 4.25 所示对话框,点击 Yes 确定,生成如图 4.26 所示的网格。

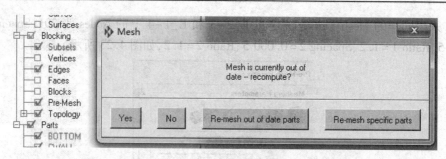

图 4.25　确定生成网格

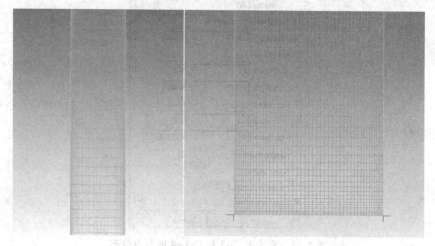

图 4.26　生成的网格

⑥检查网格质量。

单击 Blocking 标签栏中的 🔍 对网格质量进行检查。在 Criterion 下拉列表中选择 Determinant 2×2×2，其余选项保持默认设置，单击 Apply，得到网格质量如图 4.27 所示。

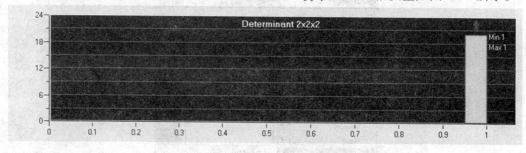

图 4.27　以 Determinant 2×2×2 为标准检查网格质量

在 Criterion 下拉列表中选择 Angle，其余选项保持默认设置，单击 Apply，得到网格质量如图 4.28 所示。

Tips：Determinant 2×2×2：表示网格节点中最小雅克比矩阵行列式和最大雅克比矩阵行列式的比值，其值分布范围在-1 和 1 之间，其中 1 表示矩形网格单元，0 表示网格单元为一条线，负值表示网格单元翻转。网格质量越接近 1 越好，一般认为网格质量达到 0.1 以上即可接受，绝不允许负网格的存在。

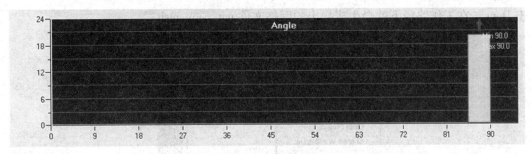

图 4.28　以 Angle 为标准检查网格质量

Angle:表明网格单元内最小的夹角,其值分布范围在 0 和 90 之间,越接近 90 表明网格质量越好。

除了以上介绍的两种标准外,结构化网格质量的判定标准还有很多,这里限于篇幅不再逐一介绍,有兴趣的读者可以通过 ICEM 帮助文件自行学习。

⑦生成并保存网格。

a. 右键单击左侧模型树 Model→Blocking→Pre-mesh,选择 Convert to Unstruct Mesh 生成网格,如图 4.29 所示。

b. 在 ICEM 主界面菜单栏中依次点击 File→Mesh→Save Mesh As,如图 4.30 所示,将当前网格在工作路径下保存为 nat_conv. uns 文件。

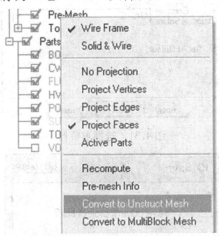

图 4.29　转换并生成网格

⑧选择求解器。

选择 ICEM 主界面上方的 Output 标签栏,单击 选择求解器。在 Output Solver 下拉列表中选择 Fluent_V6,如图 4.31 所示,单击 Apply 确定。

⑨导出网格文件。

选择 ICEM 主界面上方的 Output 标签栏,单击 导出网格文件。按照默认名称保存 fbc 和 atr 文件,弹出如图 4.32 所示对话框,单击 No 不保存当前项目文件,在随后弹出的窗口中选择之前保存的网格文件 nat_conv. uns。然后弹出如图 4.33 所示的对话框,在 Grid dimension 栏中选择 2D 输出二维网格,将 Output file 栏中的文件名改为 nat_conv,单击 Done。在工作路径下就会生成导出的网格文件 nat_conv. msh。

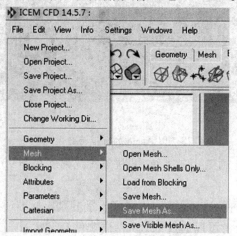

图 4.30　保存网格文件

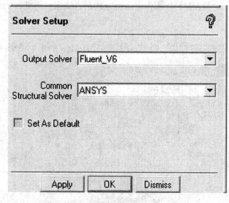

图 4.31　选择求解器

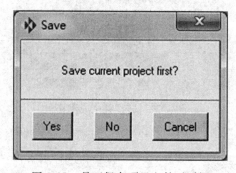

图 4.32　是否保存项目文件对话框

2. 求解器计算部分

本小节中将在 ANSYS FLUENT 中读取网格，确定边界类型及边界条件，设置求解方程及求解控制参数，初始化流场以及迭代求解计算。

（1）求解器启动。

在开始菜单→所有程序→ANSYS 主文件包→Fluid Dynamics 文件夹下启动 Fluent 程

序,如图4.34所示。在弹出的对话框中,Dimension 选择 2D;Options 勾选 Double Precision,
表示采用双精度计算;Processing Options 选择 Parallel,在 Number of Processes 框输入 2,表
示采用双核并行计算,其他项保持默认设置,如图 4.35 所示,点击 OK 启动 Fluent 二维求
解器。

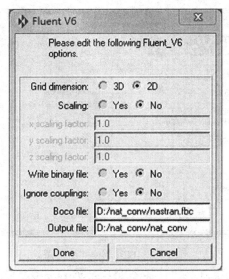

图 4.33　导出网格文件

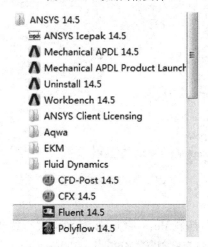

图 4.34　ANSYS Fluent 启动示意图

Tips:Processing Options 选项中 Serial 和 Parallel 分别表示串行计算和并行计算,其中
并行计算中又可以通过 Number of Processes 来设置参与并行计算的处理器数量。相比较
而言多核并行计算比串行计算的运算速度更快,但是需要占用的计算机资源也更多;同
理,参与并行计算的处理器数越多,计算速度越快,但是对 CPU 性能的要求也越高。

（2）读取并检查网格。

①读取网格数据。在 Fluent 主界面菜单栏中依次点击 File→Read→Mesh,如图 4.36
所示,选择在 D 盘 nat_conv 文件夹下生成的网格 nat_conv.msh。读取网格后可以在Fluent

主界面的文本命令窗口中看到如图4.37所示的反馈信息,通过这些信息可以初步了解网格文件的节点数量、网格数量以及区域划分信息,同时可以注意网格文件是否报错。此外,当网格文件成功读取后,可以看到网格自动显示在了Fluent主界面的图形显示窗口中。

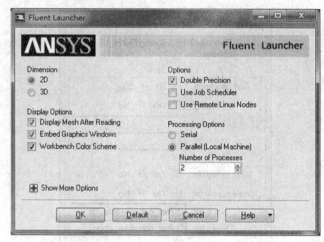

图4.35 设置Fluent求解器

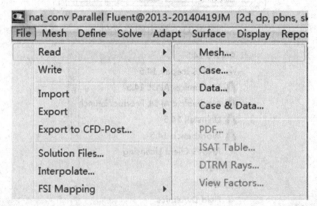

图4.36 读取网格文件

②网格质量检查。

在 Fluent 菜单栏中依次点击 Mesh→Check 对网格进行检查,在文本命令窗口中看到如图4.38所示的网格质量信息。注意 Minimum Volume 应大于0,否则说明网格中出现了负体积或负面积,需要重新生成网格。

(3)开启能量方程。

Fluent 中能量方程默认是关闭的。对于本算例,由于需要考虑温度差引起的气体流动,因此必须对能量方程进行求解。依次打开 Fluent 菜单栏 Define→Models→Energy,如图4.39所示,点击 Edit,弹出能量方程设置对话框,勾选 Energy Equation 项开启能量方程,如图4.40所示,点击 OK。

(4)选择湍流计算模型。

依次打开 Fluent 菜单栏 Define→Models→Viscous,如图4.41所示,点击 Edit,弹出湍

流模型设置对话框,在 Model 项中的选择 k-epsilon,在 k-epsilon Model 项选择 Standard,即标准 k-ε 模型。在 Near-Wall Treatment 项选择 Enhanced Wall Treatment 对近壁面边界层流动进行处理。其他项保持默认设置,如图 4.42 所示,点击 OK。

```
Reading "D:\nat_conv\nat_conv.msh"...
Using buffering for scanning file.

    10251 nodes.
    10000 quadrilateral cells, zone 11.
    19750 2D interior faces, zone 12.
       50 2D wall faces, zone 13.
       50 2D wall faces, zone 14.
      200 2D wall faces, zone 15.
      200 2D wall faces, zone 16.

Building...
     mesh
          auto partitioning mesh by Metis (fast),
          distributing mesh
                    parts..,
                    faces..,
                    nodes..,
                    cells..,
     materials,
     interface,
     domains,
     zones,
          cwall
          hwall
          top
          bottom
          int_fluid
          fluid
     parallel,
Done.
```

图 4.37　网格反馈信息

```
Mesh Check

  Domain Extents:
    x-coordinate: min (m) = 0.000000e+00, max (m) = 7.600000e-02
    y-coordinate: min (m) = 0.000000e+00, max (m) = 2.180000e+00
  Volume statistics:
    minimum volume (m3): 2.500000e-07
    maximum volume (m3): 3.272278e-05
      total volume (m3): 1.656800e-01
  Face area statistics:
    minimum face area (m2): 5.000000e-04
    maximum face area (m2): 1.610199e-02
  Checking mesh.....................................
Done.
```

图 4.38　网格检查信息

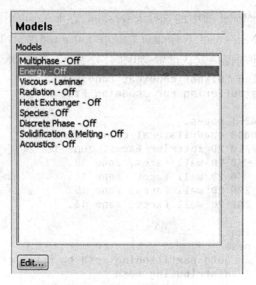

图 4.39　能量方程模型设置

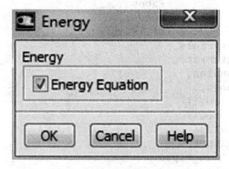

图 4.40　开启能量方程

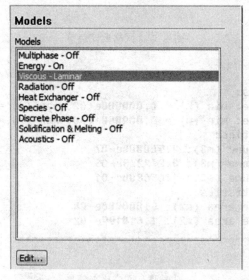

图 4.41　湍流计算模型设置

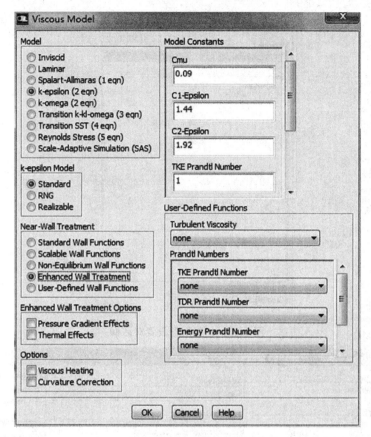

图 4.42　选择湍流模型

（5）定义流体属性。

在 Fluent 菜单栏依次点击 Define→Materials，在 Materials 列表中选择 Fluid，如图 4.43 所示，点击 Create/Edit，弹出流体属性设置对话框，点开 Density 项的下拉列表，选择 boussinesq，在 boussinesq 下方输入 1.185，将 Properties 栏右侧的滚动条拖到最下方，在 Thermal Expansion Coefficient 栏输入 0.003 357，如图 4.44 所示，点击 Change/Create，再点击 Close。

（6）设置温度单位。

Fluent 中默认采用国际标准单位制（SI），通过在 Fluent 菜单栏依次点击 Define→Units 可以对单位制进行修改。在 Quantities 栏中找到 Temperature，将其右侧 Units 的 k 改为 c，如图 4.45 所示，点击 Close。

（7）定义边界条件。

在 Fluent 菜单栏依次点击 Define→Boundary Conditions，在打开的边界条件设置对话框中可以看到在 ICEM 中已经定义好的 4 个边界名称，如图 4.46 所示。此外对话框上的 int_fluid 是默认关于流场的设置，在本算例中无须对其进行改变。

①冷墙设置。

在 Zone 栏中选择 cwall，可以观察到 Type 处默认的边界类型是 wall。需要指出的是

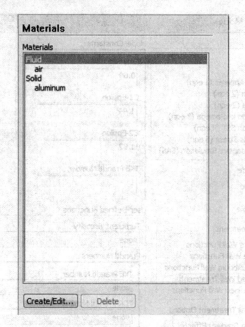

图 4.43　材料属性设置对话框

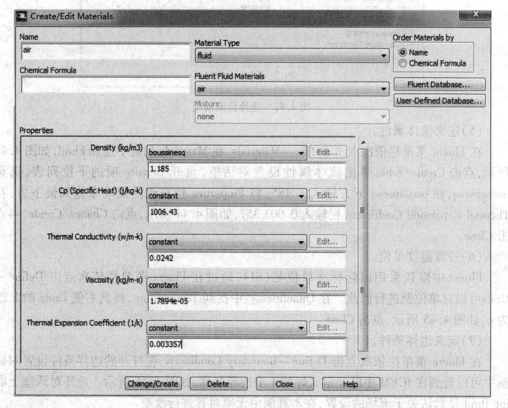

图 4.44　定义流体属性

在 ICEM 中定义的 Parts 如果在导出网格前未定义其边界类型,则这些 Parts 在 Fluent 中的边界类型一律默认为 wall。点击 Edit 打开壁面边界设置对话框,点击 Thermal 标签栏,在 Thermal Conditions 栏选择 Temperature 设置壁温,在右侧 Temperature 栏输入冷墙温度 15.1℃,如图 4.47 所示,点击 OK。

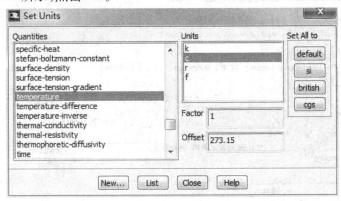

图 4.45　设置温度单位

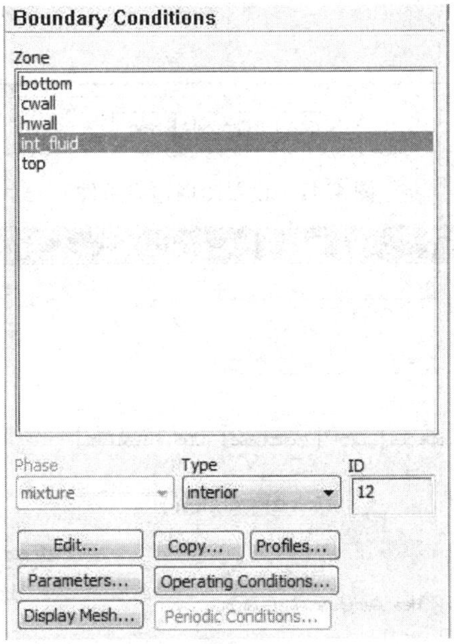

图 4.46　边界条件设置对话框

②热墙设置。

再在 Zone 栏中选择 hwall,点击 Edit 打开壁面边界设置对话框,点击 Thermal 标签栏,在 Thermal Conditions 栏选择 Temperature 设置壁温,可以看到右侧 Temperature 栏的单位变为了摄氏度,输入热墙温度 34.7 ℃,如图 4.48 所示,点击 OK。

③底面和顶面设置。

在 Zone 栏中选择 bottom,点击 Edit 打开壁面边界设置对话框,点击 Thermal 标签栏,在 Thermal Conditions 栏选择 Heat Flux 设置壁面热流,保持右侧 Heat Flux 的值为默认值 0,如图 4.49 所示,表示该壁面绝热,点击 OK。采用同样的方法对顶面 top 进行设置。

(8)定义工作条件。

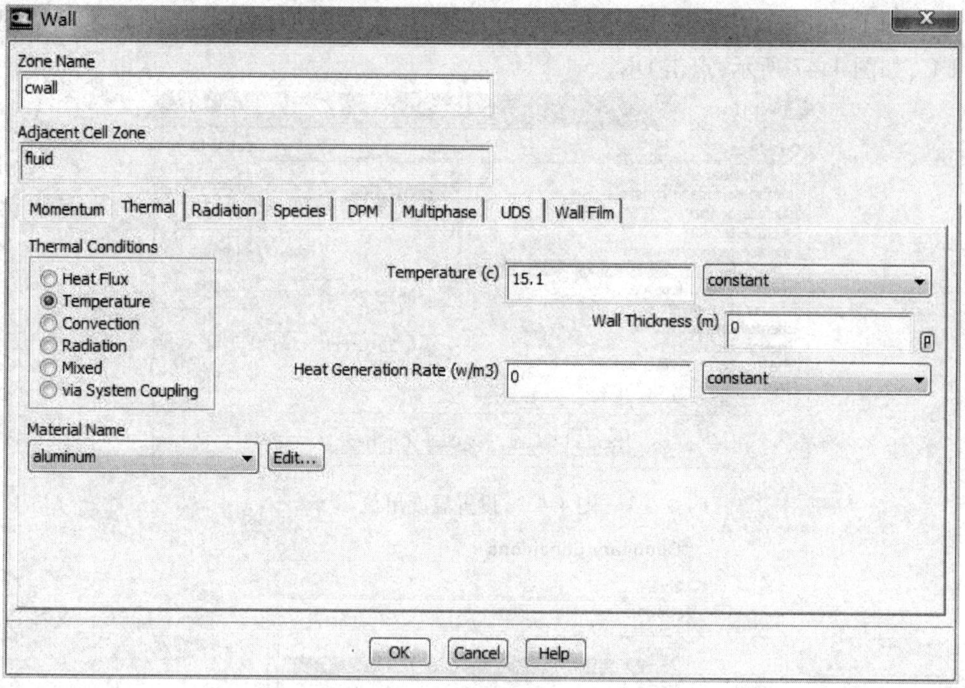

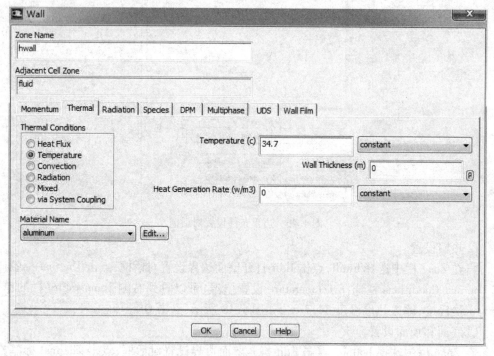

图 4.47　设置冷墙边界条件

图 4.48　设置热墙边界条件

在 Fluent 菜单栏点击 Define→Operating Conditions,打开工作条件设置对话框。勾选 Gravity 开启重力项,由于本算例采用的是二维网格,Y 轴对应竖直方向,因此在 Y 栏输入

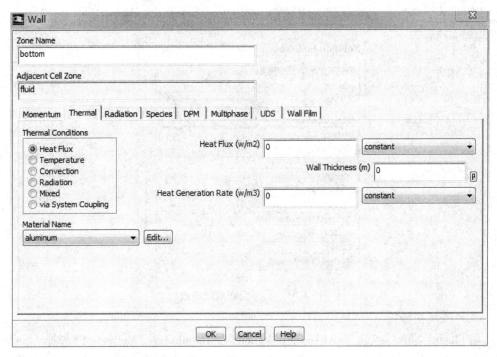

图 4.49　设置底面边界条件

重力加速度值 -9.81 m/s² , 在 Boussinesq Parameters 中的 Operating Temperature 栏中输入空腔冷热墙平均温度 24.9 ℃, 如图 4.50 所示, 点击 OK。

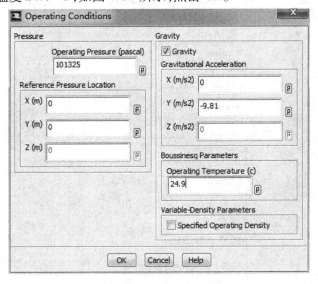

图 4.50　设置工作条件

(9)设置离散和计算(求解)方法。

在 Fluent 菜单栏点击 Solve→Methods, 打开求解方法设置对话框。对于速度与压力耦合方式, 在 Scheme 中选择 SIMPLE。为避免采用 1 次精度迎风差分离散方法时产生的假扩散问题, 将 Spatial Discretization 项中 Momentum、Turbulent Kinetic Energy、Turbulent

Dissipation Rate 的离散格式均改为 2 次精度的 QUICK 格式,如图 4.51 所示。

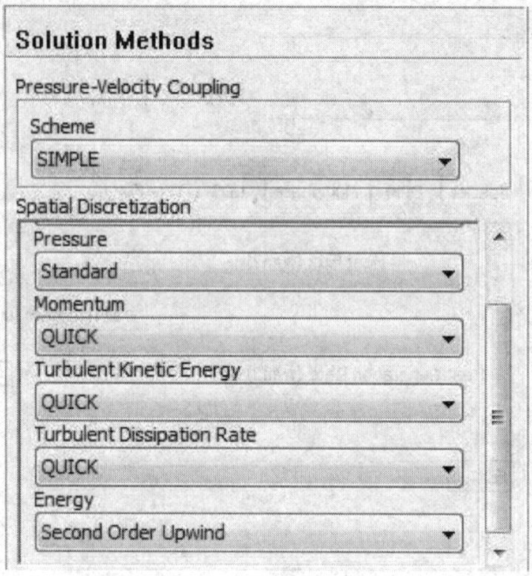

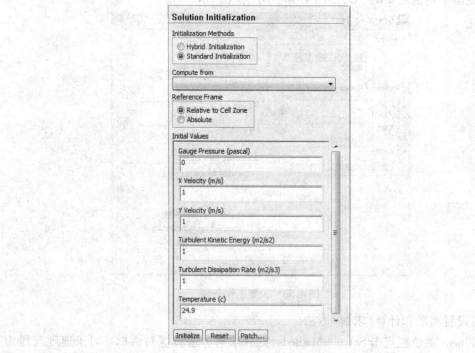

图 4.51　设置空间离散格式

(10)流场初始化。

在 Fluent 菜单栏点击 Solve→Initialization, 在 Initialization Methods 栏选择 Standard Initializaion。一般而言,存在入口的算例往往根据入口边界条件对流场进行初始化设定, 而本算例研究的自然对流情况由于没有入口且初始状态速度为 0,为了加快收敛速度,因此给速度赋一个初值,如图 4.52 所示。点击 Initialize 完成流场初始化。

图 4.52　流场初始化设置

（11）设置迭代计算监视器。

在 Fluent 菜单栏点击 Solve→Monitors，选择 Residuals，Statistic and Force Monitors 中的 Residuals，点击 Edit 打开残差监视器设置对话框，将连续性、速度分量以及湍动动能 k 和湍动耗散率 ε 的残差收敛值改为 1e-05，如图 4.53 所示，保留其他默认设置，点击 OK。

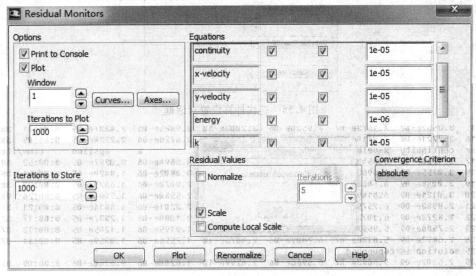

图 4.53　残差监视设置

（12）保存设置。

在 Fluent 菜单栏点击 File→Write→Case，如图 4.54 所示，将当前设置在工作路径下保存为 nat_conv.cas 文件。

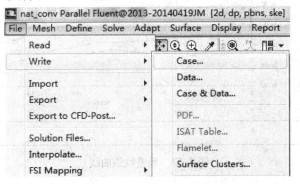

图 4.54　保存 case 文件

（13）迭代计算。

在 Fluent 菜单栏点击 Solve→Run Calculation，在 Number of Iterations 栏中输入 1000，如图 4.55 所示，点击 Calculate 开始迭代计算。迭代 625 步后，计算结果达到收敛要求，如图 4.56 所示。残差收敛曲线如图 4.57 所示。

（14）保存数据文件。

在 Fluent 菜单栏点击 File→Write→Data，如图 4.58 所示，将计算结果在工作路径下保存为 nat_conv.dat 文件。

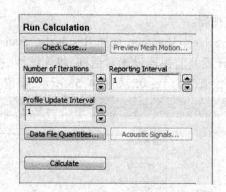

图 4.55　迭代计算设置对话框

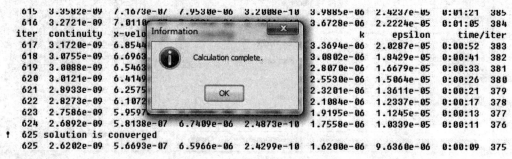

图 4.56　提示迭代计算完成

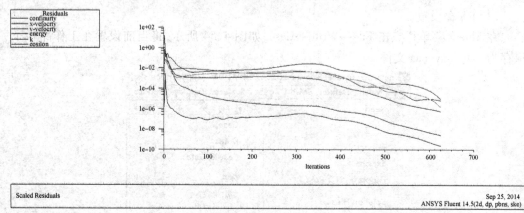

图 4.57　残差收敛曲线

3. 后处理部分

本小节将利用 ANSYS FLUENT 的后处理功能对计算结果进行观察和分析,包括云图、矢量图以及 XY 散点图的生成和显示。

（1）分布云图显示。

①速度标量分布云图。

在 Fluent 菜单栏点击 Display→Graphics and Animations,在 Graphics 中选择 Contours,如图 4.59 所示,点击 Set Up,在 Options 中勾选 Filled,在 Contours of 中选择 Velocity→Velocity Magnitude,如图 4.60 所示,点击 Display,显示速度标量分布云图,如图 4.61 所示。

nat_conv Parallel Fluent@2013-20140419JM [2d, dp, pbns, ske]
File
Mesh
Define
Solve
Adapt
Surface
Display
Report
Read
Write
Import
Export
Export to CFD-Post...
Solution Files...
Interpolate...
FSI Mapping
Case...
Data...
Case & Data...
PDF...
ISAT Table...
Flamelet...
Surface Clusters...

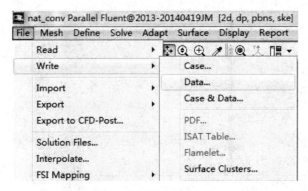

图 4.58　保存 data 文件

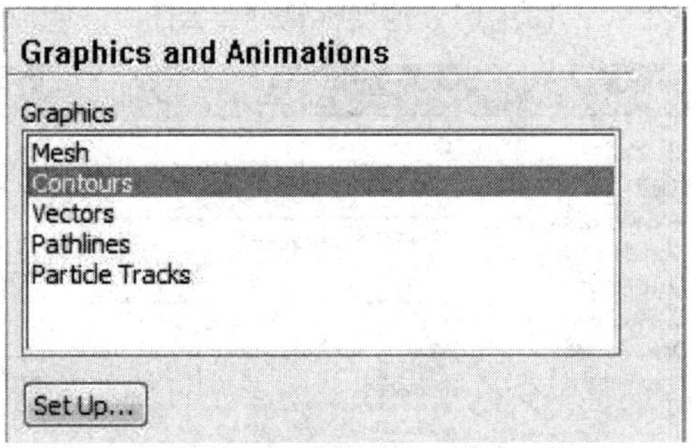

Graphics and Animations
Graphics
Mesh
Contours
Vectors
Pathlines
Particle Tracks
Set Up...

图 4.59　图像显示设置对话框

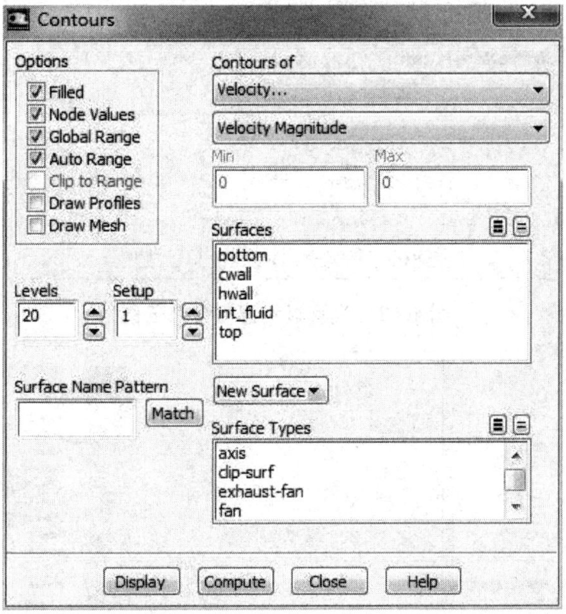

Contours
Options
Filled
Node Values
Global Range
Auto Range
Clip to Range
Draw Profiles
Draw Mesh
Contours of
Velocity...
Velocity Magnitude
Min
Max
0
0
Surfaces
bottom
cwall
hwall
int_fluid
top
Levels
Setup
20
1
Surface Name Pattern
Match
New Surface
Surface Types
axis
clip-surf
exhaust-fan
fan
Display
Compute
Close
Help

图 4.60　设置显示速度标量分布云图

②温度分布云图。

在 Contours of 中选择 Temperature→Static Temperature，如图 4.62 所示，点击 Display，显示温度分布云图，如图 4.63 所示。

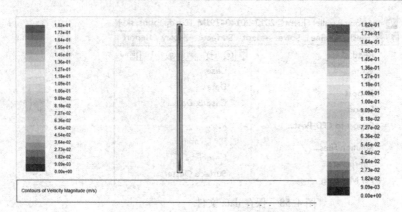

图 4.61　速度标量分布云图

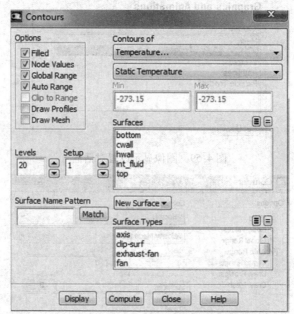

图 4.62　设置显示温度分布云图

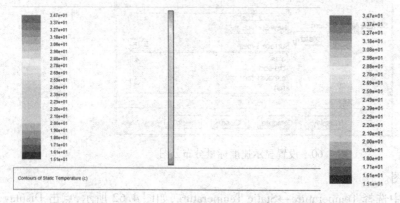

图 4.63　温度分布云图

（2）速度矢量图。

在 Fluent 菜单栏点击 Display→Graphics and Animations，在 Graphics 中选择 Vectors，如图 4.64 所示，点击 Set Up，打开速度矢量设置对话框，保持默认设置，如图 4.65 所示，点击 Display，显示速度矢量图，如图 4.66 所示。

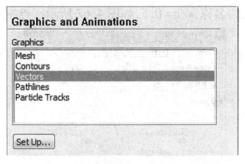

图 4.64　图像显示设置对话框

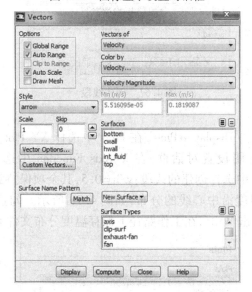

图 4.65　设置显示速度矢量图

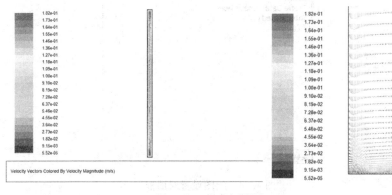

图 4.66　速度矢量图

（3）空腔水平方向中心线上速度、温度分布。

①创建线段。

在 Fluent 菜单栏点击 Surface→Line/Rake，在打开的 Line/Rake Surface 对话框中输入需创建线段表面的起始点坐标：x0 = 0、x1 = 0. 076、y0 = 1. 09、y1 = 1. 09，在 New Surface Name 中输入新创建线段的名称：y/h = 0. 5，如图 4. 67 所示。点击 Create。

图 4.67　创建线段

②温度 XY 散点图。

在 Fluent 菜单栏点击 Display→Plots，在 Plots 中选择 XY Plot，如图 4. 68 所示，点击 Set Up，打开 X – Y 坐标图设置对话框，在 Y Axis Function 中选择 Temperature→Static Temperature，在 Surfaces 中选择创建的线段：y/h = 0. 5，其余项保持默认设置，如图 4. 69 所示，点击 Display，显示温度沿中心线的分布，如图 4. 70 所示。勾选 Options 中的 Write to File，如图 4. 71 所示，点击 Write，在工作路径下保存温度分布文件 temp. xy。

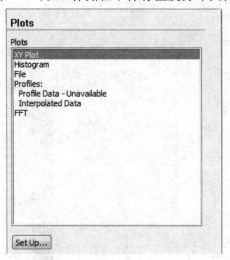

图 4.68　绘图设置对话框

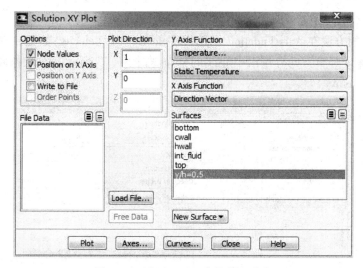

图 4.69　设置显示温度沿线段分布

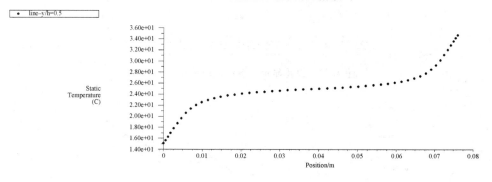

图 4.70　温度沿竖直方向中心线分布

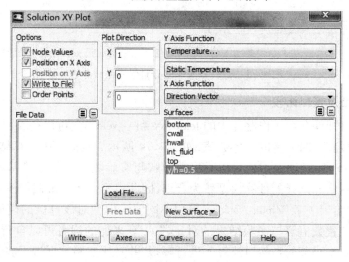

图 4.71　输出温度分布数据

③速度 XY 散点图。

采用同样的方法在 Axis Function 中选择 Velocity→Y Velocity,如图 4.72 所示,点击 Display,显示速度竖直方向分量沿中心线的分布,如图 4.73 所示。在工作路径下保存速度分布文件 y_veloxy。

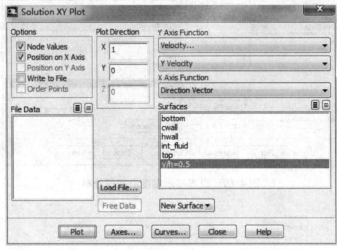

图 4.72　设置显示速度沿线段分布

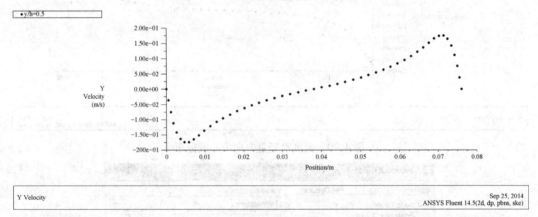

图 4.73　竖直方向速度分量沿中心线分布

4.实验验证及模拟比较

用记事本打开保存在工作路径中的 temp. xy 和 y_velo. xy,可以得到沿中心线上分布的温度和速度竖直方向分量的具体数值,如图 4.74 所示。数值模拟计算结果与实验数据的对比如图 4.75 所示,通过对比可以看出数值解与实验数据变化趋势基本一致,说明本算例中生成的网格和选择的计算模型较为合理,因此得到了较为准确的模拟结果。

图 4.76 中给出了 Z. Zhang 等人[83]采用不同湍流模型对该算例的模拟结果,同时给出了不同断面位置数值解与实验结果的对比[84]。有兴趣的读者可以自行尝试利用不同湍流计算模型对本小节的自然对流算例进行模拟,并对比实验数据进行验证分析。

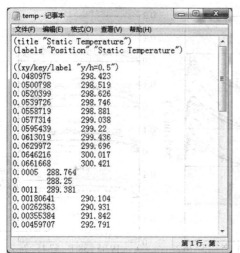

图 4.74　XY 文件保存的具体数据

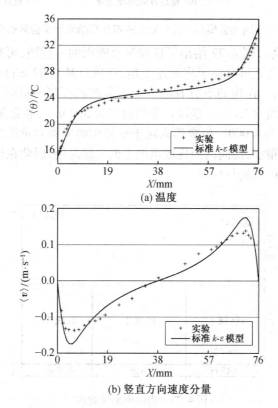

(a) 温度

(b) 竖直方向速度分量

图 4.75　数值模拟计算结果与实验数据对比图

4.3.2　等温强制通风算例

1. 问题描述

本节对一房间内的等温强制通风情况进行了研究。房间几何尺寸为:1.0 m(高)×

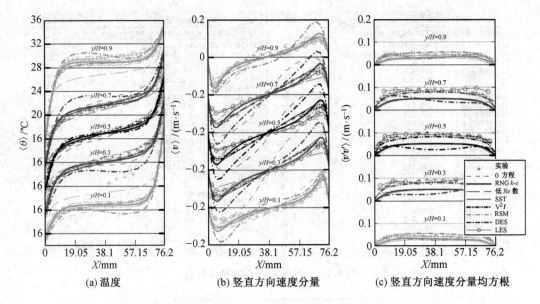

(a) 温度 (b) 竖直方向速度分量 (c) 竖直方向速度分量均方根

图 4.76　不同湍流模型下自然对流模拟计算结果与实验数据对比图

1.5 m(长)×0.3 m(宽),图 4.77 给出了房间竖直断面的示意图,可知该算例就是 4.1.2 节中介绍的算例。空气送风口位于房间左上角,送风口高 0.02 m;回风口位于房间右上角,尺寸与送风口相同。在房间下有两个 0.5 m 高的隔断,具体位置如图 4.77 所示。房间内部和送风温度均为 25 ℃。送风口平均速度为 3.0 m/s,湍流强度为 1.6%,基于送风口条件的雷诺数约为 4 000。伊藤等人对于该算例的实验测量结果表明[83],平均风速沿房间纵深方向变化很小,房间内的气流组织近似二维流场,因此在计算求解时可以将该模型简化为二维流动问题进行模拟。

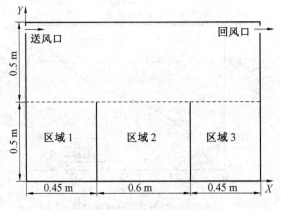

图 4.77　房间模型示意图

　　下面将通过 ANSYS ICEM CFD 进行几何模型的创建以及网格的划分,再将网格文件导入 ANSYS FLUENT 中,通过 ANSYS FLUENT 对该问题进行模拟求解,并将数值模拟结果与实验结果进行比较。

2.前处理部分

　　本小节中将利用 ANSYS ICEM CFD 建立房间的几何模型,定义边界区域,再对所建立的房间模型进行网格尺寸的划分并生成网格。

(1)创建几何模型。

①启动 ANSYS ICEM CFD 并设定工作目录。

首先在 D 盘根目录下创建名为 for_conv 的文件夹,用来存放几何和网格文件。打开 ICEM CFD 程序,在 ICEM 主界面菜单栏中依次点击 File→Change Working Dir,选择在 D 盘创建的 for_conv 文件夹作为工作路径。

②创建 Point。

选取房间竖直中心断面作为流动计算区域,将坐标原点设置在矩形计算区域的左下角处,如图 4.78 所示。

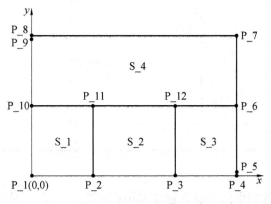

图 4.78 计算区域示意图

通过输入坐标的方法创建点 P_1:选择 ICEM 主界面上方 Geometry 标签栏中的 来进行 Point 的创建,单击 ,在 Method 的下拉菜单中选择 Creat 1 Point,再在下方输入 P_1 的坐标,如图 4.79 所示。

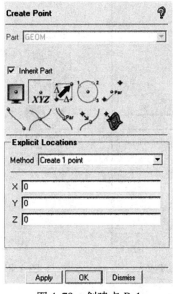

图 4.79 创建点 P_1

根据基点和偏移量的方法创建 P_2。选择 Geometry 标签栏中的 创建 Point，单击 ，输入偏移量 DX = 450，DY = 0，如图 4.80 所示，单击 Base point 右侧 ，选择 P_1，中键确定。

采用同样的方法创建其他 Point，创建时选择的基点和偏移量设置见表 4.4。

表 4.4　Point 设置表

Point	Base point	DX	DY
3	1	1050	0
4	1	1500	0
5	4	0	500
7	4	0	1000
6	7	0	−20
8	1	0	1000
9	8	0	−20
10	1	0	500
11	2	0	500
12	3	0	500

③创建 Curve。

选择 Geometry 标签栏中的 进入创建 Curve 的操作，单击 通过 Point 来创建 Curve，在 From Points 中单击 ，依次左键选择点 P_6 和 P_10，单击中键或单击 Apply 创建 C_6-10，如图 4.81 所示。采用同样的方法，依次创建 C_2-11、C_3-12。

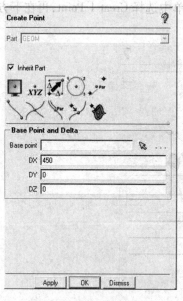

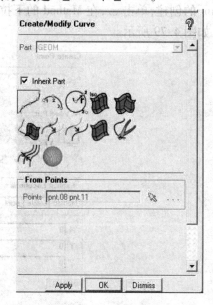

图 4.80　创建点 P_2　　　　　　　图 4.81　创建线 C_6-10

④创建 Surface。

a. 选择 Geometry 标签栏中的 来进行 Surface 的创建，单击 ，在 Method 的下拉菜单中选择 From 4 Points，单击 Locations 后的 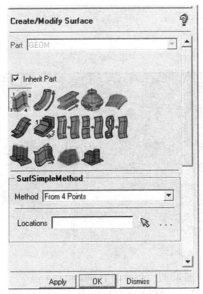，如图 4.82 所示，依次选择 P_1、P_4、P_7 和 P_8，单击中键或单击 Apply 创建 Surface。

　　b. 选择 Geometry 标签栏中的 ，单击 分割 Surface，在 Method 的下拉菜单中选择 By Curve，点击 Surface 右侧的 选择第 a 步中创建的 Surface，点击 Curves 右侧的 选择 C_6-10，如图 4.83 所示，中键确定。此时 Surface 被切分成上下两个部分，其中上部的 Surface 即为 S_4。采用同样的方法，选择下部的 Surface 为对象，以 C_2-11 为分割线，将其分割为左右两部分，其中下部左侧的 Surface 即为 S_1。再选择下部右侧的 Surface 为对象，以 C_3-12 为分割线，将其分割为左右两部分，其中下部中间的 Surface 即为 S_3，下部右侧的 Surface 即为 S_4。

图 4.82　创建 Surface

图 4.83　分割 Surface

　　c. 删除所有的 Curve 和 Point。选择 Geometry 标签栏中的 ，单击 Point 右侧的 ，如图 4.84 所示，敲击键盘上的"A"键，删除所有的 Points。选择 Geometry 标签栏中的 ，单击 Curve 右侧的 ，如图 4.85 所示，敲击键盘上的"A"键，删除所有的 Curves。

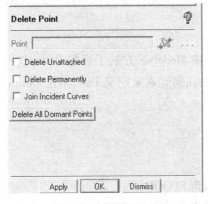

图 4.84　删除 Points

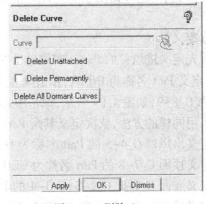

图 4.85　删除 Curves

　　Tips：在创建和分割 Surface 的过程中会产生重合的 Curves，会对创建 Parts 和生成网格造成影响，因此可以通过删除所有的 Curves 和 Points，再根据几何模型的拓扑结构重新生成的方法来清理多余的元素。此外，采用其他建模手段如 AutoCAD、SolidWorks 等建立的几何模型在导入 ICEM 后其几何元素往往并不完整，此时也可以通过这个方法来重建和完善几何模型。

　　d. 创建几何模型拓扑结构。选择 Geometry 标签栏中的 修改几何模型，在弹出的对话框中选择 创建几何模型拓扑，其余保持默认设置，如图 4.86 所示，单击 Apply，生成新的 Curves 和 Points，如图 4.87 所示。

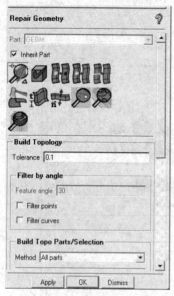

图 4.86　创建几何模型拓扑结构　　　　　图 4.87　创建的 Points 和 Curves

　　e. 由于 P_5 和 P_9 并非 Surface 的端点，在创建几何模型拓扑结构过程中这两点并未生成，因此需要重新创建这两点，并用这两点将 C_4-6 和 C_8-10 分割开。通过基点和偏移量的方法创建 P_5 和 P_9，然后选择 Geometry 标签栏中的 ，单击 切割 Curve，在 Method 的下拉菜单中选择 Segment by point，点击 Curve 右侧的 选择 C_4-6，点击 Points 右侧的 选择 P_6，如图 4.88 所示，单击中键确定。采用同样的方法用 P_9 分割 C_8-10。

　　⑤定义 Part。

　　首先定义进风口的 Part。右键单击左侧模型树 Model 下方的子标签 Parts，选择 Creat Part。定义 Part 名称为 INLET，单击 根据选择的几何元素来定义 Part，单击 Entities 后的 选择 C_8-9，如图 4.89 所示，单击中键确定。

　　采用同样的方法，依次定义其余 Parts：

　　定义出风口 C_4-5 的 Part 名称为 OUTLET。

　　定义顶面 C_7-8 的 Part 名称为 CEILING。

　　定义底面 C_1-2、C_2-3、C_3-4 的 Part 名称为 FLOOR。

　　定义墙面 C_1-10、C_9-10、C_5-6、C_6-7 的 Part 名称为 WALL。

定义隔断 C_2-11、C_3-12 的 Part 名称为 PARTITION。

定义内部边界 C_10-11、C_11-12、C_6-12 的 Part 名称为 INTERIOR。

定义所有 Points 的 Part 名称为 POINT。

定义区域 S_1 的 Part 名称为 ZONE1。

定义区域 S_2 的 Part 名称为 ZONE2。

定义区域 S_3 的 Part 名称为 ZONE3。

定义区域 S_4 的 Part 名称为 ZONE4。

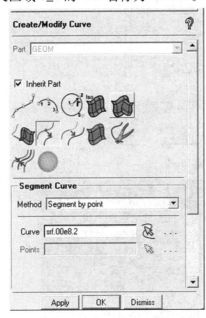 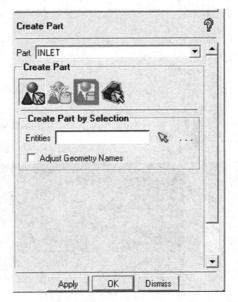

图 4.88　分割 Curve　　　　　　图 4.89　定义进风口 Part

⑥保存几何模型。

在 ICEM 主界面菜单栏中依次点击 File→Geometry→Save Geometry As,将当前几何模型在工作路径下保存为 for_conv. tin 文件。

(2)定义网格尺寸并划分网格。

①创建 Block。

选择 Blocking 标签栏中的 进行 Block 的创建工作。在 Part 栏中输入 FLUID,在 Creat Block 中选择默认项 ,在 Type 下拉列表中选择 2D Planar,单击 Apply 生成 Block,如图 4.90 所示。创建后的 Block 如图 4.91 所示,可以看出创建的 Block 只是计算区域的外围框架,因此还需要对 Block 进行划分。

②划分 Block。

选择 Blocking 标签栏中的 进行 Block 的划分工作。在打开的 Block 划分对话框中,单击 ,在 Split Method 下拉列表中选择 Prescribed Point,点击 Edge 右侧的 选择 E_1-4,点击 Point 右侧的 选择 P_2,如图 4.92 所示,单击中键确定。采用同样的方法,依次对应的选择为:E_2-4 和 P_3;E_4-6 和 P_5;E_5-7 和 P_6。划分后的 Block 如图 4.93 所示。

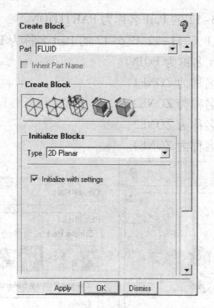

图 4.90　创建 Block

图 4.91　所创建的 Block 示意图

③建立映射关系。

a. 首先创建 P_1 到 V_1 的映射。单击 Blocking 标签栏的 开始建立映射关系。单击来进行 Vertex 映射的创建,在 Entity 栏选择 Point,表示将创建 Vertex 到 Point 的映射。点击选择 V_1,点击选择 P_1,单击中键确定。

采用同样的方法再依次建立其他 Vertex 到 Point 的映射关系。

b. 接着创建 C_1-2 到 E_1-2 的映射。单击来进行 Edge 映射的创建。点击选择 E_1,单击中键确定;点击选择 C_1-2,单击中键确定。采用同样的方法再依次建立其他 Edge 到 Curve 的映射关系。需要注意 C_7-8 对应多条 Edge。

④定义网格节点数。

a. 单击 Blocking 标签栏中的 开始网格预生成的工作。点击对 Edge 进行网格节点数的划分,在 Edge 栏选择 E_8-9,在 Mesh Law 下拉列表中选择 BiGeometric,在 Nodes 栏中输入 11,确认 Spacing 1＝0、Spacing 2＝0。勾选 Copy Parameters 选项,如图 4.94 所示,单击 Appy 确定。

图 4.92　划分 Block

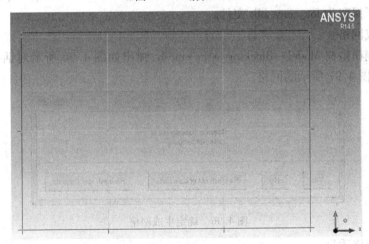

图 4.93　划分后的 Block 示意图

Tips:Spacing 1＝0、Spacing 2＝0 表示网格边界不加密。

b. 在 Edge 栏选择 E_9-10,在 Mesh Law 下拉列表中选择 Biexponential,在 Nodes 栏中输入 41,输入 Spacing 1＝2、Ratio 1＝1.2、Spacing 2＝2、Ratio 2＝1.2,如图 4.95 所示,单击 Apply 确定。采用同样的 Mesh Law 方法定义 E_1-10 的节点数为 41、E_1-2 的节点数为 36、E_2-3 的节点数为 41、E_3-4 的节点数为 36,均设置 Spacing 1＝2、Ratio 1＝1.2、Spacing 2＝2、Ratio 2＝1.2。

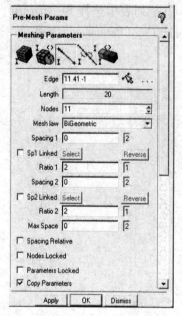

图 4.94　定义 E_8-9 的节点分布

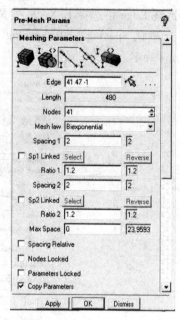

图 4.95　定义 E_9-10 的节点分布

⑤保存块文件。

在 ICEM 主界面菜单栏中依次点击 File→Blocking→Save Blocking As,将当前 Block 在工作路径下保存为 for_conv.blk 文件。

⑥预生成网格。

勾选左侧模型树 Model→Blocking→Pre-mesh,弹出如图 4.96 所示对话框,点击 Yes 确定,生成如图 4.97 所示的网格。

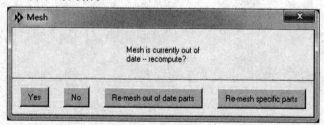

图 4.96　确定生成网格

⑦检查网格质量。

单击 Blocking 标签栏中的 对网格质量进行检查。在 Criterion 下拉列表中选择 Determinant 2×2×2,其余选项保持默认设置,单击 Apply,得到网格质量如图 4.98 所示。

在 Criterion 下拉列表中选择则 Angle,其余选项保持默认设置,单击 Apply,得到网格质量如图 4.99 所示。

⑧生成并保存网格。

a. 右键单击左侧模型树 Model→Blocking→Pre-mesh,选择 Convert to Unstruct Mesh 生成网格,如图 4.100 所示。

b. 在 ICEM 主界面菜单栏中依次点击 File→Mesh→Save Mesh As,将当前网格在工作路径下保存为 nat_conv. uns 文件。

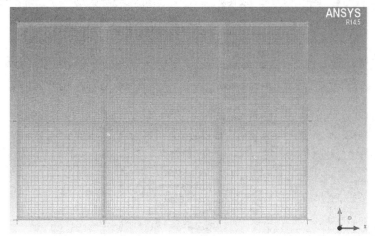

图 4.97　生成的网格

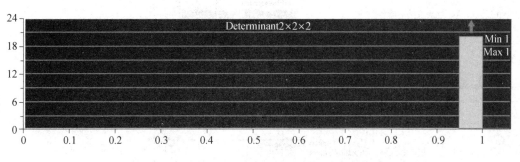

图 4.98　以 Determinant 2×2×2 为标准检查网格质量

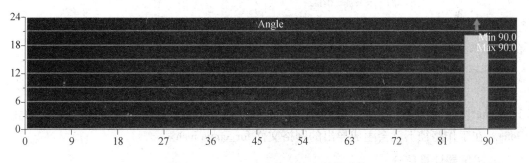

图 4.99　以 Angle 为标准检查网格质量

⑨选择求解器。

选择 ICEM 主界面上方的 Output 标签栏,单击■选择求解器。在 Output Solver 下拉列表中选择 Fluent_V6,如图 4.101 所示,单击 Apply 确定。

⑩导出网格文件。

选择 ICEM 主界面上方的 Output 标签栏,单击■导出网格文件。按照默认名称保存 fbc 和 atr 文件,在弹出的对话框中单击 No 不保存当前项目文件,在随后弹出的窗口中选择之前保存的网格文件 for_conv. uns。然后弹出如图 4.102 所示的对话框,在 Grid

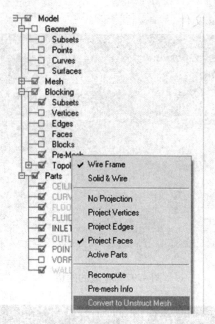

图4.100　转换并生成网格

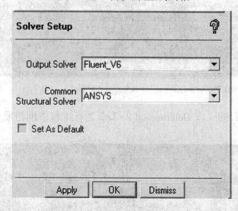

图4.101　选择求解器

dimension栏中选择 2D 输出二维网格,将 Output file 栏中的文件名改为 for_conv,单击 Done。在工作路径下就会生成导出的网格文件 for_conv. msh。

3. 求解器计算部分

本小节中将在 ANSYS FLUENT 中读取网格,确定边界类型及边界条件,设置求解方程及求解控制参数,初始化流场以及迭代求解计算。

(1)求解器启动。

启动 Fluent 程序,在弹出的对话框中,Dimension 选择 2D;Options 勾选 Double Precision,表示采用双精度计算;Processing Options 选择 Parallel,在 Number of Processes 框输入 2,其他项保持默认设置,点击 OK 启动 Fluent 二维求解器。

(2)读取并检查网格。

①读取网格数据。

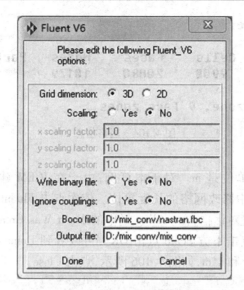

图 4.102 导出网格文件

在 Fluent 主界面菜单栏中依次点击 File→Read→Mesh,选择在 D 盘 for_conv 文件夹下生成的网格 for_conv. msh。读取网格后可以注意在 Fluent 主界面的文本命令窗口的反馈信息是否报错。

②网格质量检查。

在 Fluent 菜单栏中依次点击 Mesh→Check 对网格进行检查,在文本命令窗口中看到如图 4.103 所示的网格质量信息。注意 Minimum Volume 应大于 0,同时最后一行必须是 Done,不能有任何错误警告信息。

```
Mesh Check

 Domain Extents:
   x-coordinate: min (m) = 0.000000e+00, max (m) = 1.500000e+03
   y-coordinate: min (m) = 0.000000e+00, max (m) = 1.000000e+03
 Volume statistics:
   minimum volume (m3): 4.000000e+00
   maximum volume (m3): 8.185202e+02
     total volume (m3): 1.500000e+06
 Face area statistics:
   minimum face area (m2): 1.999999e+00
   maximum face area (m2): 3.231941e+01
 Checking mesh.....................................
Done.
```

图 4.103 网格检查信息

③查看网格信息。

在 Fluent 菜单栏中点击 Mesh→Info→Size,显示网格信息如图 4.104 所示。显示有 9 900 个网格单元,20 080 个面/线,10 179 个网格节点。

```
Mesh Size

Level    Cells    Faces    Nodes    Partitions
  0      9900    20080    10179         2

1 cell zone, 9 face zones.
```

图 4.104　网格信息

（3）设定长度单位。

Fluent 中默认长度单位是 m。对于本算例，由于在 ICEM 建模时长度单位选择是 mm，因此必须在 Fluent 中修改网格的长度单位。依次点击 Fluent 菜单栏的 Mesh→Scale Mesh，弹出长度单位设置对话框，在 Scaling 栏中的 Mesh Was Created In 下拉列表中选择 mm，如图 4.105 所示，点击下方 Scale 点击 OK。可以看到 Domain Extents 中的 Xmax 和 Ymax 分别变为了 1.5 m 和 1 m，如图 4.106 所示，点击 Close。

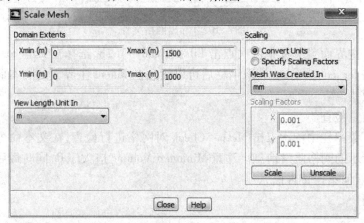

图 4.105　设定长度单位对话框

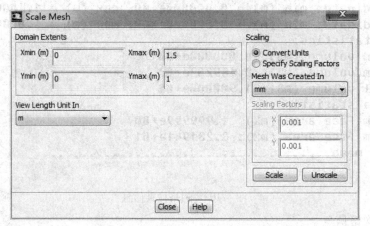

图 4.106　长度单位设定完成

（4）选择湍流计算模型。

依次打开 Fluent 菜单栏 Define→Models→Viscous，点击 Edit，弹出湍流模型设置对话框,在 Model 项中的选择 k-epsilon,在 k-epsilon Model 项选择 RNG,即 RNG k-ε 模型。在 Near-Wall Treatment 项选择 Enhanced Wall Treatment 对近壁面边界层流动进行处理。其他项保持默认设置,湍流模型设置对话框如图 4.107 所示,点击 OK。

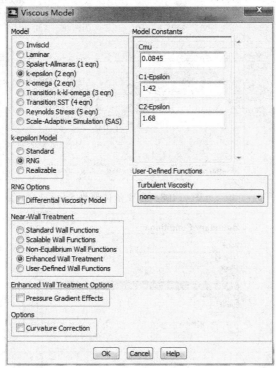

图 4.107　湍流模型设置对话框

（5）定义流体属性。

由于本算例中房间内部和送风温度均为 25 ℃,即计算区域不存在温度差,可以忽略温度的影响,因此不用开启能量方程。在 Fluent 菜单栏依次点击 Define→Materials,在 Materials 列表中选择 Fluid,点击 Create/Edit,弹出流体属性设置对话框,由于流速较低,同时温度不发生变化,可以将空气密度视为常数,保持 Density 为 constant,在下方输入空气 25 ℃时的密度 1.185 kg/m^3,如图 4.108 所示,点击 Change/Create,再点击 Close。

（6）定义边界条件。

在 Fluent 菜单栏依次点击 Define→Boundary Conditions,打开边界条件设置对话框,如图 4.109 所示。

①送风口设置。

在 Zone 栏中选择 inlet,在 Type 项选择 velocity-inlet,点击 Edit 打开速度入口边界设置对话框,保持 Velocity Specification Method 项为 Magnitude, Normal to Boundary,表示气流速度方向垂直于边界,在 Velocity Magnitude 中输入 3,在 Turbulence 栏 Specification Method 的下拉列表中选择 Intensity and Hydraulic Diameter,输入湍流强度为 1.6%,水力直径为 0.04 m,如图 4.110 所示,点击 OK。

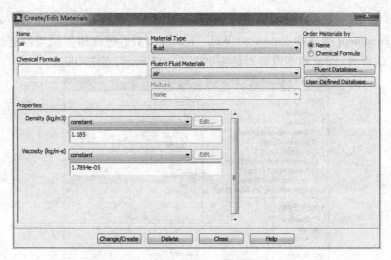

图 4.108　定义流体属性

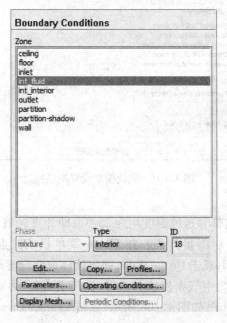

图 4.109　边界条件设置对话框

②出风口设置。

在 Zone 栏中选择 outlet,在 Type 项选择 pressure-outlet,点击 Edit 打开压力出口边界设置对话框,在 Turbulence 栏 Specification Method 的下拉列表中选择 Intensity and Hydraulic Diameter,输入湍流强度为 1.6%,水力直径为 0.04 m,如图 4.111 所示,点击 OK。

③壁面设置。

在 Zone 栏分别选择 ceiling、floor、partition、partition-shadow 和 wall,确认其 Tpye 项均为 wall,保持壁面边界默认设置。

④内部边界设置。

在 Zone 栏选择 int-interior,确认其 Type 为 interior。

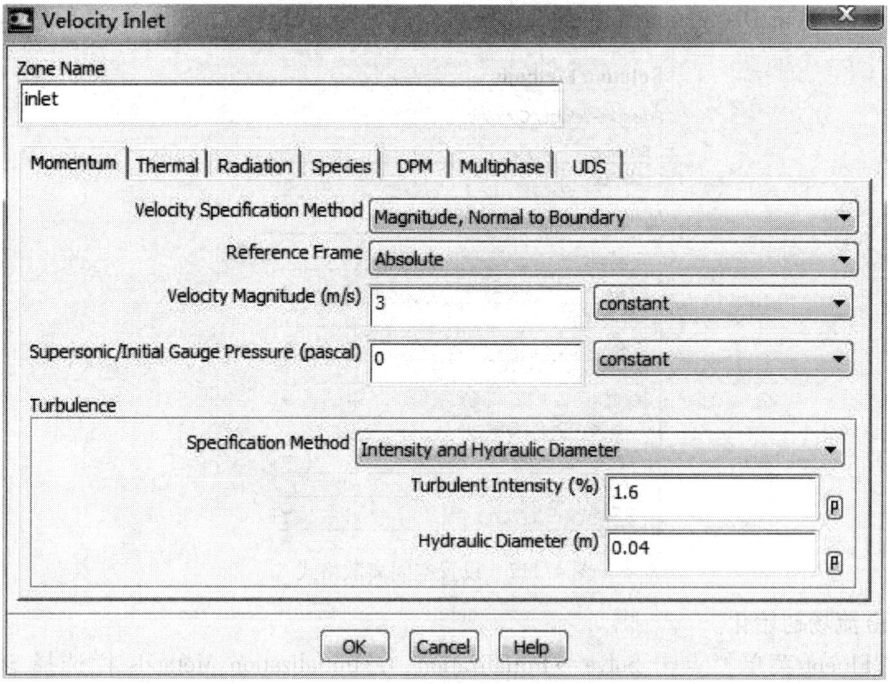

图 4.110　设置送风口边界条件

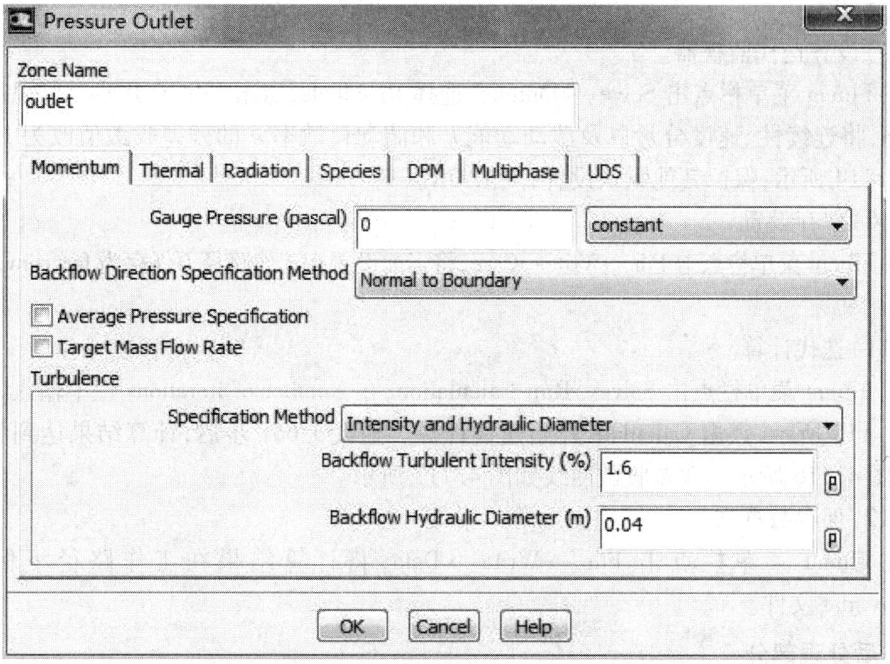

图 4.111　设置出风口边界条件

（7）设置离散和计算（求解）方法。

在 Fluent 菜单栏点击 Solve→Methods，打开求解方法设置对话框。对于速度与压力耦合方式，选择 SIMPLE。将 Spatial Discretization 项中 Momentum、Turbulent Kinetic

Energy、Turbulent Dissipation Rate 的离散格式均改为 QUICK 格式,如图4.112 所示。

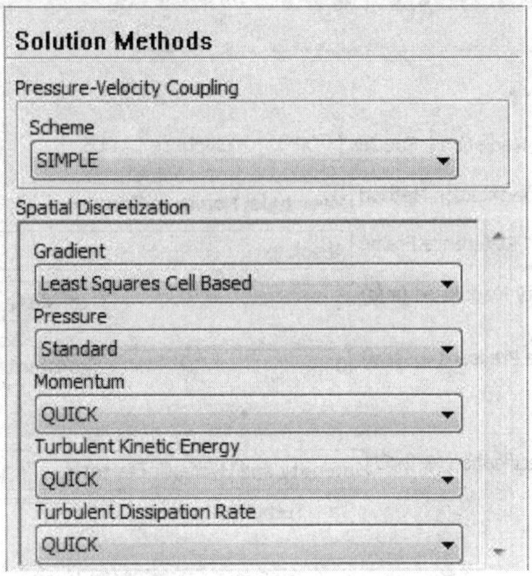

图4.112　设置空间离散格式

(8)流场初始化。

在 Fluent 菜单栏点击 Solve→Initialization,在 Initialization Methods 栏选择 Standard Initializaion,在 Compute from 下拉列表中选择 inlet,如图4.113 所示。点击 Initialize 完成流场初始化。

(9)设置迭代监视器。

在 Fluent 菜单栏点击 Solve→Monitors,选择 Residuals,点击 Edit 打开残差监视器设置对话框,将连续性、速度分量以及湍动动能 k 和湍动耗散率 ε 的残差收敛值改为 1e-05,如图4.114 所示,保留其他默认设置,点击 OK。

(10)保存设置。

在 Fluent 菜单栏点击 File→Write→Case,将当前设置在工作路径下保存为 for_conv. cas 文件。

(11)迭代计算。

在 Fluent 菜单栏点击 Solve→Run Calculation,在 Number of Iterations 栏中输入 2 000,如图4.115 所示,点击 Calculate 开始迭代计算。迭代 1 667 步后,计算结果达到收敛要求,如图4.116 所示。残差收敛曲线如图4.117 所示。

(12)保存数据文件。

在 Fluent 菜单栏点击 File → Write → Data,将计算结果在工作路径下保存为 for_conv. dat 文件。

4. 后处理部分

本小节将利用 ANSYS FLUENT 的后处理功能对计算结果进行观察和分析,包括云图、矢量图以及 XY 散点图的生成和显示。

(1)分布云图显示。

①速度标量云图。

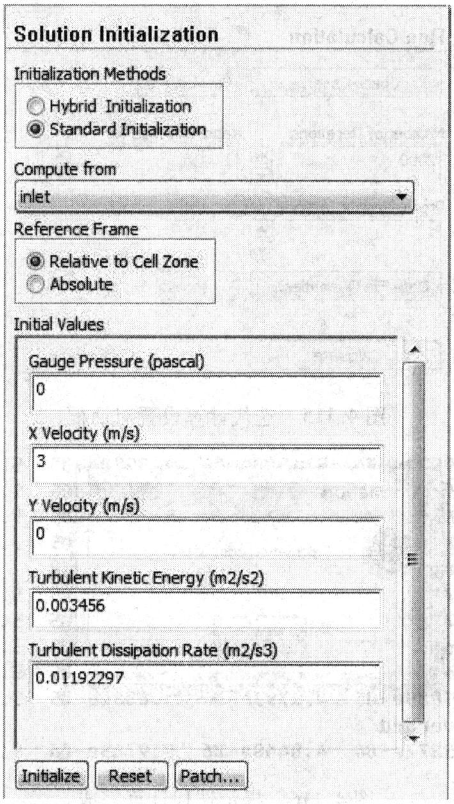

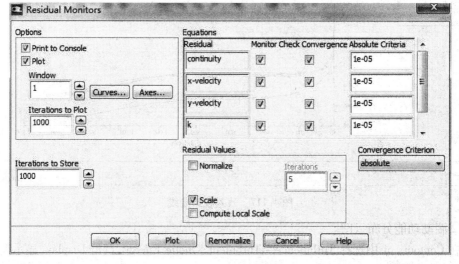

图 4.113　流场初始化设置

图 4.114　残差监视设置

在 Fluent 菜单栏点击 Display→Graphics and Animations,在 Graphics 中选择 Contours,点击 Set Up,在 Options 中勾选 Filled,在 Contours of 中选择 Velocity→Velocity Magnitude,点击 Display,显示速度分布云图,如图 4.118 所示。

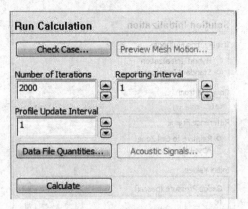

图 4.115　迭代计算设置对话框

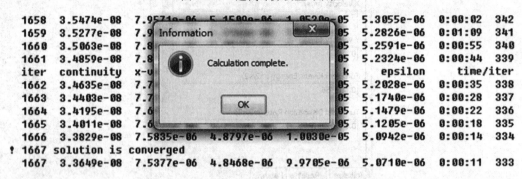

图 4.116　提示迭代计算完成

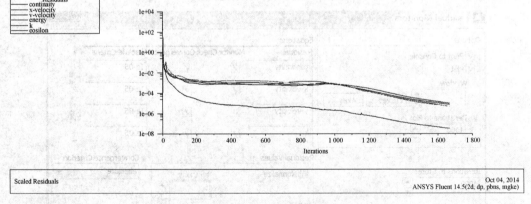

图 4.117　残差收敛曲线

②湍动动能分布云图。

在 Contours of 中选择 Turbulence→Turbulent Kinetic Energy,点击 Display,显示湍动动能 k 分布云图,如图 4.119 所示。

(2)速度矢量图。

在 Fluent 菜单栏点击 Display→Graphics and Animations,在 Graphics 中选择 Vectors,点击 Set Up,打开速度矢量设置对话框,在 Scale 下方输入 50,在 Skip 下方输入 2,如图 4.120 所示,点击 Display,显示速度矢量图,如图 4.121 所示。

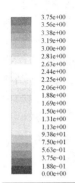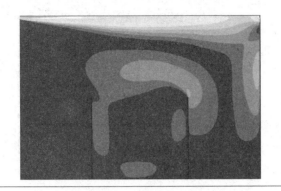

Contours of Velocity Magnitude (m/s)　　　　　　　　　　　　　　　　　　Oct 04, 2014
　　　　　　　　　　　　　　　　　　　　　　　　　　　　ANSYS Fluent 14.5(2d, dp, pbns, rngke)

图 4.118　速度标量分布云图

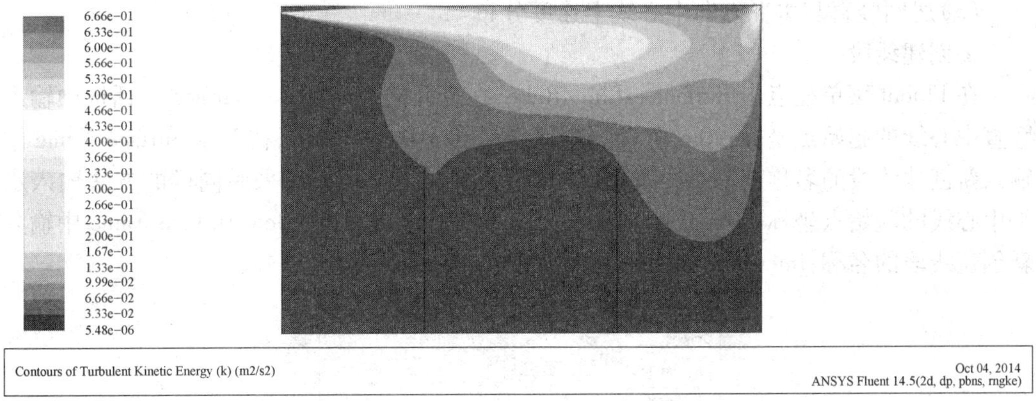

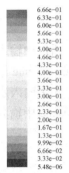

Contours of Turbulent Kinetic Energy (k) (m2/s2)　　　　　　　　　　　　　Oct 04, 2014
　　　　　　　　　　　　　　　　　　　　　　　　　　　　ANSYS Fluent 14.5(2d, dp, pbns, rngke)

图 4.119　湍动动能 k 分布云图

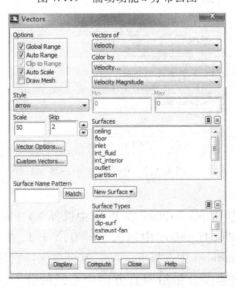

图 4.120　设置显示速度矢量图

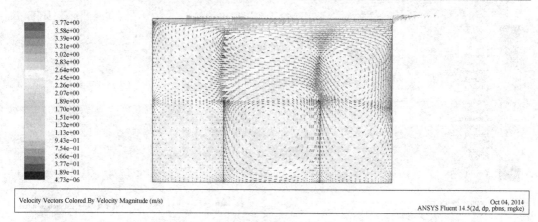

Velocity Vectors Colored By Velocity Magnitude (m/s)

Oct 04, 2014
ANSYS Fluent 14.5(2d, dp, pbns, rngke)

图 4.121　速度矢量图

（3）房间竖直和水平方向中心线上速度分布。

①创建线段。

在 Fluent 菜单栏点击 Surface→Line/Rake，在打开的 Line/Rake Surface 对话框中输入竖直中心线的起始点坐标：x0 = 0.75、x1 = 0.75、y0 = 0、y1 = 1.0，在 New Surface Name 中输入新创建线段的名称：line-ver，如图 4.122 所示，点击 Create。采用同样的方法输入水平中心线的起始点坐标：x0 = 0、x1 = 1.5、y0 = 0.5、y1 = 0.5，在 New Surface Name 中输入新创建线段的名称：line-hor，如图 4.123 所示，点击 Create。

图 4.122　创建竖直中心线

②速度 XY 散点图。

在 Fluent 菜单栏点击 Display→Plots，在 Plots 中选择 XY Plot，点击 Set Up，打开 X-Y 坐标图设置对话框，在 Plot Direction 中输入 X = 0，Y = 1，在 Y Axis Function 中选择 Velocity→X Velocity，在 Surfaces 中选择 line-ver，其余项保持默认设置，如图 4.124 所示，点击 Display，显示 x 方向速度分量沿竖直方向中心线的分布，如图 4.125 所示。勾选 Options 中的 Write to File，点击 Write，在工作路径下保存速度分布文件 ver_xvelo.xy。

在 Plot Direction 中输入 X = 1，Y = 0，在 Y Axis Function 中选择 Velocity→X Velocity，

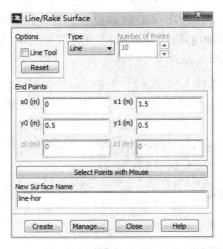

图 4.123　创建水平中心线

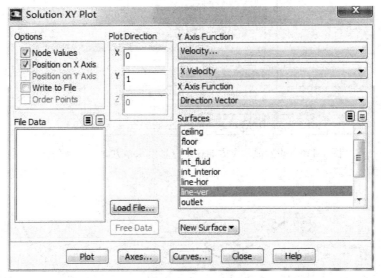

图 4.124　设置显示 x 方向速度分量沿竖直方向中心线分布

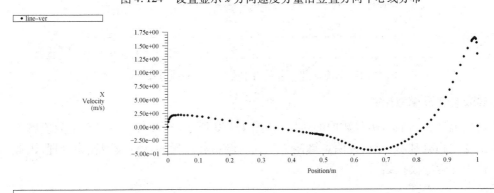

图 4.125　x 方向速度分量沿竖直方向中心线分布

在 Surfaces 中选择 line-hor,其余项保持默认设置,如图 4.126 所示,点击 Display,显示 x 方向速度分量沿水平方向中心线的分布,如图 4.127 所示。勾选 Options 中的 Write to File,点击 Write,在工作路径下保存速度分布文件 hor_xvelo. xy。

在 Y Axis Function 中选择 Velocity→Y Velocity,其余项保持默认设置,如图 4.128 所示,点击 Display,显示 y 方向速度分量沿水平方向中心线的分布,如图 4.129 所示。勾选 Options 中的 Write to File,点击 Write,在工作路径下保存速度分布文件 hor_yvelo. xy。

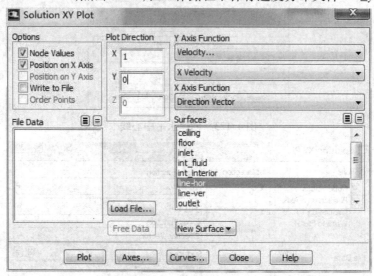

图 4.126　设置显示 x 方向速度分量沿水平方向中心线分布

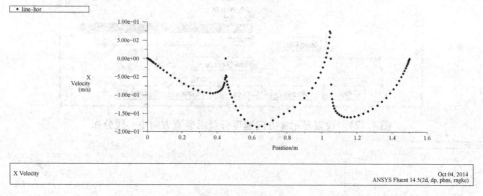

图 4.127　x 方向速度分量沿水平方向中心线分布

5. 实验验证及模拟比较

数值模拟计算结果与实验数据的对比,如图 4.130 所示,通过对比可以看出数值解与实验数据变化趋势基本一致,说明本算例中生成的网格和选择的计算模型较为合理,因此得到了较为准确的模拟结果。

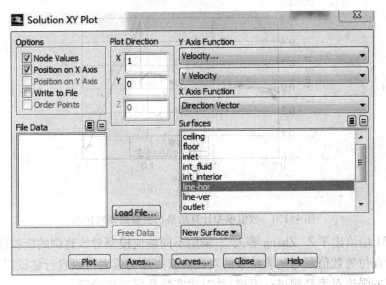

图 4.128　设置显示 y 方向速度分量沿水平方向中心线分布

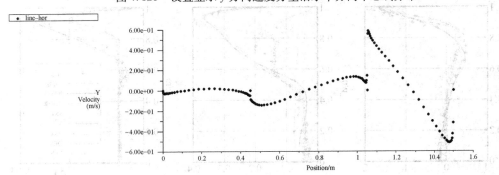

图 4.129　y 方向速度分量沿水平方向中心线分布

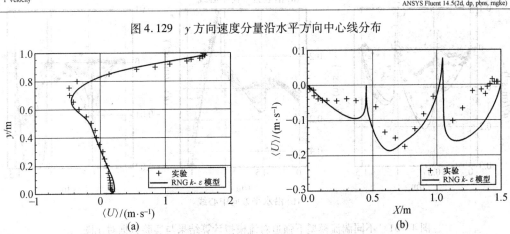

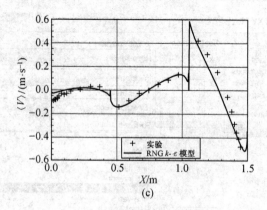

图 4.130　数值模拟计算结果与实验数据对比图

图 4.131 中给出了 Z. Zhang 等人[83]采用不同湍流模型对该算例的模拟结果,同时给出了不同断面位置数值解与实验结果的对比。有兴趣的读者可以自行尝试以这些湍流模型对本小节的强迫对流算例进行模拟,并对比实验数据进行验证。

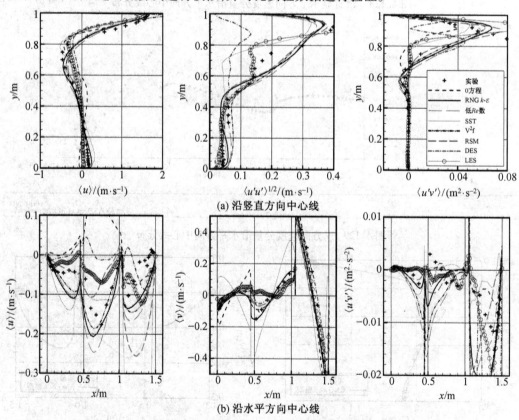

图 4.131　不同湍流模型下强迫对流模拟计算结果与实验数据对比图

4.3.3　非等温强制通风算例

1. 问题描述

本节对一房间内的非等温强制通风情况进行了模拟。房间几何尺寸为：1.04 m(H)×
1.04 m(L)×0.7 m(W)，图 4.132 给出了房间的示意图[84]。空气送风口位于房间左上
角，送风口高 0.018 m，送风速度为 0.57 m/s，送风温度为 15 ℃；出风口位于房间右下角，
出风口高 0.024 m。房间顶面和墙面温度均为 15 ℃，房间地面被加热，地面温度为
35.5 ℃。送风口处湍流强度为 6%，湍动动能 k 为 $1.25×10^{-3}$ m²/s²，湍动耗散率 ε 约为 0，
基于送风口条件得到的雷诺数为 684。

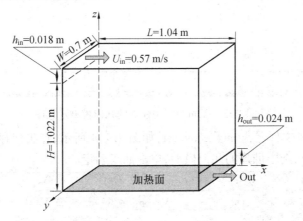

图 4.132　房间模型示意图

由于三维模型的几何结构往往较为复杂，采用 ICEM 进行建模需要花费较长的时间，
因此本算例中利用 AutoCAD 三维建模工具创建几何模型，再将几何模型导入 ANSYS
ICEM CFD 中进行几何模型的再处理以及网格的划分，之后将网格文件导入 ANSYS
FLUENT 中，通过 ANSYS FLUENT 对该问题进行模拟求解，并将数值模拟结果与实验结果
进行比较。

2. 前处理部分

本小节中将利用 ANSYS ICEM CFD 建立房间的几何模型，定义边界区域，再对所建
立的房间模型进行网格尺寸的划分并生成网格。

（1）创建几何模型。

①在 AutoCAD 中进行三维建模。

利用 AutoCAD 三维建模工具创建几何模型，模型尺寸单位为 m。这里对 AutoCAD 中
的建模过程不再具体描述，AutoCAD 中创建的几何模型如图 4.133 所示。

Tips：在 AutoCAD 中建模时，需要用 region 命令将所有封闭的面处理为面域，否则无
法输出有效的几何模型。

②输出几何模型。

在 D 盘根目录下创建名为 mix_conv 的文件夹，在 AutoCAD 菜单栏依次点击文件-输
出，在输出数据对话框中选择创建的 mix_conv 的文件夹作为保存路径，文件类型选择为

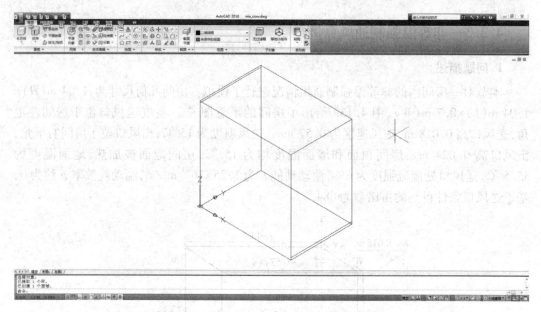

图 4.133　AutoCAD 中建立的几何模型示意图

ACIS(∗. sat),输入文件名为 mix_conv. sat,如图 4.134 所示,点击保存,这时 AutoCAD 会要求选择保存对象,选中创建的几何模型,单击回车确定。

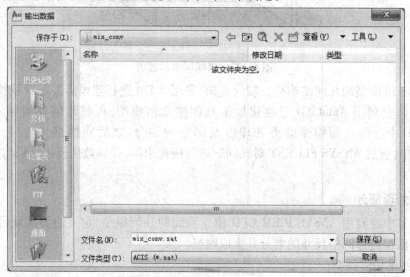

图 4.134　输出几何模型文件

③启动 ANSYS ICEM CFD 并设定工作目录。

打开 ICEM CFD 程序,在 ICEM 主界面菜单栏中依次点击 File→Change Working Dir,选择在 D 盘创建的 mix_conv 文件夹作为工作路径。

④读取几何模型。

在 ICEM 主界面菜单栏中依次点击 File→Import Geometry→Acis,如图 4.135 所示,在弹出的 Select acis file 对话框中选择工作路径下的 mix_conv. sat 文件,点击打开。在弹出的 Import sizes 对话框中点击 Yes,在弹出的 Import sizes From Tetin 对话框中点击 Yes 和 Accept,如图 4.136 所示。读取生成的几何模型如图 4.137 所示。

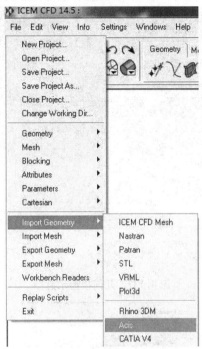

图 4.135　读取 Acis 文件

图 4.136　确认创建几何模型

⑤重建几何模型拓扑结构。

a. 删除所有的 Curve。选择 Geometry 标签栏中的 ✕,单击 Point 右侧的 图标,敲击键盘上的"A"键,删除所有的 Points。选择 Geometry 标签栏中的 ✕,单击 Curve 右侧的 图标,敲击键盘上的"A"键,删除所有的 Curves。

b. 选择 Geometry 标签栏中的 图标修改几何模型,在弹出的对话框中选择 图标创建几何模型拓扑,其余保持默认设置,如图 4.138 所示,单击 Apply,生成新的 Curves 和 Points,如图 4.139 所示。

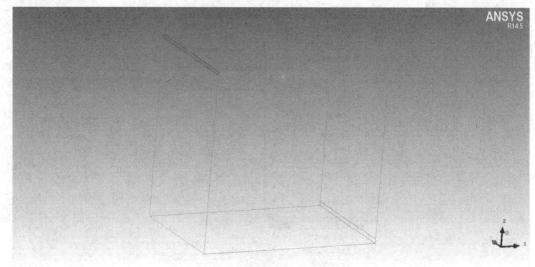

图 4.137　几何模型示意图

图 4.138　创建几何模型拓扑结构

⑥定义 Part。

首先定义进风口的 Part。右键单击左侧模型树 Model 下方的子标签 Parts,选择 Creat Part。定义 Part 名称为 INLET,单击 根据选择的几何元素来定义 Part,单击 Entities 后的 选择进口所在的面,如图 4.140 所示,单击中键确定。

采用同样的方法,依次定义其余 Parts:

定义出风口的 Part 名称为 OUTLET。

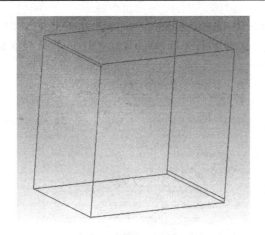

图 4.139 创建的 Points 和 Curves

定义顶面的 Part 名称为 CEILING。

定义底面的 Part 名称为 FLOOR。

定义墙面的 Part 名称为 WALL。

定义所有 Points 的 Part 名称为 POINT。

定义区域 Curves 的 Part 名称为 CURVE。

图 4.140　定义进风口 Part

⑦保存几何模型。

在 ICEM 主界面菜单栏中依次点击 File→Geometry→Save Geometry As,将当前几何模型在工作路径下保存为 mix_conv. tin 文件。

(2)定义网格尺寸并划分网格。

①创建 Block。

选择 Blocking 标签栏中的⬚进行 Block 的创建工作。在 Part 栏中输入 FLUID,在Creat Block 中选择默认项⬚,在 Type 下拉列表中选择 3D Bounding Box,单击 Apply 生成 Block,如图 4.141 所示。创建后的 Block 如图 4.142 所示。

②划分 Block。

选择 Blocking 标签栏中的⬚进行 Block 的划分工作。在打开的 Block 划分对话框中,单击⬚,在 Split Method 下拉列表中选择 Prescribed Point,点击 Edge 右侧的⬚选择平行于

Y轴的 Edge,点击 Point 右侧的 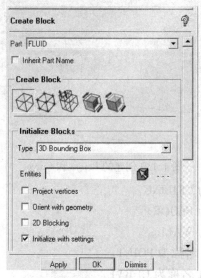 选择图 4.142 中所示的 P_5,如图 4.143 所示,单击中键确定。采用同样的方法,选择平行于 Y 轴的 Edge,以 P_7 为基准划分 Block。划分后的Block 如图 4.144 所示。

图 4.141　创建 Block

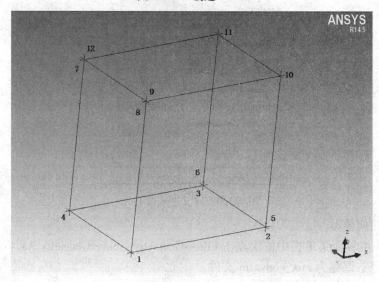

图 4.142　所创建的 Block 示意图

③建立映射关系。

下面创建 Edge 与对应 Curve 的映射关系。单击 `Blocking` 标签栏的 开始建立映射关系。单击 来进行 Edge 映射的创建,勾选 Project vertices 复选框,点击 选择待建立映射的 Edge,单击中键确定;点击 选择对应的一条或几条 Curve,单击中键确定。采用该方法逐一建立各 Edge 到 Curve 的映射关系。

④定义网格节点数。

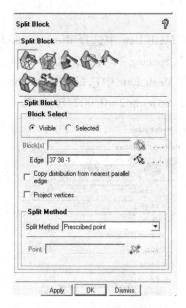

图 4.143　划分 Block

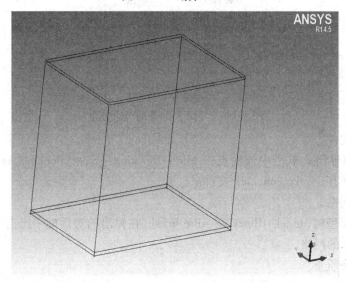

图 4.144　划分后的 Block 示意图

单击 Blocking 标签栏中的 ▣ 开始网格预生成的工作。点击 ↖ 对 Edge 进行网格节点数的划分,在 Edge 栏选择 E_1-2,勾选 Copy Parameters 选项,在 Mesh Law 下拉列表中选择 Biexponential,在 Nodes 栏中输入 51,输入 Spacing 1 = 0.002、Ratio 1 = 1.2、Spacing 2 = 0.002、Ratio 2 = 1.2,如图 4.145 所示,单击 Apply 确定。

在 Edge 栏选择 E_1-4,在 Mesh Law 中选择 Biexponential,在 Nodes 栏中输入 31,输入 Spacing 1 = 0.002、Ratio 1 = 1.5、Spacing 2 = 0.002、Ratio 2 = 1.5。

在 Edge 栏选择 E_1-8'(V_8'为 E_1-9 上与 V_8 对应的 Vertex),在 Mesh Law 中选择 Biexponential,在 Nodes 栏中输入 45,输入 Spacing 1 = 0.002、Ratio 1 = 1.2、Spacing 2 =

0.002、Ratio 2 = 1.2。

　　在 Edge 栏选择 E_2-5,在 Mesh Law 中选择 Biexponential,在 Nodes 栏中输入 10,输入 Spacing 1 = 0.002、Ratio 1 = 1.2、Spacing 2 = 0.002、Ratio 2 = 1.2。

　　在 Edge 栏选择 E_8-9,在 Mesh Law 中选择 Biexponential,在 Nodes 栏中输入 8,输入 Spacing 1 = 0.002、Ratio 1 = 1.2、Spacing 2 = 0.002、Ratio 2 = 1.2。

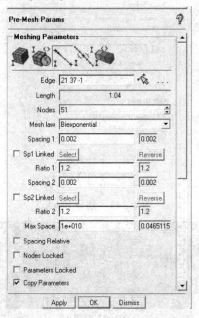

图 4.145　定义 E_1-2 的节点分布

　　⑤保存块文件。

　　在 ICEM 主界面菜单栏中依次点击 File→Blocking→Save Blocking As,将当前 Block 在工作路径下保存为 mix_conv.blk 文件。

　　⑥预生成网格。

　　勾选左侧模型树 Model→Blocking→Pre-mesh,在弹出的对话框中点击 Yes 确定,生成如图 4.146 所示的网格。

　　⑦检查网格质量。

　　单击 Blocking 标签栏中的 对网格质量进行检查。在 Criterion 下拉列表中选择 Determinant 2×2×2,其余选项保持默认设置,单击 Apply,得到网格质量如图 4.147 所示。

　　在 Criterion 下拉列表中选择则 Angle,其余选项保持默认设置,单击 Apply,得到网格质量如图 4.148 所示。

　　⑧生成并保存网格。

　　a. 右键单击左侧模型树 Model→Blocking→Pre-mesh,选择 Convert to Unstruct Mesh 生成网格,如图 4.149 所示。

　　b. 在 ICEM 主界面菜单栏中依次点击 File→Mesh→Save Mesh As,将当前网格在工作路径下保存为 mix_conv.uns 文件。

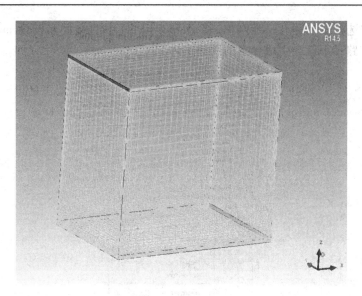

图 4.146　生成的网格

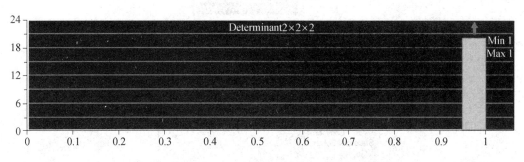

图 4.147　以 Determinant 2×2×2 为标准检查网格质量

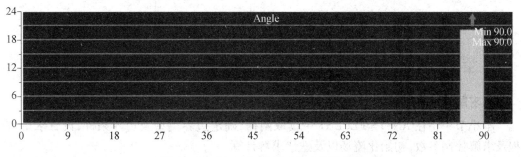

图 4.148　以 Angle 为标准检查网格质量

⑨选择求解器。

选择 ICEM 主界面上方的 Output 标签栏,单击 选择求解器。在 Output Solver 下拉列表中选择 Fluent_V6,如图 4.150 所示,单击 Apply 确定。

⑩导出网格文件。

选择 ICEM 主界面上方的 Output 标签栏,单击 导出网格文件。按照默认名称保存 fbc 和 atr 文件,在弹出的对话框中单击 No 不保存当前项目文件,在随后弹出的窗口中选择之前保存的网格文件 mix_conv. uns。然后弹出如图 4.151 所示的对话框,在 Grid dimension栏中选择 3D 输出三维网格,将 Output file 栏中的文件名改为 mix_conv,单击 Done。在工作路径下就会生成导出的网格文件 mix_conv. msh。

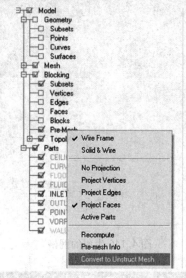

图 4.149　转换并生成网格

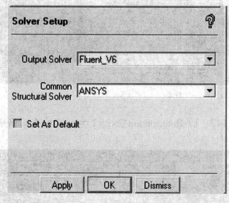

图 4.150　选择求解器

3. 求解器计算部分

本小节中将在 ANSYS FLUENT 中读取网格,确定边界类型及边界条件,设置求解方程及求解控制参数,初始化流场以及迭代求解计算。

(1)求解器启动。

启动 Fluent 程序,在弹出的对话框中,Dimension 选择 3D;Options 勾选 Double Precision,表示采用双精度计算;Processing Options 选择 Parallel,在 Number of Processes 框输入 2,其他项保持默认设置,点击 OK 启动 Fluent 三维求解器。

(2)读取并检查网格。

①读取网格数据。

在 Fluent 主界面菜单栏中依次点击 File→Read→Mesh,选择在 D 盘 for_conv 文件夹下生成的网格 mix_conv. msh。读取网格后可以注意在 Fluent 主界面的文本命令窗口的

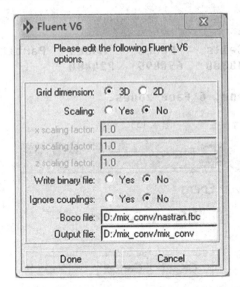

图 4.151　导出网格文件

反馈信息是否报错。

②网格质量检查。

在 Fluent 菜单栏中依次点击 Mesh→Check 对网格进行检查,在文本命令窗口中看到如图 4.152 所示的网格质量信息。注意 Minimum Volume 应大于 0,同时最后一行必须是 Done,不能有任何错误警告信息。

```
Mesh Check

  Domain Extents:
    x-coordinate: min (m) = -2.775558e-17, max (m) = 1.040000e+00
    y-coordinate: min (m) = -3.469447e-17, max (m) = 7.000000e-01
    z-coordinate: min (m) = -2.086162e-10, max (m) = 1.022000e+00
  Volume statistics:
    minimum volume (m3): 7.999996e-09
    maximum volume (m3): 3.813097e-05
      total volume (m3): 7.440159e-01
  Face area statistics:
    minimum face area (m2): 3.999998e-06
    maximum face area (m2): 1.159966e-03
  Checking mesh....................................
Done.
```

图 4.152　网格检查信息

③查看网格信息。

在 Fluent 菜单栏中点击 Mesh→Info→Size,显示网格信息如图 4.153 所示。显示有 213 300 个网格单元,650 895 个面/线,224 480 个网格节点。

(3)开启能量方程。

依次打开 Fluent 菜单栏 Define→Models→Energy,点击 Edit,弹出能量方程设置对话框,勾选 Energy Equation 项开启能量方程,如图 4.154 所示,点击 OK。

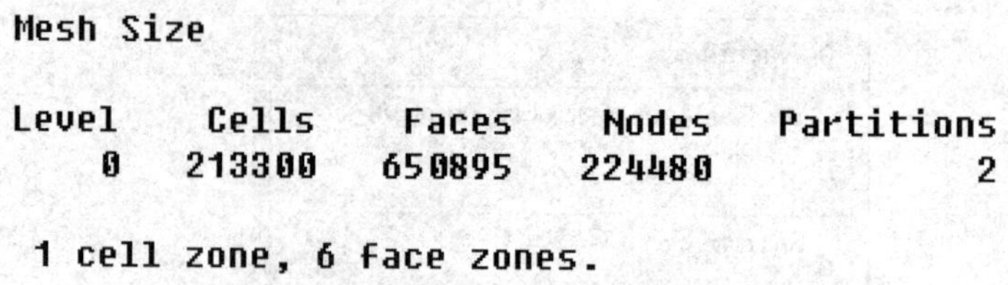

Mesh Size
Level Cells Faces Nodes Partitions
0 213300 650895 224480 2
1 cell zone, 6 face zones.

图 4.153　网格信息

Energy
Energy
Energy Equation
OK
Cancel
Help

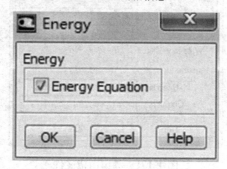

图 4.154　开启能量方程

(4)选择湍流计算模型。

由于本算例中流体的雷诺数较低,采用低雷诺数 $k-\varepsilon$ 模型进行求解,由于 FLUENT 低雷诺数模型属于隐藏模型,需要通过命令来将其调用。具体操作为:依次打开 Fluent 菜单栏 Define→Models→Viscous,点击 Edit,弹出湍流计算模型设置对话框,在 Model 项中的选择 k-epsilon。在 FLUENT 主界面命令窗口依次输入/define/models/viscous/turbulence-expert/low-re-ke,弹出 Enable the low-Re k-epsilon turbulence model? [no]的询问语句,输入 y 回车。Fluent 中共提供了 6 种低雷诺数模型,默认采用 Abid 低雷诺数模型,如需采用其他低雷诺数模型,则可以通过 low-re-ke-index 命令,在弹出的 Low-Re k-epsilon model index [0]询问语句后输入想要采用的低雷诺数模型代号,它们分别是:0-Abid;1-Lam-Bremhorst;2-Launder-Sharma;3-Yang-Shih;4-Abe-Kondoh-Nagano;5-Chang-Hsieh-Chen。设置完以后可以看到在 k-epsilon Model 模型面板中 Low-Re 模型已被选中,如图 4.155 所示,点击 OK。

(5)定义流体属性。

在 Fluent 菜单栏依次点击 Define→Materials,在 Materials 列表中选择 Fluid,点击 Create/Edit,弹出流体属性设置对话框,点开 Density 项的下拉列表,选择 boussinesq,在 boussinesq 下方输入 1.226,将 Properties 栏右侧的滚动条拖到最下方,在 Thermal Expansion Coefficient 栏输入 0.004,如图 4.156 所示,点击 Change/Create,再点击 Close。

(6)设置温度单位。

在 Fluent 菜单栏依次点击 Define→Units,在 Quantities 栏中找到 Temperature,将其右侧 Units 的 k 改为 c,如图 4.157 所示,点击 Close。

(7)定义边界条件。

在 Fluent 菜单栏依次点击 Define→Boundary Conditions,打开边界条件设置对话框。

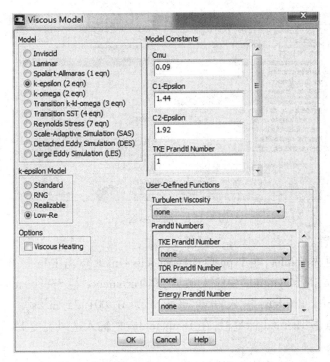

图 4.155　湍流模型设置对话框

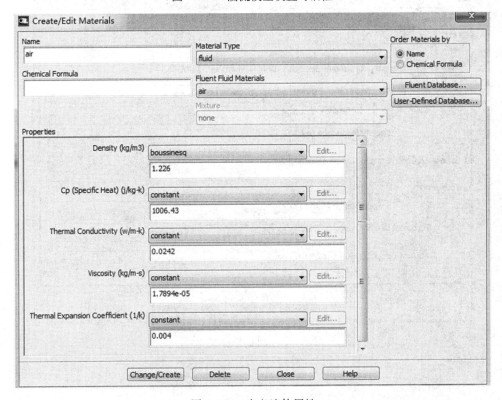

图 4.156　定义流体属性

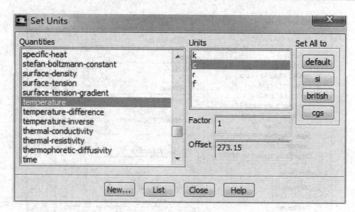

图 4.157　设置温度单位

①送风口设置。

在 Zone 栏中选择 inlet,在 Type 项选择 velocity-inlet,点击 Edit 打开速度入口边界设置对话框,在 Velocity Magnitude 中输入 0.57,在 Turbulence 栏 Specification Method 的下拉列表中选择 K and Epsilon,输入湍动动能 k 为 0.001 25 m^2/s^2,湍动耗散率 ε 为 0.000 4 m^2/s^3,点击 Thermal 标签栏,在 Temperature 栏输入送风温度 15 ℃,如图 4.158 所示,点击 OK。

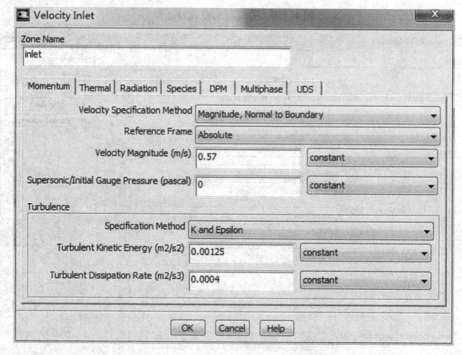

(a)送风动量设置

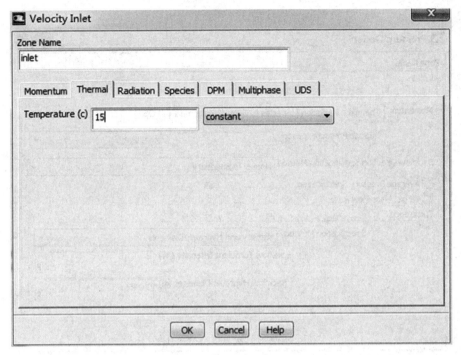

(b)送风温度设置

图 4.158　设置送风口边界条件

②出风口设置。

在 Zone 栏中选择 outlet,在 Type 项选择 pressure-outlet,点击 Edit 打开压力出口边界设置对话框,在 Turbulence 栏 Specification Method 的下拉列表中选择 Intensity and Hydraulic Diameter,输入湍流强度为 6%,水力直径为 0.046 m,如图 4.159 所示,点击 OK。

③地面设置。

在 Zone 栏选择 floor,确认其 Tpye 项均为 wall,点击 Edit 打开壁面边界设置对话框,点击 Thermal 标签栏,在 Thermal Conditions 栏选择 Temperature 设置壁温,在右侧 Temperature 栏输入地面温度 35.5 ℃,如图 4.160 所示,点击 OK。

④顶面和墙面设置。

在 Zone 栏分别选择 ceiling 和 wall,确认其 Tpye 项均为 wall,采用设置地面温度同样的方法设置顶面和墙面壁温为 15 ℃。

(8)定义工作条件。

在 Fluent 菜单栏点击 Define→Operating Conditions,打开工作条件设置对话框。勾选 Gravity 开启重力项,在 Z 栏输入重力加速度值-9.81 m/s²,在 Boussinesq Parameters 中的 Operating Temperature 栏中输入房间温度 15 ℃,如图 4.161 所示。点击 OK。

(9)设置离散和计算(求解)方法。

在 Fluent 菜单栏点击 Solve→Methods,打开求解方法设置对话框。对于速度与压力耦合方式,选择 SIMPLE。将 Spatial Discretization 项中 Momentum、Turbulent Kinetic Energy、Turbulent Dissipation Rate 的离散格式均改为 Second Order Upwind 格式,如图

4.162 所示。

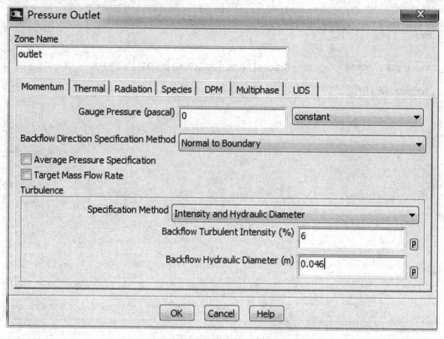

图 4.159　设置出风口边界条件

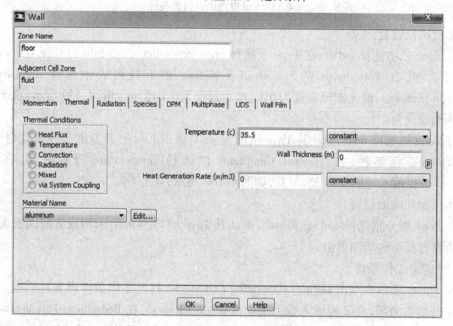

图 4.160　设置地面边界条件

（10）流场初始化。

在 Fluent 菜单栏点击 Solve→Initialization，在 Initialization Methods 栏选择 Standard Initializaion，在 Compute from 下拉列表中选择 inlet，如图 4.163 所示。点击 Initialize 完成流场初始化。

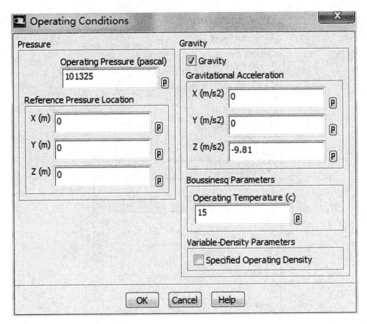

图 4.161　设置工作条件

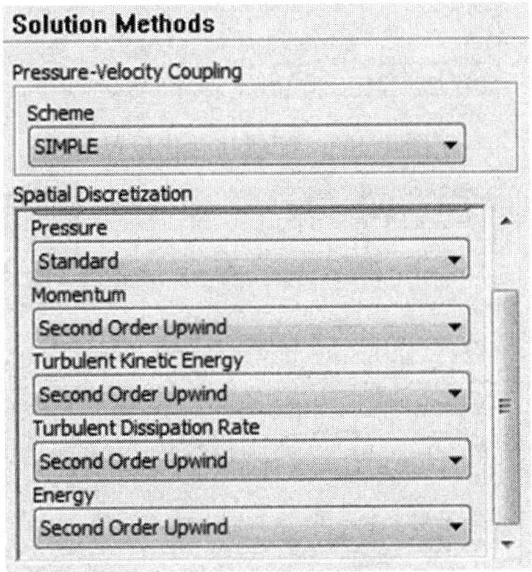

图 4.162　设置空间离散格式

（11）设置迭代监视器。

在 Fluent 菜单栏点击 Solve→Monitors，选择 Residuals，点击 Edit 打开残差监视器设置对话框，将连续性、速度分量以及湍动动能 k 和湍动耗散率 ε 的残差收敛值改为 1e−05，如图 4.164 所示，保留其他默认设置，点击 OK。

（12）保存设置。

在 Fluent 菜单栏点击 File→Write→Case，将当前设置在工作路径下保存为 mix_conv.cas 文件。

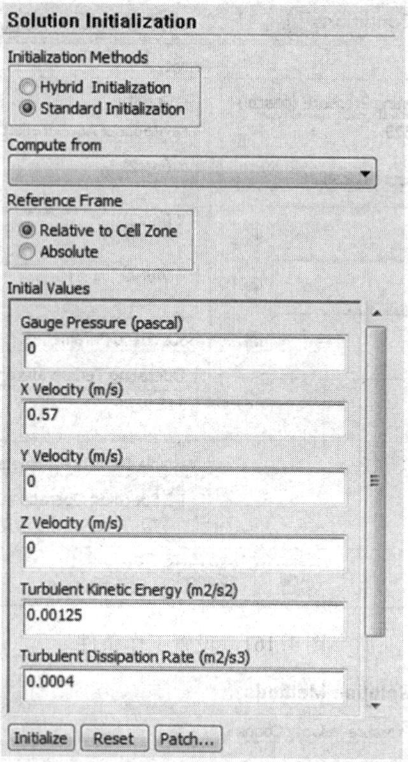

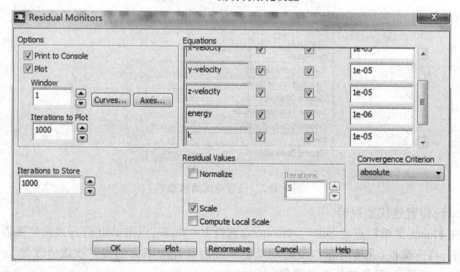

图 4.163　流场初始化设置

图 4.164　残差监视设置

（13）迭代计算。

在 Fluent 菜单栏点击 Solve→Run Calculation，在 Number of Iterations 栏中输入 5 000，如图 4.165 所示，点击 Calculate 开始迭代计算。迭代 1 850 步后，计算结果达到收敛要求，如图 4.166 所示。残差收敛曲线如图 4.167 所示。

图 4.165　迭代计算设置对话框

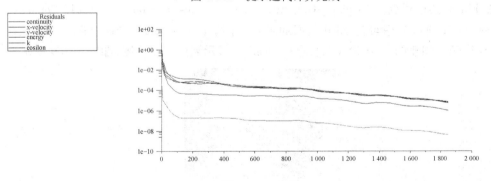

图 4.166　提示迭代计算完成

图 4.167　残差收敛曲线

（14）保存数据文件。

在 Fluent 菜单栏点击 File→Write→Data,将计算结果在工作路径下保存为 mix_conv. dat 文件。

4. 后处理部分

本小节将利用 ANSYS FLUENT 的后处理功能对计算结果进行观察和分析,包括云图、矢量图以及 XY 散点图的生成和显示。

(1)云图分布显示。

①创建截面。

在 Fluent 菜单栏点击 Surface→Iso-Surface,在打开的 Iso-Surface 对话框 Surface of Constant 下拉列表中选择 Mesh···,在下面的下拉列表中选择 Y-Coordinate,在 Iso-Values 栏输入 0.35,在 New Surface Name 栏将截面命名为 $y=0.35$,如图 4.168 所示。点击 Create。

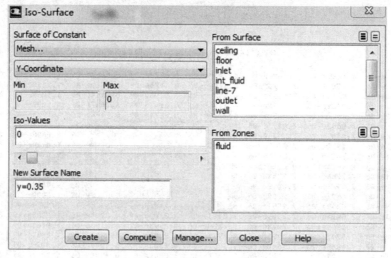

图 4.168　创建 $y=0.35$m 截面

②温度分布云图。

在 Fluent 菜单栏点击 Display→Graphics and Animations,在 Graphics 中选择 Contours,点击 Set Up,在 Options 中勾选 Filled,在 Contours of 中选择 Temperature→Static Temperature,在 Surfaces 栏选择创建的 $y=0.35$ 截面,点击 Display,显示温度分布云图,如图 4.169 所示。

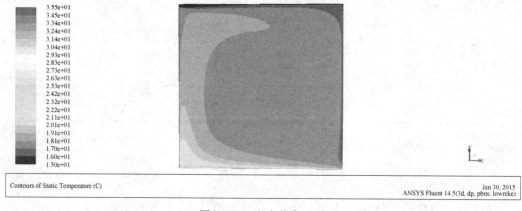

图 4.169　温度分布云图

③湍动动能分布云图。

在 Contours of 中选择 Turbulence→Turbulent Kinetic Energy,点击 Display,显示湍动动能分布 k 云图,如图 4.170 所示。

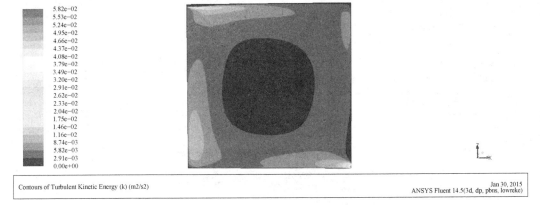

Contours of Turbulent Kinetic Energy (k) (m2/s2)

Jan 30, 2015
ANSYS Fluent 14.5(3d, dp, pbns, lowreke)

图 4.170　湍动动能 k 分布云图

(2)速度矢量图。

在 Fluent 菜单栏点击 Display→Graphics and Animations,在 Graphics 中选择 Vectors,点击 Set Up,打开速度矢量设置对话框,在 Scale 下方输入 30,在 Surfaces 栏选择创建的 $y=0.35$ 截面,如图 4.171 所示,点击 Display,显示速度矢量图,如图 4.172 所示。

图 4.171　设置显示速度矢量图

(3)房间竖直方向中心线上速度分布。

①创建线段。

在 Fluent 菜单栏点击 Surface→Line/Rake,在打开的 Line/Rake Surface 对话框中输入竖直方向中心线的起始点坐标:x0=0.52、x1=0.52、y0=0.35、y1=0.35、z0=0、z1=1.022,在 New Surface Name 中输入新创建线段的名称:x/l=0.5,如图 4.173 所示。点击 Create。

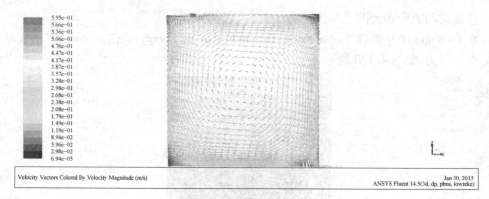

图 4.172　速度矢量图

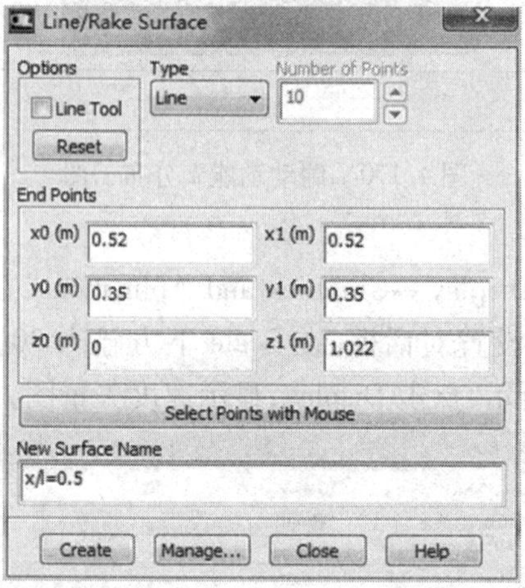

图 4.173　创建竖直方向中心线

②温度沿竖直方向中心线分布。

在 Fluent 菜单栏点击 Display→Plots,在 Plots 中选择 XY Plot,点击 Set Up,打开 X-Y 坐标图设置对话框,在 Plot Direction 中输入 X= 0,Y= 0,Z= 1,在 Y Axis Function 中选择 Temperature→Static Temperature,在 Surfaces 中选择 x/l= 0.5,其余项保持默认设置,如图 4.174 所示,点击 Display,显示温度沿竖直方向中心线的分布,如图 4.175 所示。勾选 Options中的 Write to File,点击 Write,在工作路径下保存速度分布文件 temp. xy。

③湍动动能 k 沿竖直方向中心线分布。

在 Y Axis Function 中选择 Turbulence→Turbulent Kinetic Energy（k）,在 Surfaces 中选择 x/l= 0.5,其余项保持默认设置,如图 4.176 所示,点击 Display,显示湍动动能 k 沿竖直方向中心线的分布,如图 4.177 所示。勾选 Options 中的 Write to File,点击 Write,在工作路径下保存速度分布文件 k. xy。

5.实验验证及模拟比较

如图 4.178 所示,通过对比可以看出模拟得到的温度值略小于实验测量结果,而模拟得到的 k 值略大于实验测量结果,但是数值解与实验数据变化趋势基本一致,说明本算例中生成的网格和选择的计算模型较为合理。

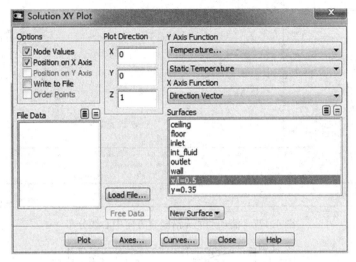

图 4.174   设置显示温度沿竖直方向中心线分布

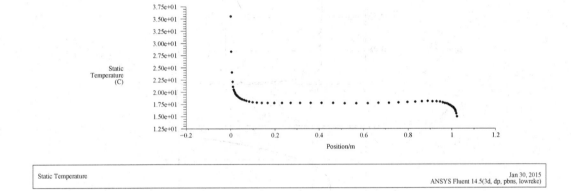

图 4.175   温度沿竖直方向中心线分布

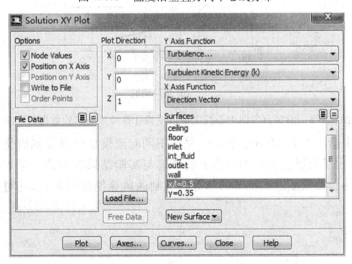

图 4.176   设置显示湍动动能 k 沿竖直方向中心线分布

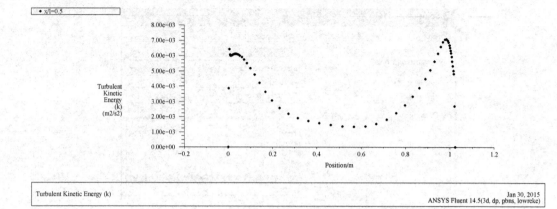

图 4.177　湍动动能 k 沿竖直方向中心线分布

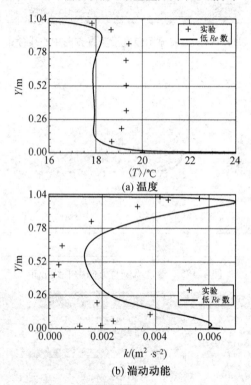

(a) 温度

(b) 湍动动能

图 4.178　沿竖直方向中心线上数值模拟计算结果与实验数据对比图

　　图 4.179 中给出了 Z. Zhang 等人[83]采用不同湍流模型对该算例简化为二维情况的模拟结果,并给出了沿竖直方向中心线上数值解与实验结果的对比。有兴趣的读者可以自行尝试以这些湍流模型对本小节的非等温强制通风算例进行模拟,并对比实验数据进行验证。

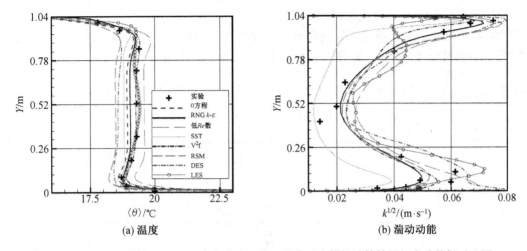

(a) 温度　　　　　　　　　　　　　　(b) 湍动动能

图 4.179　不同湍流模型下沿竖直方向中心线上混合对流模拟计算结果与实验数据对比图

4.4　总　　结

近年来 CFD 商用软件利用其优越的界面处理和完善的计算功能,除了用于科研活动之外,在工程界也发挥着越来越大的作用。越来越多的工程案例通过利用 CFD 这个强有力的计算工具来研究建筑环境的形成机理,进而为有效控制或改善建筑环境提供了巨大的帮助。

在利用商用软件进行 CFD 计算时要注意以下几个问题:

(1)认真阅读使用手册。事实上虽然有不同的 CFD 商用软件,但最核心的湍流计算模型部分、离散部分等差异不大,独特的地方大都在前后处理部分,特别要对网格生成与处理、边界条件的定义、用户接口以及图形处理等方面仔细研究,否则由于认识理解上的偏差很容易造成计算错误。

(2)掌握 CFD 基本原理和所研究问题的本质规律。现在的 CFD 商用软件由于界面设置越来越友好,输入文件中存在大量的缺省值设定,使得 CFD 计算变得很容易,即使是初学者也很容易操作。另外,为了让计算得以顺利进行,商用软件往往在收敛判断等方面进行了特殊处理,使得实际上明显矛盾的计算条件也被允许执行并产生貌似正确的“结果”。这种“傻瓜型”的 CFD 计算特别值得我们注意。解决的办法是,必须掌握一定的 CFD 原理,对输入文件中各项内容要有起码的了解。对采用何种湍流计算模型、离散格式,它们的优缺点是什么要有起码的认识。最重要的是,要结合流体力学、传热学、建筑环境学等相关专业理论知识,对于计算结果从物理概念上认真分析,不能盲目相信,不能计算完就完事大吉。只有反复演练、不断学习,才能真正达到 CFD 计算的目的。

复习思考题

1. 简要说明 CFD 商用软件的特点,列举主要的 CFD 商用软件。

2. 简要说明 CFD 软件模拟的主要流程。

3. 利用标准 $k\text{-}\varepsilon$ 模型或其修正模型进行如下等温房间强制通风算例的二维 CFD 模拟[85]。计算域尺寸如图 4.180 所示。根据实际测试结果，送风风速 U_{in} 为 0.455 m/s，$k_{in}=3/2(U_{in}\times0.1)^2$，$\varepsilon_{in}=C_\mu^{3/4}\dfrac{k^{3/2}}{0.016\ 8}$。试得到并分析流速标量云图及矢量分布图。

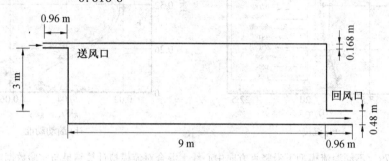

图 4.180　算例示意图

4. 利用标准 $k\text{-}\varepsilon$ 模型或其修正模型、DSM 模型或 LES 进行如下非等温房间强制通风算例的三维 CFD 模拟[86]。房间尺寸如图 4.181 所示。送风口在左侧墙体中心位置，回风口在右侧墙体 4 个角部，尺寸均为 0.04 m×0.04 m。送风风速 U_{in} 为 1.0 m/s，送风温度 θ_{in} 为 0 ℃；室内初始空气温度为 12.2 ℃。加热墙面热通量为 37.19 W/m²。试得到并分析通过房间中心垂直剖面上的流速标量云图与矢量分布图，温度场分布图。

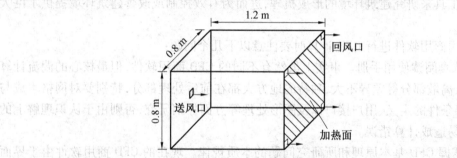

图 4.181　算例示意图

5. 试利用标准 $k\text{-}\varepsilon$ 模型或其修正模型进行如下单体房间穿堂风算例的 CFD 模拟[87]。房间及风口尺寸如图 4.182 所示。室外域的设定方法请读者参照 5.5.1 节的介绍。流入边界条件中的 α 取 0.25（见表 5.6）。试求建筑表面风压系数分布，通过中心剖面的流速矢量分布图。

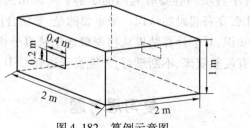

图 4.182　算例示意图

第 5 章　CFD 在建筑环境领域的应用

5.1　概　　述

目前学术界普遍认为,F. H. Harlow 及 J. E. Fromm 在 1965 年发表的论文标志着数值实验正式成为流体力学研究中的独立研究手段[88]。CFD 模拟作为数值实验的有力工具,在所有与流体力学相关的领域都必然有其重要的应用价值。虽然在最初阶段,是宇航航天、气象预报等行业需求推动了 CFD 模拟技术的早期发展,但从 20 世纪 70 年代之后,以建筑为代表的工业界越来越成为 CFD 技术发展和应用的主力。自 1974 年 Nielsen 最早引入 CFD 模拟进行建筑内气流评价[89]以来,伴随着建筑环境、计算方法及运算条件的共同进步,CFD 模拟技术已越来越成为建筑环境领域最为重要的技术手段之一,并在大量的专业书籍、文献中得到介绍。

CFD 在建筑环境领域的应用也经历了一个从简单到复杂、从粗糙到精细的发展过程。在应用早期,主要受到计算机运算能力的限制,CFD 模拟只能以单一房间为对象,进行二维稳态流动计算,利用的湍流计算模型也相对比较简单;经过将近 50 年的发展,CFD 模拟可以针对包括大量房间、内部格局非常复杂的整栋建筑,以及包括上百栋建筑群落的大型城市区域,可以进行长期非稳态模拟,可以与建筑能耗模型、光环境模型等组合出更为多样化的模拟方式。

本章围绕目前建筑环境 CFD 模拟最主要的应用方面——湍流计算模型的性能验证、空调通风气流组织方案设计与评价、热湿环境、空气品质及热舒适性预测评价、建筑周边微尺度环境、CFD 与其他模拟手段的组合应用等展开进行介绍。文中给出了一些详细的研究案例,需要指出的是,作者有意识地挑选它们并不意味它们的模拟工作就是权威或完美的,而是认为它们具有某种程度的代表性。另外,从尊重原文出发,引用时尽量保留了原有的变量符号。

5.2　湍流计算模型的性能验证

5.2.1　概述

在前文第 2 章中较为系统地介绍了各种湍流计算模型的计算原理和应用特点,但这些介绍是宏观的和定性的,没有和建筑环境的具体特点相结合。事实上,目前的商用 CFD 软件中都内置了许多湍流计算模型,对于尚缺乏经验的模拟者来说,如何选择合适的湍流计算模型是建筑环境 CFD 模拟能否成功的关键因素。对于绝大多数建筑环境研究或工程应用问题来说,最关注的是室内时均气流、温湿度或污染物浓度分布,而不是非常细微的湍动结构,同时模拟者还希望能够在计算机现有配置的情况下尽快获得计算结果(比方说运算数个小时或 1 天的时间),这些都决定了在现阶段 RANS 模型,尤其是标准 k-ε 模型及其各种修正模型还是建筑环境 CFD 模拟的主流。相比之下,虽然已有了不少成功的案例,但 LES 毕竟受制于计算量和复杂的条件设定(如边界条件),目前看直接应用于比较复杂的室内建筑环境模拟或尺度更大的建筑周边微尺度环境模拟中还存在不小的障碍。

从笔者的经验看,很多定性的关于湍流计算模型性能优劣的评价都不一定适用于具体的算例。如相比标准 k-ε 模型,低 Re 数 k-ε 模型按理论来说应该对壁面附近湍流流动计算更为准确,但与测试比较后发现很多情况并不是如此;而理论上似乎更为严谨的 DSM 的计算结果也经常还不如 k-ε 模型等等。这是因为所有的湍流计算模型都有其最为适用的领域,如有的湍流计算模型在单纯的射流问题上模拟效果更好一些,另外的模型则可能更适用于单纯的分层流或浮力流动。但实际的建筑环境问题往往在一个封闭空间内同时包含了各种空气流动状态,是各种复杂流动现象的组合。因此很难找到某一个湍流计算模型能够完美地对应所有的流动要素,也就经常出现计算结果达不到预期效果的情况。这在某种意义上一方面说明再精密的 CFD 模拟也永远不可能完全替代实验,实验始终是验证 CFD 模拟方法和结果正确与否的重要依据;同时也提示模拟者,在缺乏实验验证条件时,需要尽可能多地参考其他具有权威性的研究者的研究成果,加深对各种湍流计算模型解决建筑环境问题能力的理解。

5.2.2　零方程湍流计算模型的室内气流组织模拟性能验证

Chen 等人利用他人的实验成果,针对开发的零方程模型进行了验证[90]。图 5.1 为房间处于自然对流情况下的验证例。由图 5.2 可以看出,Chen 模型获得的沿顺时针方向的总体流动分布是合理的。图 5.3 为不同湍流计算模型所得无量纲温度在特定位置(房间中央)垂直方向分布与实验结果的对比。可以看出,标准 k-ε 模型和 Chen 模型都较好地把握了无量纲温度垂直分布趋势,零方程模型在顶棚和地板附近的计算效果甚至更好。

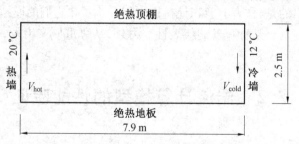

图 5.1　房间处于自然对流情况下的验证例

图 5.4 为房间处于等温强迫对流情况下的验证例。按照送风速度和送风口高度计算的 Re 数为 5 000,送风口高度 $h=0.056H$,回风口高度 $h'=0.16H$。由图 5.5 可以看出,气流从左上部的送风口以顶棚贴附射流的形式进入房间,沿右侧壁面下降,最后大部分从右下部回风口排出,一部分流体沿地板向左反向流动,在总体上形成了顺时针方向的大环

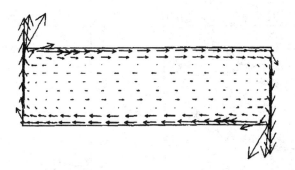

图5.2　Chen模型计算得到的房间中央流场分布(验证例1)

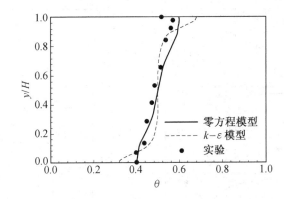

图5.3　不同湍流计算模型所得无量纲温度在特定位置(房
间中央)垂直方向分布与实验结果的对比

流。图5.6为不同湍流计算模型在不同位置所得无量纲风速与实验结果的对比。可以看出,Chen模型预测的送风射流要比实际情况衰减得快。因此计算得到的顶棚和接近地面附近的气流速度和实际情况差别较大。标准k-ε模型的计算结果明显更好。

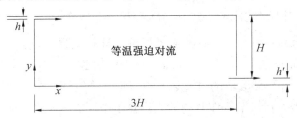

图5.4　房间处于等温强迫对流情况下的验证例

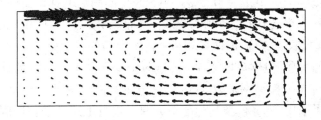

图5.5　Chen模型计算得到的特定位置(房间中央)流场分布(验证例2)

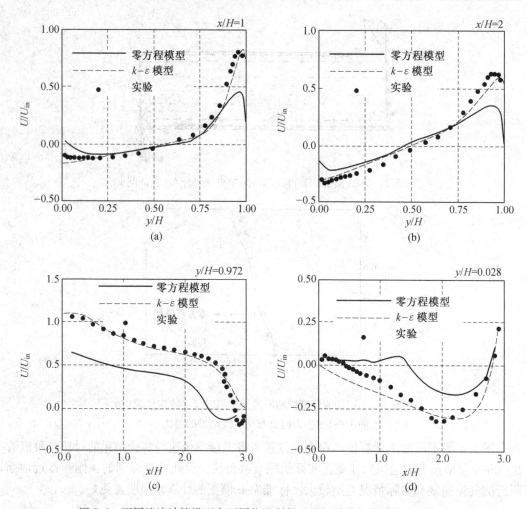

图 5.6　不同湍流计算模型在不同位置所得无量纲风速与实验结果的对比

图 5.7 给出了 Chen 模型进行置换通风算例的计算结果。这是一个更接近实际情况的房间(尺寸:5.6 m 长,3.0 m 宽,3.2 m 高)。换气次数设定为 5 次/h,送风温度设定为 19 ℃。窗户位置考虑了 530 W 的对流热源以模拟夏季空调。桌子旁边放置一个盒子,通过 20 W 灯泡来模拟人在伏案工作时的散热。盒子中还放入一个氦(He)的发生源以模拟人散发 CO_2 或吸烟造成的污染。可以看出,气流、温度和污染物浓度的垂直分层表现得很明显。He 的流量设定为送风量的 0.5%。图 5.8 为不同湍流计算模型在特定位置(房间中央)处所得风速、温度及 CO_2 浓度值与实验结果的对比。可以看出,Chen 模型和标准 k-ε 模型都能较好地反映气流场、温度场和污染物浓度场分布。相对而言,标准 k-ε 模型的预测效果似乎更好一些,但这可能更多地是 Chen 模型采用了更少的计算网格(16×14×12),而对应的标准 k-ε 模型网格数为 31×28×26 的缘故。

表 5.1 给出了采用 Chen 模型和标准 k-ε 模型进行上述几个验证例模拟时的计算性能指标。当时的计算在 486 个人机上进行。毫无疑问地,作为零方程模型的一种,Chen 模型最大的应用魅力就在于其保证基本计算精度(很大程度上是满足定性要求)的同时

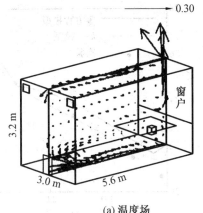

(a) 温度场

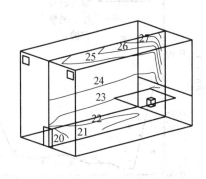

(b) 污染物浓度场

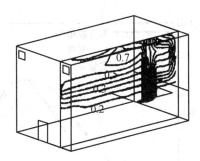

(c) 分布（验证例3：置换通风）

图5.7 Chen模型计算得到的流场

实现快速简便。Chen模型的CPU计算时间比标准k-ε模型缩短将近10倍。如果房间内的桌子不需要考虑的话，$6\times7\times6$的网格设置就够用了，这甚至低于区域模型（zonal model）的网格设置。

表5.1 不同湍流计算模型的计算性能指标

验证例	模型	网格数	内存/bytes	CPU 时间/s
1—自然对流	Chen 模型	20×10	15 000	18
	标准 k-ε 模型	96×60	158 000	3 238
2—强迫对流	Chen 模型	20×18	25 000	9
	标准 k-ε 模型	50×45	177 000	593
3—置换通风	Chen 模型	$31\times28\times26$	555 000	5 400
		$16\times14\times12$	75 000	311
		$10\times10\times10$	27 000	119
		$6\times7\times6$	9 000	33
	标准 k-ε 模型	$31\times28\times26$	770 000	58 163

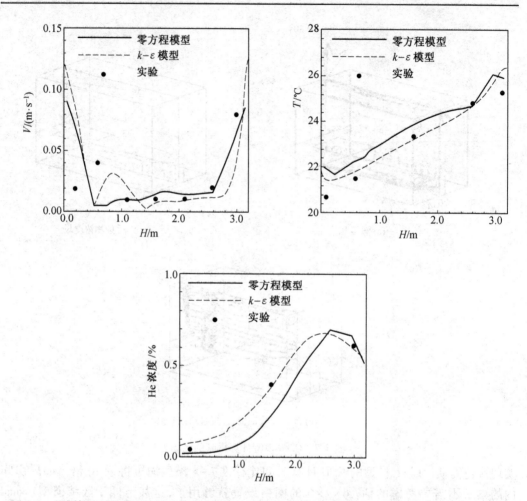

图 5.8　不同湍流计算模型在特定位置(房间中央)处所得风速、温度及 CO_2 浓度值与实验结果的对比

5.2.3　LES 的室内通风与污染物扩散模拟性能验证

Tian 等人利用实验结果,对 LES 在室内通风与污染物扩散模拟方面的性能进行了验证[91]。利用的是商用 CFD 软件 FLUENT,湍流计算模型采用 SGS 涡黏模型。采用 SIMPLE 算法,气相(速度、压力)部分收敛精度设定为 10^{-5}。如图 5.9 所示,房间 1 的尺寸为 91.4 cm(L)×45.7 cm(W)×30.5 cm(H),房间中间有 15 cm 高的挡板。送风口和回风口均为 10 cm×10 cm。送风速度 U_{inlet} 沿断面均匀分布,为 0.235 m/s,湍动强度设为 1%。以送风速度和风口宽度计算的送风湍动状态指标—Re 数为 1 500。采用结构化网格,计算域内总网格数为 118×58×38,风口处配置了 12×12 的网格,壁面附近网格进行了细分。另外,用 180×58×38 的网格进行独立性验证,其差别小于 1%。初始流场采用平均流速加随机数外扰的方法。无量纲时间步长 $t' = U_{inlet}/(tH)$(t 为实际时间步长,取 0.05 s)为 0.038 5。为确保计算结果不受初始条件影响且进入稳态,流场模拟共进行 2 000 个无量纲时间步长,核计 100 s。此后,对 10 000 个无量纲时间步长,即 500 s 内的瞬时值进行时均后的数值作为正式的计算结果。

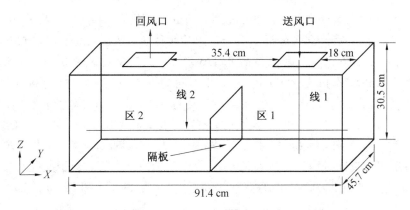

图 5.9 实验及模拟用房间 1

取通过送风口中心向下的垂线(线 1)和通过隔板中心的横线(线 2)上的流速垂直分量值作为比较对象,给出实验和 LES 模拟结果,如图 5.10 所示。从线 1 看,LES 模拟结果和实验结果非常吻合,只是在距风口最远处稍有偏差。从线 2 看,在左壁面到隔板之间的范围内,LES 模拟结果和实验结果非常吻合;相比之下,在隔板到右壁面之间 LES 模拟结果偏差较大,但把握住了总体趋势和最大值及其出现的位置。

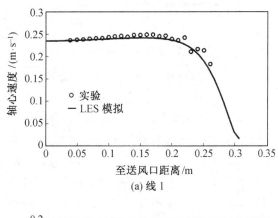

(a) 线 1

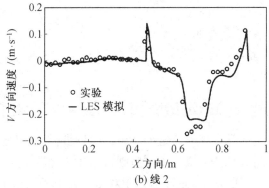

(b) 线 2

图 5.10　垂直流速分量的实验与 LES 比较

图 5.11 给出了另一算例,房间 2 的尺寸为 5 m(L)×3 m(W)×2.4 m(H),房间从中间分为左右两个区,通过 0.95 m(H)×0.70 m(W)的大开口相通。左侧送风口尺寸 1 m(W)×

0.5 m(H),距地面1.5 m高且距前面的墙体1.5 m远,回风口和送风口尺寸相同,距地面 0.3 m高且距前面的墙体0.5 m远。实验考虑了两种通风工况:①换气次数10.26 h⁻¹,送 风口平均风速0.1026 m/s;②换气次数9.216 h⁻¹,送风口平均风速0.092 16 m/s。利用 50×30×24、63×38×30 和 83×50×40 这 3 种不同的网格密度(均为结构化网格),针对 9.216 h⁻¹的工况进行了网格独立性验证。最终选择 63×38×30 作为正式计算的网格配 置。风速采用5~35 min之间的平均值,无量纲时间步长为0.005。关于污染物扩散,本 研究设定了 8 000 个细颗粒物(尺寸在 1~5 mm,密度 865 kg/m³)作为分析对象。计算开 始时,这些细颗粒物同时均匀释放到区1中,并设初始速度为零。对于换气次数10.26 h⁻¹ 和9.216 h⁻¹这两个工况,颗粒物追踪时间长度分别取为 29 min 和 26 min。

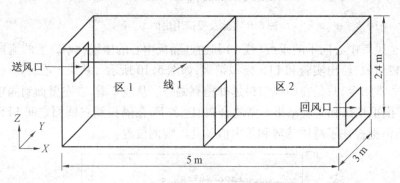

图5.11　实验及模拟用房间2

图5.12(a)、(c)分别给出了换气次数 10.26 h⁻¹工况下区 1 和区 2 内测试和模拟的 颗粒物空间平均值衰减曲线。此处空间平均值 C 的定义如下:

$$C=空间内悬浮颗粒物总质量/空间体积$$

从区 1 看,3~15 min 之间的 LES 计算结果稍低于实验结果,但 15~26 min 之间二者 吻合得非常好。26 min 之后,LES 计算结果又稍高于实验结果。从区 2 看,2~7 min 之间 的 LES 计算结果比实验结果稍低,但之后二者吻合得很好。图 5.12(b)、(d)图给出了换 气次数 9.216 h⁻¹工况下的结果,情况和 10.26 h⁻¹工况类似。分析模拟和实验之间产生比 较差别的原因在于:①流场本身的模拟不可能百分之百地反映实际情况,这种偏差自然会 传递到作为标量的颗粒物浓度分布上;②颗粒物和墙体之间相互作用关系比较复杂,不是 简单地被吸附在墙体上或被反弹回空间内部。但总体而言,LES 模拟很好地把握了颗粒 物空间平均浓度的衰减规律。

5.2.4　RANS 模型的复杂外形高层建筑表面风压及污染物扩散模拟性能验证

X. P. Liu 等人以复杂形状高层建筑为对象,针对建筑表面风压和建筑内部产生的污 染物扩散,利用 3 种不同 RANS 湍流计算模型进行 CFD 模拟并对结果进行分析比较[92]。 对象建筑平面图如图 5.13 所示,建筑高度为 100 m。关于风洞试验的具体测试内容、测 试方法见相关文献,此处不再赘述。图 5.14 给出了 CFD 模拟的计算域设定,阻塞率为 2.2%。图 5.15 给出了本研究的网格划分。总体上靠近建筑表面的区域网格较为细密,远 离建筑区域的网格较为稀疏。利用两种不同的网格方案进行网格独立性验证,网格数分

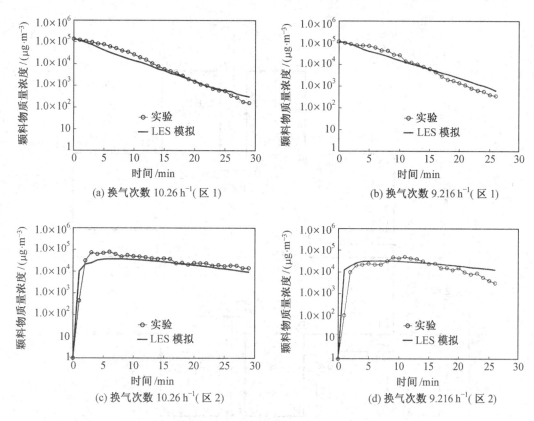

(a) 换气次数 10.26 h⁻¹(区 1)

(b) 换气次数 9.216 h⁻¹(区 1)

(c) 换气次数 10.26 h⁻¹(区 2)

(d) 换气次数 9.216 h⁻¹(区 2)

图 5.12　颗粒物浓度随时间变化的实验及 LES 结果比较

别为 1 768 967 和 3 402 865。验证采用标准 k-ε 模型,风向为主导风向;污染源发生在第 26 层,湍动施密特数 Sc_t 为 0.7。可以看出,两个网格方案对应的建筑凹处风压系数的差值在 5% 以内,点 GH 处沿建筑高度污染物浓度的差值在 17% 以内。散发源上下楼层的污染物浓度的差值在 8% 以内。这说明网格进一步细密对计算结果不会带来太大影响,1 768 967 的网格方案对 RANS 模型已经足够。在建筑表面的黏性底层内划分了 12 个网格,所有 28 个侧表面上的 y^+ 值均低于 4。为对比而选用的 3 种 RANS 湍流计算模型分别为标准 k-ε 模型、RNG k-ε 模型以及 Realizable k-ε 模型。计算方法采用 SIMPLEC 算法,空间差分采用 2 次精度迎风差分。迭代精度为 10^{-5}。本研究利用 FLUENT 商用 CFD 软件。

图 5.14 同时给出了边界条件。流入边界条件的数据与风洞试验一致,风剖面幂指数取 0.3。湍动动能 k 和耗散率 ε 的边界分布利用 3.4.4 节所给近似式计算。建筑表面采用无滑移边界条件。顶部和侧边界则采用自由滑移边界条件。

图 5.16、图 5.17 分别给出了不同风向下计算所得不同楼层处各表面风压系数和风洞试验的对比。X 坐标按照从建筑角部 $H3$ 沿建筑表面顺时针方向计算的水平距离(图 5.13)。图中竖线反映了建筑各个角部位置。可以看出建筑形状的复杂性造成建筑表面风压系数分布非常复杂。总体上,CFD 模拟结果把握了风压系数的分布规律,尤其是不同表面正负关系完全吻合。对于风向角 0° 的情况,迎风面处标准 k-ε 模型得到的风压系

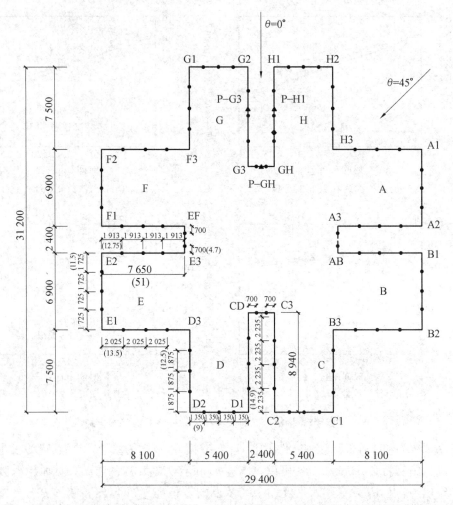

图 5.13　对象建筑的平面图(单位:mm;◆污染源;▲污染物测点;●风压测点)

数值明显偏大,这是由于该模型在迎风面冲击流动区域湍动动能 k 模拟不正确造成的。相比之下 RNG k-ε 模型以及 Realizable k-ε 模型的计算效果更好,但在某些特定区域依然存在较大偏差。具体而言,对于迎风面(从面 F2–F3 到面 H3–A1)来说,两种修正模型在不同楼层的 C_p 模拟结果和测试数据非常接近。但对于 C_p 为负值的各表面,尤其是侧表面(从面 A1–A2 到 B1–B2,面 E1–E2 到 F1–F2),模拟结果和测试结果差别明显,这说明 CFD 模拟对于建筑锐缘附近分离流动的计算效果尚不理想。

当风向角为 45° 时,除个别分离流动发生的区域(面 B2–B3、B3–C1、F2–F3 和 F3–G1)外,所有 3 个湍流计算模型的计算结果都和风洞试验吻合得不错。相比而言,两个修正 k-ε 模型对这些区域的计算效果更好一些。和风向角为 0° 时相比,由于迎风面冲击流动作用降低,标准 k-ε 模型的计算效果提升了很多。

图 5.18 给出了风向 0° 时,CFD 模拟和风洞试验在特定点沿建筑高度的标准化浓度值垂向分布比较。总体上,模拟结果反映了扩散分布的基本规律。各特定点都是离散发源越远,浓度值都会有所降低。其中除点 G3 外,在污染源上部空间各模型的模拟结果和

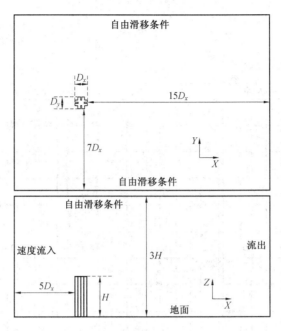

图 5.14　计算域和边界条件

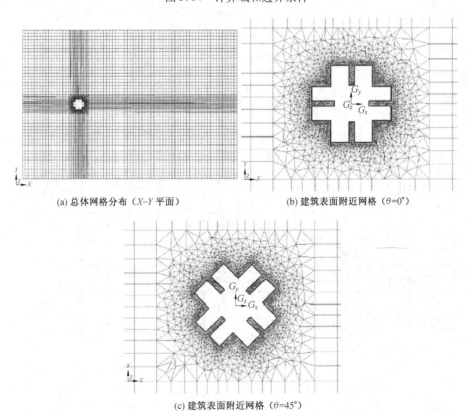

(a) 总体网格分布（X-Y 平面）　　　　(b) 建筑表面附近网格（$\theta=0°$）

(c) 建筑表面附近网格（$\theta=45°$）

图 5.15　网格划分

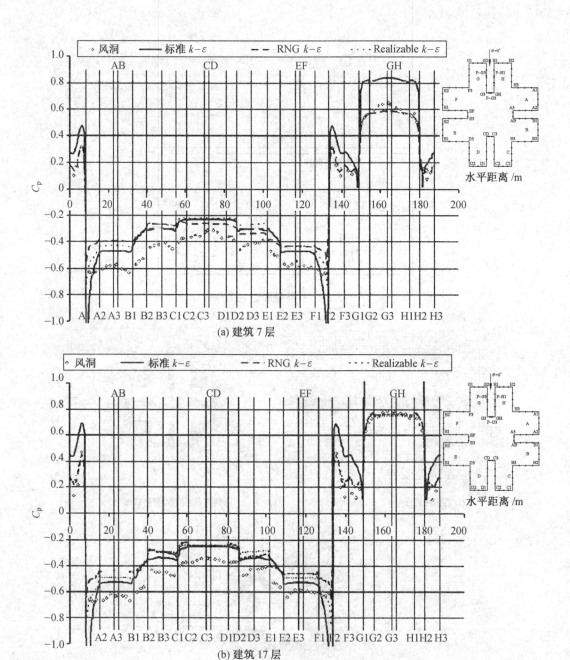

图 5.16　建筑各表面平均风压系数的 CFD 模拟和风洞试验比较($\theta = 0°$)

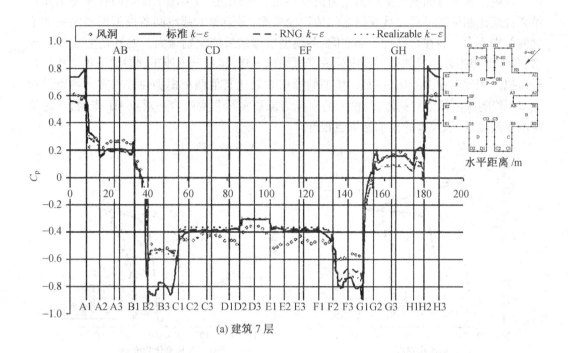

(a) 建筑 7 层

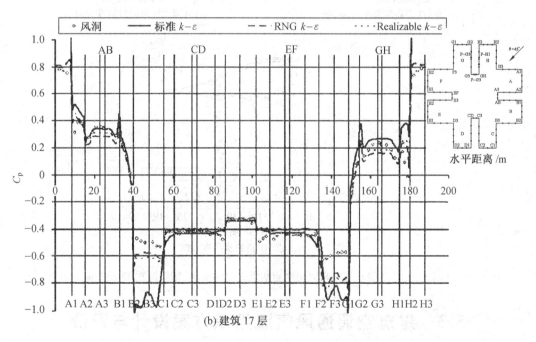

(b) 建筑 17 层

图 5.17　建筑各表面平均风压系数的 CFD 模拟和风洞试验比较($\theta = 45°$)

测试结果更为吻合。点 G3 位于建筑凹陷区域内和污染源斜对的位置,各模型对这种形状区域内沿水平方向的扩散模拟能力尚有不足。另外,在污染源下部空间各模型的模拟结果普遍比测试结果低。从模型之间的比较来看,污染源上部空间各模型所得污染物浓度的差别不大。而在污染物下部空间,各模型模拟结果的差别很大。尤其是标准 $k\text{-}\varepsilon$ 模型,和污染源相邻的下部楼层高度处浓度值快速下降,显示出不能正确对向下扩散作用进行模拟。相比而言 Realizable $k\text{-}\varepsilon$ 模型的模拟效果比其他两个模型要好很多。特别是对点 GH 处的垂向污染物扩散,该模型的模拟结果和实际非常吻合。对点 H1 来说,除污染物所在高度外,该模型的模拟结果也很好。

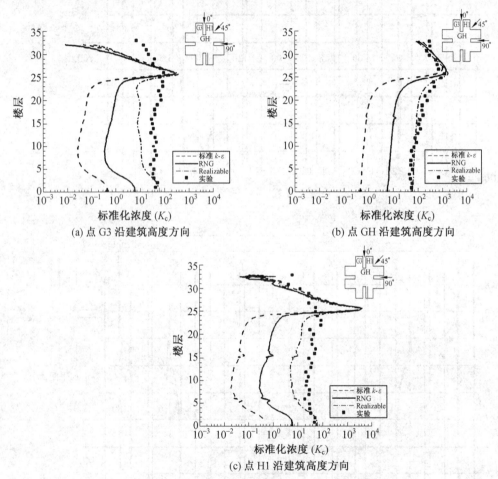

图 5.18　标准化浓度的 CFD 模拟和风洞试验结果比较($\theta=0°$,污染源在 26 层的面 GH-H1)

5.3　建筑空调通风气流组织方案设计与评价

5.3.1　概述

气流组织方案的确定是建筑空调通风系统设计与运行的重要环节。只有合理的气流组织才能充分发挥通风作用,消除室内余热余湿,并能更有效地排除污染物,满足人体舒适性和工作效率的要求。影响气流组织的因素很多,如房间尺寸,室内热湿发生源和污染源的位置、数量和散发强度,送风装置的形式、数量、大小和位置,送风参数(送风温差和风口速度)、回风形式等等。通过论证后的气流组织方案应能够提供理想的室内气流流动状态,同时尽可能减少能耗需求。另外,除机械通风方式外,近年来自然通风由于可以更好地利用自然能源而重新受到重视,成为一种重要的被动式建筑环境控制和节能手段。这种自然通风不再是最初的完全无意识的渗风,以及通过人开闭通风口或通风窗的行为实现对自然通风的初步控制,而是更为智能化的自调型自然通风口(窗),在很大程度上可以获得稳定良好的自然通风量,从而满足室内空气品质需求,同时达到节能的目的。即使如此,由于自然通风相比机械通风形式,更为强烈地受到室外气象参数、建筑内部格局、风口位置等的影响,其气流组织的规划更具有挑战性。

　　由于通风系统、空气末端形式等的多样性,事实上气流组织方案不可能是唯一的。需要有评价指标对不同气流组织方案的通风效果进行性能评价,从而达到优化设计的目的。比较简单的指标如换气次数、名义时间常数等虽然便于计算,但只能适用于比较理想的混合通风方式。相比之下,空气龄、换气效率、通风效率等指标可以更好地衡量特定气流组织下房间内不同位置空气的新鲜程度与换气能力。但这些指标在传统上只能通过多点的示踪气体测量方法来获得,费时费力,且难以保证测量精度和数据的代表性。

　　目前气流组织性能预测的方法可分为宏观计算模型和微观计算模型两大类。宏观计算模型又包括理论分析与半经验模型、区模型、多区网络通风模型、通风-热环境耦合计算模型等几种。其中理论分析与半经验模型是利用各种射流、浮力羽流、边界流的理论和半经验公式进行送风区域等局部气流的宏观分布、冷热负荷、温度值的概算;区模型、多区网络通风模型、通风-热环境耦合计算模型虽然具体思路不完全一样,但都属于集总的计算模型,可以得到单室或多区域的气流、温度以及污染物分布等。上述模型最大的问题是不能得到室内气流场的详细信息,也没有办法进行诸如空气龄、换气效率等的计算。与上述模型相比,CFD 模拟的优势非常明显,已经越来越成为气流组织评价的主要工具。Kato等[93]人就巧妙地利用 CFD 模拟的气流场和污染物场,获得一系列反映气流组织性能的评价指标。如下式给出的 SVE3 和 SVE6,就对应于室内空气龄和空气余命分布:

$$SVE3(x) = \frac{C(x)}{C_s} \tag{5.1}$$

$$SVE6(x) = \frac{C'(x)}{C_s} \tag{5.2}$$

式中　C_s——瞬时均匀扩散的理想条件下污染物浓度,$C_s = q/Q$,其中 q 为污染物发生量;

　　　　Q——送风量;

　　　　$C(x)$——污染物发生量 q,送风量 Q 条件下某位置 x 处浓度;

　　　　$C'(x)$——污染物发生量 q 条件下,将污染物扩散方程(式)对时间进行反向求解所得到的位置 x 处浓度。

　　在进行空调通风气流组织模拟的一个难题是流入边界条件的描述。按 3.4.4 节介绍,需要直接给出送风口处送风参数的详细情况才能正确描述流入边界条件,但这一点在实际操作中并不容易做到。其首要原因在于实际的送风口几何形状非常复杂,如散流器、百叶风口和孔板风口等,同时其内部还往往通过导流叶片、格栅、调节阀或网板等产生特定的送风方向和初始动量流量。为准确描述送风口形状,风口本身区域内网格必须划分至 mm 甚至更小的量级,这样一来整体计算区域内的网格节点数就会非常大,很难为一般工程应用所接受。必须采用较少的计算网格、用简化的处理方法来描述复杂的风口流入边界条件以适应快速计算的要求,同时又不失一定的准确度。最常用的办法就是用简单的形状来替代实际风口形状,同时保证当量送风面积和送风气流状态不变。比较典型的如早期 Nielsen 等人提出的所谓"盒子"方法(The box method)[89]、"指定速度"方法(The prescribed velocity method)[94]等,这些方法以一假想的盒子"扣"在出风口上,二维情况下盒子是一个矩形,三维情况下盒子是一个长方体。这些方法的共同特点是避免直接描述风口附近复杂的流动情况,而是以盒子边界处的参数替代原风口处的参数,但送风速度值来自于实际风口的测量数据或射流半理论半经验公式,从而达到计算简化的目的。这些方法的缺点是很多情况下无法获得测量数据,而射流公式往往不一定很可靠。另外,盒子本身的设定也很重要,需要保证界面和风口的距离,否则界面处就无法形成充分发展的射流区和自相似的速度分布;与上述方法相比,"动量"方法(The momentum method)[95]直接以一具有相同尺寸的开口来代替真实送风口,将实际送风状态的动量设置为开口动量。这种设定方法思路比较明确,问题是该方法要对边界处的动量方程和连续性方程进行解耦处理,这一点在目前商用 CFD 软件中实现困难。另外,当送风方向不均匀时,该方法可能会有较大误差。

一些研究还可能涉及将风口内部空间和室内空间看作一个整体来讨论气流流动的情况。由于此时两个空间尺度相差悬殊,网格处理越发困难。在图 5.19 所示案例中[96],风口内放置了孔板(绿色平板)以保证气流均匀。对孔板上的小孔不可能进行详细的建模,此时可通过多孔介质材料的设定方法解决这个问题。

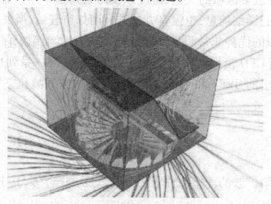

图 5.19　带有孔板的旋流风口内气流流动

5.3.2　剧场建筑通风方案多物理参数性能比较

G. Petrone 等人以电影院剧场为研究对象,利用 CFD 模拟方法,对不同通风系统下的气流状态、温度分布、空气品质等方面进行了系统评价[97]。图 5.20 给出了电影院剧场的内部形状,尺寸为 18.5 m(L)×10 m(W)×9 m(H)。剧场内设为 10 排,每排 12 个座椅,座椅和人体尺寸都按实际情况分别考虑。考虑到房间的对称布局,采用二维模拟以提高计算速度。本研究中考虑了三种不同的空调通风方案:①混合通风(MAD)方案,即顶棚处以较高速送风,在剧场内部完成空气混合,回风设置在地面;②个性通风(PAD),即散流器设置在每个座椅背部,新风直接送到后排观众的呼吸域。回风设置在顶棚;③置换通风(UFD),即送风在地面附近,依靠人体热源的影响,在浮力作用下上升,回风也设置在顶棚。3 种通风方案的设计参数见表 5.2。为便于比较,3 个方案的总通风量相同。依据ASHRAE 62.1 的相关条文,即人均新风量 36 m³/h 估算而得,计 4 320 m³/h。这些风量被均匀分配到所有送风口(MAD 方案:3 个面积为 0.24 m² 的散流器;PAD 和 UFD 方案:132个面积为 0.022 5 m² 的小型风口),送风湍动强度设为 5%。MAD 方案中的送风射流角度设为 30°。由于是电影院剧场使用,灯光散热可以不予考虑。

表 5.2　3 种通风方案的设计参数

通风方案	送风速度 U_{in} /(m·s⁻¹)	送风温度 T_{in} /℃	送风 CO_2 浓度 C_{in} /10⁻⁶	回风温度 T_{ex} /℃	室内侧对流换热系数 h /(W·m⁻²·K⁻¹)	人体热源强度 Q /W
MAD	1.67	24	350	10	23.5	115
PAD	0.4	21	—	—	—	—
UFD	—	—	—	—	—	—

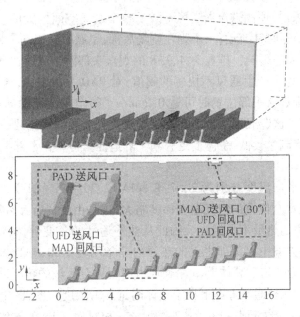

图 5.20　电影院剧场内部形状及各通风方案

本研究的数值模拟利用商用多物理场仿真软件 COMSOL Multiphysics v.3.5a,湍流计算模型采用的是标准 k-ε 模型,壁面速度边界条件利用的是壁函数法。空气、人体、座椅的物性参数、流入流出边界条件具体见文献,此处不再赘述。先进行气流场、温度场的稳态模拟,然后以此为初始条件进行呼吸过程的非稳态模拟。成人呼吸的平均气流流量设为 0.45 m^3/h,呼吸次数按照 15 次/min 估算,呼出 CO_2 量为 0.017 m^3/h,鼻孔面积设为 2 cm^2。

空间离散利用 Galerkin 有限元法,网格体系采用二阶拉格朗日三角元,计算网格数约为 240 000 并进行了网格独立性验证。图 5.21 给出了空间内总体网格配置情况,以及人体鼻部、顶棚附近的网格细节。为防止数值不稳定的发生和在流场内传递,本研究还采用了一种基于 Galerdin 最小二乘法(GLS)的人工流线扩散技术。本研究中的迭代精度设为 10^{-5}。

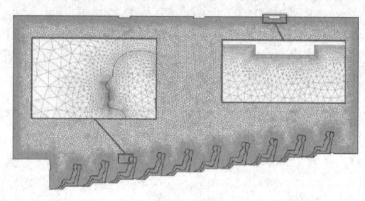

图 5.21　网格划分情况

图 5.22、图 5.23 分别给出了 3 种通风方案下的风速矢量分布云图,以及温度分布云图。对 MAD 方案来说,顶棚散流器送风造成了整个剧场空间内大的空气环流,一个靠近舞台的上部空间,呈逆时针流动;一个则在剧场后部,呈顺时针流动。另外,中间各排座椅的观众更易受到通风的影响。排数 3-4、7-8 的观众头部附近风速达到 0.15 ~ 0.18 m/s,该风速值一般被认为是产生通风不快感的阈值;对 PAD 方案来说,通过椅背风口的送风速度较大,达到后排观众头部位置时可达 0.2 m/s。整个主流流动向后吹到剧场后墙后上升并从顶棚排走。这造成了舞台上部及剧场中央上部区域气流几乎静止;对 UFD 方案来说,人员区内气流流速较低,总体上更有利于舒适性。但舞台上部很大区域内的流速几乎静止。

空间内的空气平均温度分别为 20.7 ℃(MAD)、20.8 ℃(UFD)和 21.2 ℃(PAD),PAD 方案略高。但观众位置的空气温度梯度略大,这是由于椅背和人腿之间的空间内空气不流通,新陈代谢的热量不易散走。因此从热舒适性的角度看,实际上 PAD 方案可能是最不利的。UFD 方案中人头部之上的热浮力非常明显。和 MAD 方案相比,置换通风产生的温度分布更为均匀。总体上,3 个通风方案对舞台区域的热舒适性都做得不够好。

图 5.24 给出了三种通风方案下特定人体附近 CO_2 浓度云图,图中 A、B、C、D 分别对应一个呼吸周期的 4 个时间点:0 s、1 s、2 s 和 3 s。相对而言 PAD 方案在稀释观众面部附近 CO_2 浓度方面是最佳的,而 UFD 由于面部附近空气接近不流通,造成 CO_2 浓度很高。MAD 方案则介于两者之间。

图 5.25 给出了 3 600 s 时,不同通风方案下的空气龄分布云图。对 MAD 方案来说,由于送风口在剧场顶棚,空气向下到达观众席的路径很长,前部和后部一些观众席处的空

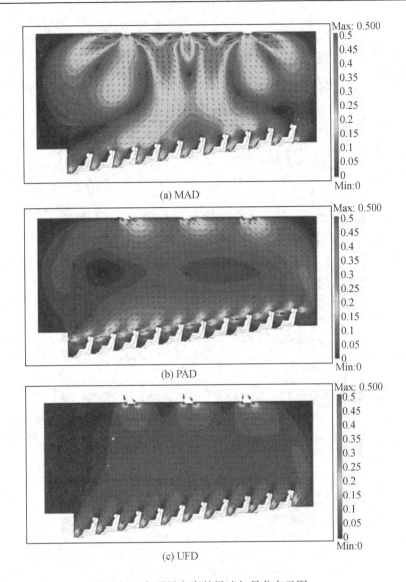

(a) MAD

(b) PAD

(c) UFD

图 5.22　各通风方案的风速矢量分布云图

气龄达到 100 ~ 250 s,属于"陈旧"的空气。相比之下,PAD 和 UFD 方案由于散流器直接布置在人员区内,人体面部附近的空气龄较低,前者小于 50 s,后者更低于 30 s。

5.3.3　建筑自然通风对冬季建筑热环境影响

Preston Stoakes 等人利用商用 CFD 软件 FLUENT6. 3,以具有历史意义的公共建筑——Viipuri 图书馆为对象,研究了如何利用自然通风保持良好的建筑热环境和舒适性[98]。图 5.26 给出了该建筑房间布局,主要由两部分构成,北侧办公区较小,南侧图书借阅区较大。该建筑内部采用了比较复杂的错层结构,南侧还为图书管理员专门设置了螺旋形楼梯。错层结构由上层的借书区和下层的阅读区构成。东北角是建筑主要入口,右侧为大的讲演厅,顶部为波纹状木屋顶。左侧有楼梯间通向二楼的办公区和地下室的

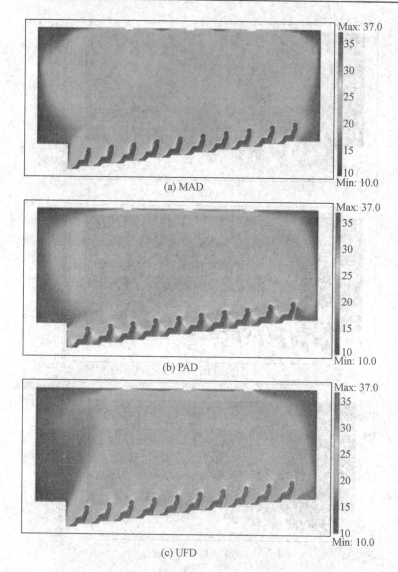

图 5.23　各通风方案的温度分布云图

储物区。地下室又和阅读区下面的儿童图书馆相连通,在那里还有一个侧外门。通过主要入口,走 8 个台阶就到达图书馆的书库。楼梯顶部的左侧就是阅读区。建筑内绝大多数空间都是相通且开放的,空气可以在各区之间自由流动。夏季,主要入口和两个侧门都处于打开状态以增加建筑内部自然通风量并调节室内温度。北侧二楼办公区有外窗也可进行通风,而讲演厅、儿童图书馆的外窗不能开启但可以起到太阳光透射的作用。借书区和阅读区的照明依靠顶部的一排天窗。

采用非等温标准 k-ε 模型作为本研究的湍流计算模型。空间离散采用 2 次精度迎风差分格式。计算方法采用 SIMPLE 算法。根据试计算,1 次精度隐式时间差分格式被用来进行时间离散,因为和高次精度离散格式相比可以节省计算时间。入口边界条件采用第一类边界条件,即给定风速、风向和温度值;出口给出大气压力和温度值。壁面速度边界

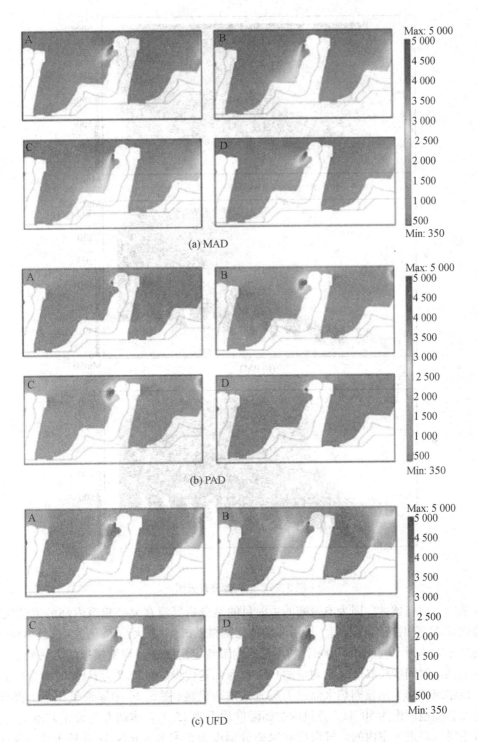

图 5.24　各方案的人体头部附近 CO_2 浓度分布云图

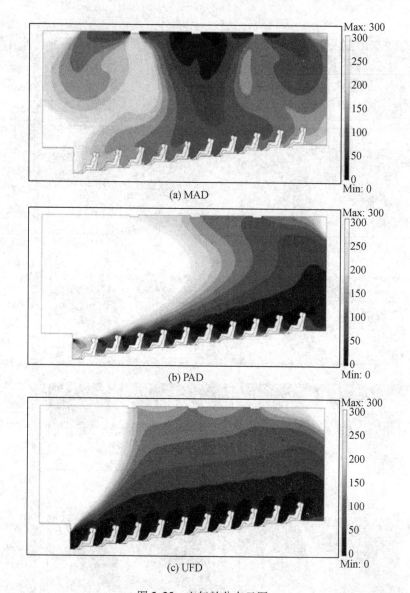

图 5.25　空气龄分布云图

条件采用无滑移条件。因为本研究的主要目的是分析气流在复杂建筑内部的流动状况，为简化计算，壁面按绝热处理。采用非结构化网格系统，总数大约 75 万左右，最小和最大网格尺寸大约为 20 cm 和 50 cm。利用建筑内部特定房间进行详细模拟的方法验证了网格独立性。时间步长取 0.25 s，对应的 CFL 数为 1，迭代步数为 12.7 万，计算时间为 60 min。

　　该建筑冬季采用顶棚热水辐射采暖方式进行供暖（图 5.26 中屋顶呈深色的部分）。辐射板表面温度设为 50 ℃。建筑内初始温度均设为 15 ℃。本研究先设定基准工况，即通过主要入口进入室内的大气温度和风速分别设为 5 ℃和 4 m/s，这是基于该建筑所在地过去 5 年 1 月份典型早晨的气象参数，以考察该建筑在早晨开始使用，冷空气进入建筑后，如何在现有供暖形式和自然通风状态下保持室内热舒适性。主要入口处设定与门呈

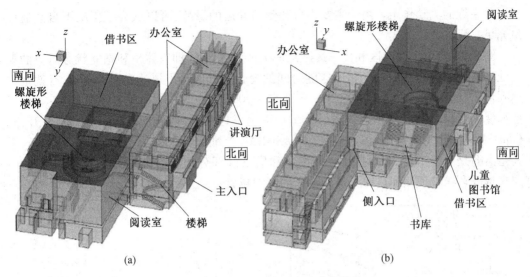

图 5.26　Viipuri 图书馆建筑内部布局

45°的条缝风口,以模拟门轻微开启的状态。图 5.27 给出了该工况下经过 1 h 后的温度和风速标量分布云图。左上小图给出了用于分析的 3 个 x-z 截面,分别对应阅读室和地下室(上段图)、通过主要入口和借书区的中心线(中段图)以及借书区靠近侧门和办公区讲演厅(下段图)。从室温看,建筑内所有房间都出现温度分层现象,阅读室和借书区靠近顶棚辐射采暖区域的温度相对较高,而讲演厅内空气温度较低。从室内风速看,总体室内风速水平较低,最大风速出现在主要入口及侧门附近。这种低风速和温度分层都说明顶棚辐射采暖的热量是以扩散的形式向下传递的。阅读区顶棚附近高低风速的波动体现

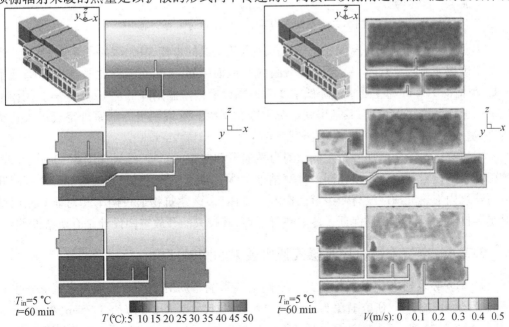

图 5.27　基准供热工况下温度和风速标量分布云图

了浮力主导的流动作用。由于主要入口和侧门开启的缘故,可以认为该工况下自然通风量充足。

图 5.28 给出了阅读区和借书区距地面 1 m 和 1.8 m,即人体坐和站立状态对应的高度处水平截面空间平均温度和风速随时间的变化。可以看出风速在 10 min 左右就基本达到稳定状态,但远未达到 ASHRAE 标准 55—2004 规定的自然通风上限 0.8 m/s。阅读室温度保持相对稳定,1 h 内约降低 1 ℃。而借书区的温度在约 20 min 后急剧上升,到 1 h 时达到稳态,1.8 m 高度处温度超过 ASHRAE 标准 55—2004 规定的上限近 4 ℃。需要指出的是由于错层结构的设计,阅读室和借书区部分的层高分别为 8.6 m 和 7.7 m。层高越低意味着顶棚加热对人员活动区的影响越大。

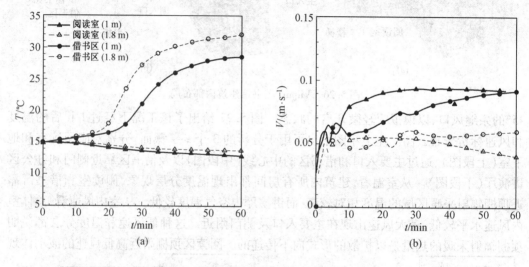

图 5.28　空间平均温度和风速随时间的变化

本研究还讨论了室外温度变化对自然通风和室温的影响,其结果如图 5.29 所示。当室外温度降低到 -5 ℃时,稳定后借书区内距地面 1 m 高度处室温比基准工况降低了 4 ℃,距地面 1.8 m 高度处室温降低了 2 ℃。阅读室内室温则降低至 10 ℃左右。阅读室内的风速比基准工况稍高,其他房间情况则变化不大。这说明更冷的室外空气进入建筑内部,造成了不同区域之间更大的温度变化。

本研究还讨论了增加一个左侧门对自然通风和室温的影响,结果如图 5.30 所示。该侧门开启的设定和主要入口相同。计算结果总体上与图 5.29 相似,说明增加一个侧门开启对建筑内部热舒适性没有产生负面影响。总体上,该建筑物通过两个相对而开的门就满足了自然通风的需要且保证了冬季热舒适性,其较大的开放空间设计是有所帮助的。

5.3.4　空气末端布局对层式通风效果的影响评价

T. Yao 等人利用 CFD 模拟研究了不同空气末端布局对一种新型通风方式——层式通风效果的影响[99]。研究对象为一典型的教室,其尺寸为 8.8 m(L)×5.75 m(W)×2.4 m(H),如图 5.31 所示。教室内采用 VAV 空调系统。人员、照明和设备散热量分别为 1 190 W、1 176 W 和 300 W。

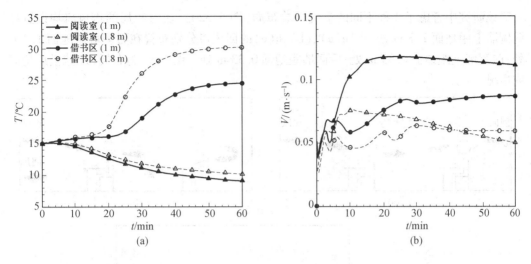

图 5.29　空间平均温度和风速随时间的变化(室外温度为-5 ℃)

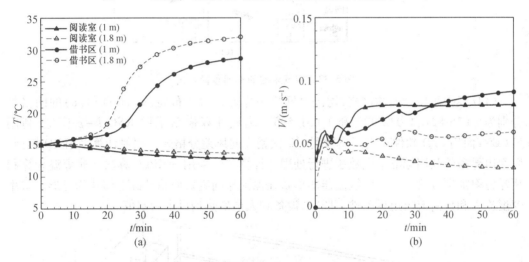

图 5.30　空间平均温度和风速随时间的变化(室外温度为-5 ℃,左侧门开启)

图 5.31　教室内部和风口现场情况

　　该研究中考虑了 3 种不同的空气末端布局(图 5.32)。所有布局的送风口均设置在前侧墙上距地面 1.3 m 处;布局(a)、(b)和(c)的回风口分别布置在后侧墙距地面 1.3 m 处;前侧墙上距地面 0.33 m 处;后侧墙距地面 0.33 m 处。图 5.33 为布局(a)建模后房间内情况。

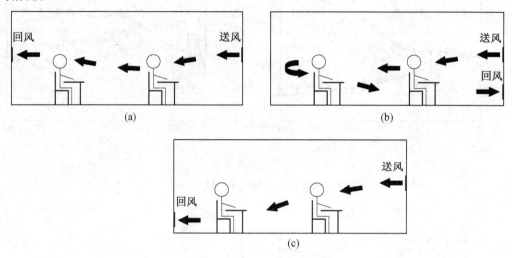

图 5.32　空气末端的不同布置方式

　　CFD 模拟采用六面体网格,均经过网格独立性检验。布局(a)、(b)和(c)的网格数分别为 1 026 821、1 022 425 和 1 051 595。湍流计算模型采用 RNG $k-\varepsilon$ 模型,利用 FLUENT 商用 CFD 软件。空间离散利用 2 次精度迎风差分格式。辐射计算采用 DO 模型。壁面边界条件利用标准壁函数法进行处理。计算方法采用 SIMPLE 算法。非等温计算利用浮力附加项方法。模拟中散流器的形状在保证相同有效面积基础上简化为方形。采用速度流入和自由流出边界条件。照明、设备和人员散热均设定为定值。

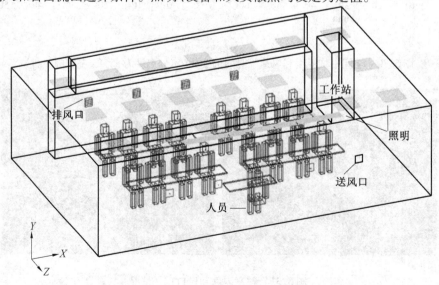

图 5.33　布局(a)建模后的房间内情况

图 5.34 给出了不同空气末端布局条件下的风速标量分布情况,各工况换气次数均设为 $10\ h^{-1}$。总体上 3 个布局的结果比较接近。在 $X=1.9\ m$ 的垂直断面,人员活动区域 $(0\sim1.1\ m)$ 内气流不均匀,靠近风口就座的人员受到较大风速送风的影响。比较明显的区别在于布局(b),由于回风口也设置在前侧墙上,送风在第 1 排人员的位置下降,造成到达后排人员位置处的新风减少。在 $Y=1.1\ m$ 的水平断面,可以看出第 2 排人员所处位置的风速比较均匀,大体上为 $0.3\ m/s$。

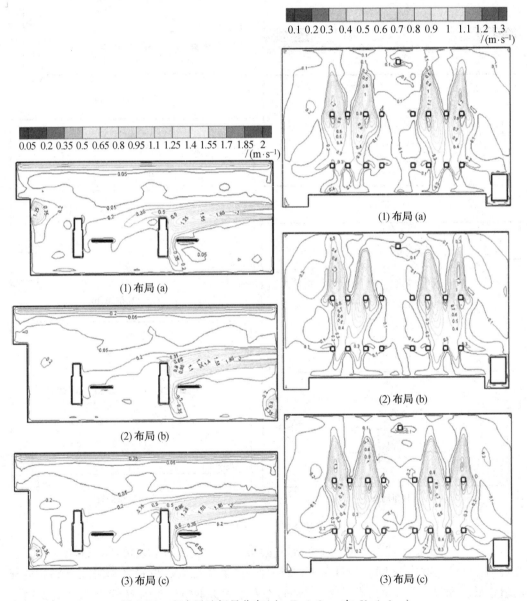

图 5.34　室内风速标量分布(左:$X=1.9\ m$;右:$Y=1.1\ m$)

图 5.35 给出了上述两个断面上的室温分布。在 $X=1.9\ m$ 断面可以看到明显的温度垂直梯度。在距地面大于 $1.6\ m$ 的区域由于照明等的影响温度较高。3 种布局下 $Y=$

1.1 m断面的温度分布较为相似。

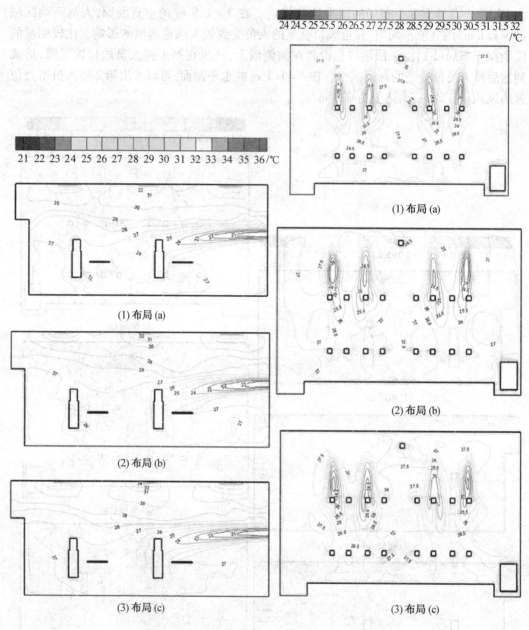

图5.35　室内气温分布(左:$X=1.9$ m;右:$Y=1.1$ m)

　　图5.36给出了上述两个断面上的空气龄分布。3个布局下人员活动区域的局部空气龄均在250~400 s之间。相对而言,布局(b)在第2排人员位置处和房间上部的空气龄值较低。布局(a)和(c),尤其是布局(a)在左上角部的空气龄值较高,接近于疑似静稳的状态。这是因为这两种布局下送风更易于直接从对面墙上排走。3种布局下$Y=1.1$ m断面的空气龄分布较为相似。

　　图5.37给出了上述两个断面上的CO_2浓度分布。计算中室外侧CO_2浓度设为

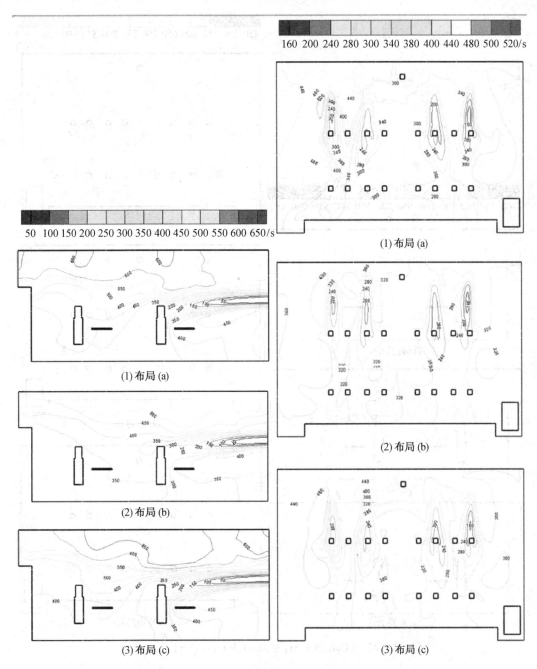

图 5.36　空气龄分布(左:$X=1.9$ m;右:$Y=1.1$ m)

0.04%。每人呼出 CO_2 速率设为 15 L/h,呼气速度设为 0.055 m/s。人员活动区内 CO_2 平均浓度大致在 0.054% 和 0.061% 之间,均大大低于香港室内空气质量认定基准的优异水平(8 h 平均浓度低于 0.08%)。相比之下,布局(a)的 CO_2 浓度分布更为均一。对于第 2 排的人员就座位置,布局(b)对应的 CO_2 浓度值稍高,其理由同样是因为回风口位置的改变造成新风在第一排位置处下降。

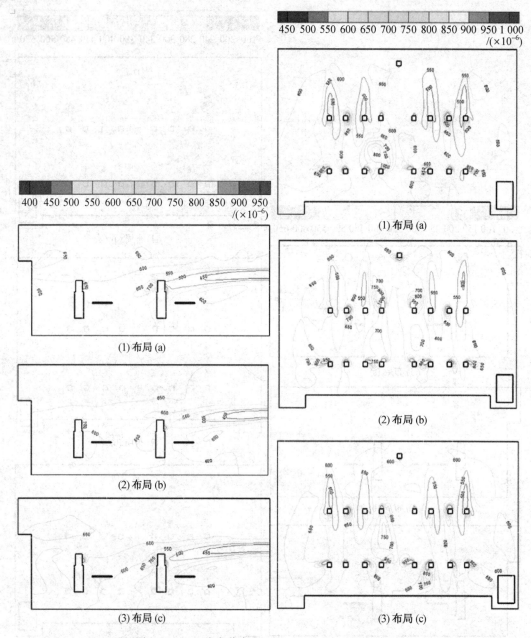

图 5.37　CO_2浓度分布（左:$X=1.9$ m;右:$Y=1.1$ m)

5.3.5　商业厨房局部排风方式对工作环境的影响评价

Y. J. Zhao 等人利用 CFD 模拟研究各种不同形状和侧板形式的排烟罩捕集效率,从而改善传统中式料理厨房内环境恶劣且能耗很大的问题[100]。图 5.38 所示为商业厨房内部示意图,炉灶沿墙一线排开,左侧摆放一个蒸锅,右侧为六眼炉具。左侧上部安装排烟罩。空气从内门下部流入,这是中式料理厨房内典型的布局。

作为排烟罩性能评价指标,本研究引入捕集效率的概念。其定义式如下:

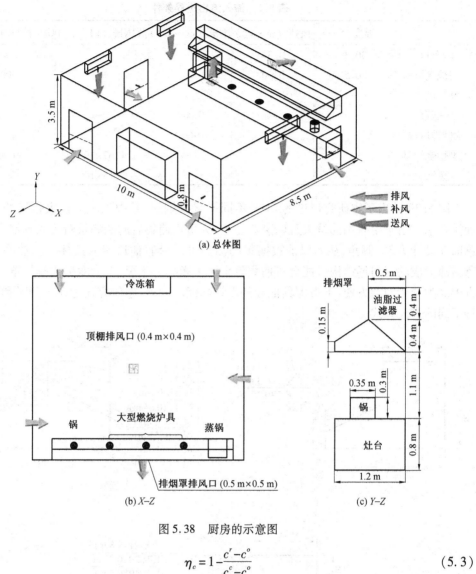

(a) 总体图

(b) X-Z

(c) Y-Z

图 5.38　厨房的示意图

$$\eta_c = 1 - \frac{c^r - c^o}{c^c - c^o} \tag{5.3}$$

式中　c^c、c^r 和 c^o——排风侧、人员活动区以及室外空气的污染物浓度。本研究中的污染物选择 CO_2。

本研究利用 AirPak 3.0 进行稳态 CFD 模拟。湍流计算模型利用标准 k-ε 模型，按理想气体考虑浮力作用。壁面边界条件利用标准壁函数法。模拟中考虑了热源和壁面之间的辐射运算。空间离散利用 1 次精度迎风差分离散格式。计算方法采用 SIMPLE 算法。为保证收敛性，计算中采用了特定的亚松弛因子，收敛基准设定为 1×10^{-4}。在网格划分方面，本研究采用六面体网格，总网格数为 1 307 936 并在排烟罩以及其他厨房设备附近进行了局部加密。局部加密的网格尺寸设为 0.1 m×0.1 m×0.1 m，而其他区域内则为 0.2 m×0.15 m×0.2 m。炊事设备为天然气炉灶，总散热量设为 27.3 kW。周围墙体和炉具放射系数分别设为 0.9 和 0.21。表 5.3 汇总了各种流入流出的边界条件。

表 5.3　流入流出边界条件

	温度/℃	风速/(m·s⁻¹)	流量/(m³·h⁻¹)	散热量/(kJ·h⁻¹)	CO₂浓度/(×10⁻⁶)
送风口	30.3	0.31	—	—	300
门缝送风	30.5	0.30	—	—	300
其他风口	—	—	压力入口	—	—
排烟罩	—	—	9 000	—	—
顶棚排风口	—	—	960	—	—
大型燃烧炉具	—	—	—	1.67×10^5	50 000
蒸锅	—	—	—	2.15×10^5	—

图 5.39 给出了本研究讨论的 21 种不同形状排烟罩,其中工况 1 代表传统的中式料理排烟罩。由于中餐用油量大且以烹炒为主,为防止捕集后的油滴重新落回到锅内,排烟罩前部设计为 30°倾角,从而保证被捕集的油滴可以沿着油道流入油杯。滤油网和排烟罩前部形成的三角形结构可能会对捕集效率产生影响。工况 21 为欧美式排烟罩,一般为方形。为分析问题方便,不考虑其他额外设计功能。另外,本研究还考虑了侧吸和顶吸两种不同的排风方式。

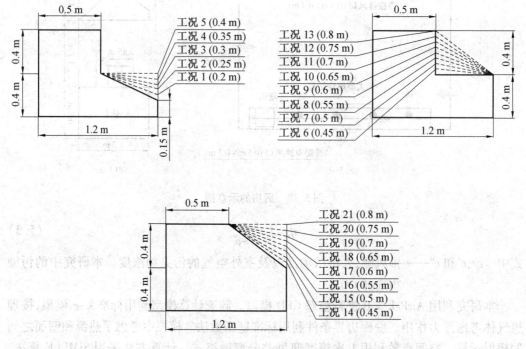

图 5.39　研究的 21 种不同形状排烟罩

图 5.40 汇总了以上 21 种排烟罩形状的模拟结果。可以看出形状不同的排烟罩捕集效率相差很大。工况 5 的捕集效率值最高,而传统的中式和欧美排烟罩的捕集效率都大于大多数其他形状的排烟罩。相比而言,侧吸和顶吸对捕集效率的影响不大。另外,捕集效率和人员活动区的 CO_2 浓度值之间没有明显的对应关系(如工况 13),浓度值最低的是

工况 6。

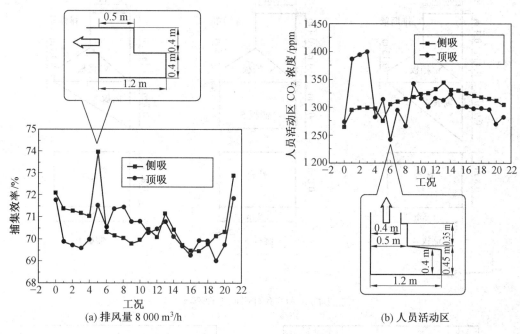

(a) 排风量 8 000 m³/h　　　　　(b) 人员活动区

图 5.40　21 种不同形状排烟罩的模拟结果(排风量 8 000 m³/h)

　　本研究还讨论了 6 种不同的侧板形式,包括 3 种矩形和 3 种三角形,具体形状和尺寸如图 5.41 所示。图 5.42 给出了模拟结果。排风量为 6 000 m³/h 时,矩形侧板对应的捕集效率要大于三角形侧板。最大捕集效率出现在 0.9 m 高度的矩形侧板。排风量为 8 000 m³/h 和 10 000 m³/h 的情况也基本相同。但当排风量进一步增加时规律发生变化。例如,排风量为 12 000 m³/h 和 14 000 m³/h 时,0.9 m 高度的三角形侧板捕集效率最高。这说明当排风量较大时,选用三角形隔板是更好的选择。

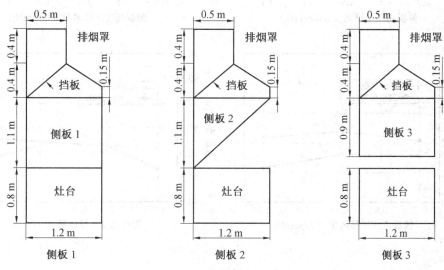

侧板 1　　　　　　　　侧板 2　　　　　　　　侧板 3

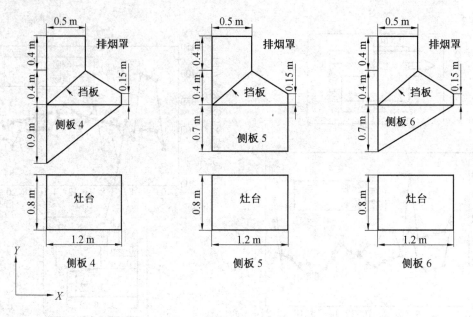

图 5.41　6 种不同侧板

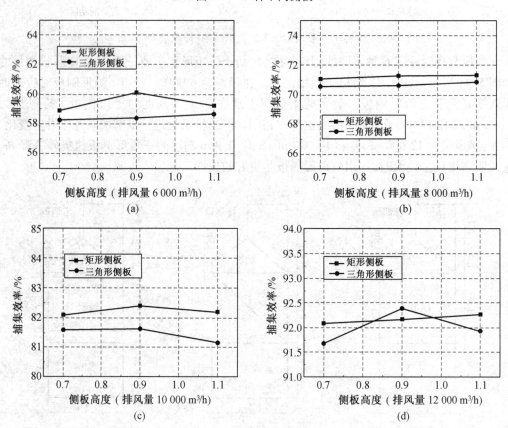

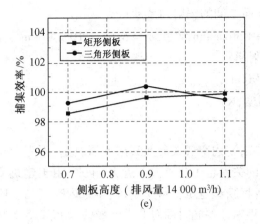

图 5.42　侧板高度和捕集效率之间的关系

5.4　建筑热湿环境、空气品质及热舒适的预测评价

5.4.1　概述

室内热湿环境与空气品质都是建筑环境研究中的重要组成部分,而热舒适体现了人体对室内热湿环境的反应。这三部分内容之间互相关联,经常需要在 CFD 模拟中同时实现。

1. 室内热湿环境

室内热湿环境主要针对各种外扰和内扰情况下室内温湿度分布及变化特性。外扰主要指室外大气温湿度、太阳辐射、风速及风向等气象参数以及邻室的温湿度参数,内扰主要指室内设备、照明、人员等室内热湿源。内外扰的影响主要通过对流换热、导热(围护结构内部传热传湿)和辐射等方式实现。需要注意的是,一般室内空气环境中壁面和空气之间温度差不大,按照前文第 2 ~ 4 章的内容进行气流场和温度场模拟是可行的。但对于存在强热源的工业建筑空间,或者辐射作用在室内热量传递中占有不可忽视的比重时(如采用各种低温辐射吊顶或地板等低温辐射供暖或供冷末端),就必须考虑辐射场、气流场及温度场的相互作用。辐射换热主要包括两方面:一是热源与壁面、壁面与壁面间的辐射,二是空气对辐射热的吸收。前者目前较为常见的解决方法是利用壁面的实测温度值,以固定壁温或换算成热流的形式作为壁面边界条件。这种方法在壁面温度无法预知的情况下,仅凭经验设定就可能会造成一定的误差。实际上,壁面间辐射量基本计算式如下所示,模拟者可自行计算,再与流场、温度场实现耦合。但对于实际复杂形状物体的 CFD 模拟来说,由于辐射过程涉及各表面间的相互辐射作用,这种计算会非常烦琐。一般情况下还可利用商用 CFD 软件中自带的辐射模型进行计算,但加入辐射换热的耦合计算同样会增加计算量和计算时间。

$$Q_{ri} = \sum_{j=1}^{n} B_{ji} \sigma \varepsilon_j A_j T_{s,j}^4 - \sigma \varepsilon_i A_i T_{s,i}^4 \tag{5.4}$$

式中　　B_{ji}——i 面与 j 面之间的辐射角系数；

　　　　σ——Stefan - Boltzmann 常数，$\sigma = 5.66 \times 10^{-8} \text{W}/(\text{m}^2 \cdot \text{K}^4)$；

　　　　ε—— 表面辐射率；

　　　　A—— 表面面积，m^2；

　　　　T_s—— 表面温度，K。

2. 室内空气品质

室内空气品质主要由室内空气成分及其浓度值决定，不光影响人的生活质量和工作效率，而且和人体健康的关系也十分重大。近 30 年来，由于建筑节能导致建筑密闭性增强、通风量减少，以及各种新型建筑材料应用，使得室内空气品质问题日益严重。与欧美发达国家相比，我国近年来还要同时面对非常严峻的以 PM2.5 为代表的室外空气污染问题，而室内外空气流通和相互作用又进一步加剧了室内空气品质的恶化。室内外污染物的散发源多样、污染物成分非常复杂，除了传统意义上人员散发、燃烧散发的 CO_2、CO、NO_x、SO_x 之外，还有各种建筑材料、建筑装饰性材料（如油漆、地毯、地板覆盖物等）等散发的以醛类、苯类、烯类为代表的上百种挥发性有机化合物（VOCs）、半挥发性有机化合物（SVOCs），以及灰尘、细菌和真菌、氡气为代表的放射性气体等其他污染物。这些污染物在各种通风方式的作用下随空气流动在建筑内外扩散与传播，利用 CFD 模拟对其浓度分布进行预测与评价，对于更深入地分析室内空气品质的形成及健康影响机制，有针对性地提出空气品质的控制或改善措施都具有重要意义。定性地分析，污染物浓度的 CFD 模拟就是 2.5 节中介绍的标量场湍流计算。对于大多数气体和蒸汽污染物以及较小粒径固体污染物（颗粒物、微生物）来说，在室内环境中的浓度通常较低，可以忽略其与空气的密度差对流动自身的影响，相当于被动标量。此时污染物扩散方程如下：

$$\frac{DC}{dt} = \frac{\partial C}{\partial t} + u_j \frac{\partial C}{\partial x_j} = \frac{\partial}{\partial x_j} \left[\left(D_c + \frac{\nu_t}{\sigma} \right) \frac{\partial C}{\partial x_j} \right] + q_c \tag{5.5}$$

式中　　D_c——污染物在空气中的分子扩散系数，m^2/s；

　　　　σ——普朗特数；

　　　　C——室内某特定位置污染物浓度，$\text{kg}/\text{kg}_{空气}$；

　　　　q_c——污染物散发强度，kg/s。

对于粒径较大的固体污染物（颗粒物、微生物），除了受到气流、湍动以及浮升力的影响外，还需要考虑重力沉降等因素，并不完全随气流流动，也就不能再简单看作被动标量输送问题，需要进行如下的额外修正（下式等号右端第 2 项），或采用拉格朗日法对颗粒物进行单独处理。

$$\frac{DC}{dt} = \frac{\partial C}{\partial t} + u_j \frac{\partial C}{\partial x_j} = \frac{\partial}{\partial x_j} \left[\left(D_c + \frac{\nu_t}{\sigma} \right) \frac{\partial C}{\partial x_j} \right] - \frac{\partial (w_p \cdot C)}{\partial z} + q_c \tag{5.6}$$

式中　　w_p——粒子重力沉降速度，m/s。

另外，关于建筑材料中各种挥发性有机化合物（VOCs）的散发并在室内扩散的过程，既与材料内部直至表面的污染物传输有关，又和室内空气中的污染物背景浓度、流速、温湿度等发生相互影响。此时需要把室内 CFD 模拟与建材内部 VOCs 传输计算耦合在一起。VOCs 在作为多孔介质的建材内部扩散及吸收过程可由下式表述：

建材内污染物输送方程

$$\phi\rho_a \frac{\partial C}{\partial t} = \frac{\partial}{\partial x_j}\left(\lambda_c \frac{\partial C}{\partial x_j}\right) - adv \tag{5.7}$$

建材表面吸附速度 adv 计算式（Henry 型吸附等温方程）

$$adv = \rho\frac{\partial C_{ad}}{\partial t} = \rho k_h \frac{\partial C\mid_{B-}}{\partial t} \tag{5.8}$$

式中　　λ_c —— 建材内污染物传递系数，kg/（m² · s · （kg/kg$_{空气}$））；

　　　　k_h ——Henry 常数；

　　　　C_{ad} —— 建材表面吸附量，kg/kg$_{建材}$；

　　　　$C\mid_{B-}$ —— 建材表面空气中的污染物浓度，kg/kg$_{空气}$。

3. 人体热舒适性

建筑热湿环境研究的最终目的是满足以人体热感觉和环境适应性为核心的热舒适性，同时在满足人体热舒适要求的基础上构建更好的建筑热湿环境。在研究内容上，主要研究环境参数、人体生理和心理因素与热舒适性的相互关系，预测不同环境下人体热感觉，确定人体舒适区范围，研究人体热舒适性的环境适应能力，提出营造和改善热舒适环境的方法。尽管国内外相继开展了大量实验室及现场测试研究，但人体舒适性体现的是人体主观意识与客观参数间的模糊关系，和当地长期气象条件、不同的生活习惯和环境适应能力强烈相关，具有高度的个性化，无论是实验室还是现场测试都很难达到满足统计学规定的样本数量要求。

相比之下，CFD 模拟利用数理模型来反映复杂室内环境下的人体热舒适规律，更具有代表性和典型性。

人体热舒适性 CFD 模拟的复杂性在于人体和周边微环境之间是相互作用的关系。一方面人体热平衡和舒适性由周边气流场和温度场所决定，进而带动与之相适应的生理反应，同时人体本身的形状又对气流流动有阻碍作用，人体在新陈代谢、对外做功过程中无时无刻不在与周边微环境之间以对流、辐射和蒸发等各种形式进行着热湿交换，人体相当于室内重要的热湿发生源，对室内局部气流流动和温湿度分布均会带来不可忽视的影响。进行人体热舒适性 CFD 模拟需要将常规的热湿环境模拟和热舒适模型相耦合，最终用相关的热舒适指标分布图予以表述。最常用的如由 Fanger 提出的稳态热平衡模型及指标 PMV[101]。该指标基于稳态的能量平衡来描述空调控制的类办公房间内人体热舒适性，但该模型不能适用于如自然通风等环境参数变化过程的人体动态热舒适性评价。除此之外，还有 Gagge 等人提出的二节点模型（2 – node model）[102] 及指标 SET*、田边等人提出的更为复杂的 65MN 人体热调节模型（65 multi – nodes thermoregulation model）[103] 及指标 65MNSET* 等。后者更为精细，可以计算人体各部位对瞬时非均匀环境的生理热反应、评价人体的主观感受。以下为二节点模型及 SET* 的主要计算方程。

（1）SET* 计算公式。

$$Q_{sk} = \alpha'_{SET}(T_{sk} - SET^*) + \omega\alpha'_{eSET}(P_{sk} - 0.5P_{SET}) \tag{5.9}$$

式中　　Q_{sk} —— 皮肤总散热量，W/m²；

α'_{SET}——标准环境中考虑了服装热阻的综合对流换热系数，$W/(m^2 \cdot \text{℃})$；

T_{sk}——皮肤温度，℃；

ω——皮肤湿润度；

$\alpha'_{e\text{SET}}$——标准环境中考虑了服装热阻的综合对流质交换系数，$W/(m^2 \cdot \text{kPa})$；

P_{sk}——皮肤表面的水蒸气分压力，kPa；

P_{SET}——标准有效温度 SET^* 下的饱和水蒸气分压力，kPa。

（2）人体核心层动态热平衡计算式。

$$m_{\text{cr}}c_{\text{cr}}\frac{DT_{\text{cr}}}{d\tau} = M + \Delta M - W - C_{\text{res}} - E_{\text{res}} \tag{5.10}$$

人体皮肤层动态热平衡计算式

$$m_{\text{sk}}c_{\text{sk}}\frac{DT_{\text{sk}}}{d\tau} = (K + m_{\text{bl}}c_{\text{bl}})(T_{\text{cr}} - T_{\text{sk}}) - Q_{\text{sk}} \tag{5.11}$$

式中　T_{cr}——核心层温度，℃；

$m_{\text{cr}}, m_{\text{sk}}$——核心层、皮肤层质量，kg，一般分别取人体体重的 90% 和 10%；

$c_{\text{cr}}, c_{\text{sk}}$——核心层、皮肤层比热，一般设 3.5 kJ/(kg·℃)；

K——由核心层向皮肤层的传热系数，一般设 5.28 $W/(m^2 \cdot \text{℃})$；

M——代谢率，W；

W——人体所做的机械功，W；

$C_{\text{res}}, E_{\text{res}}$——人体呼吸显热和潜热散热量，W；

ΔM——冷战引起的代谢率，W；

m_{bl}——皮肤层的血流量，$L/(m^2 \cdot h)$；

Q_{sk}——皮肤显热散热和潜热散热的总和，W。

　　进行人体热舒适模拟时一个不可回避的问题就是人体形状的描述。早期的研究中，由于计算机运算能力和网格生成技术的限制，一般都简化为立方体或圆柱体形式，这样做从工程应用和定性分析的角度看也没有什么问题。随着计算机运算能力和网格生成技术的发展，人体形状的描述越来越细致，如下文 5.4.2 节的案例，这样可以更准确地计算人体周边的气流和温度分布规律，以及人体表面局部的辐射换热和自然对流情况，从而更好地分析人体热舒适感。

5.4.2　板式散热器加热情况下室内气流、热湿传递和热舒适性

　　G. Sevilgen 等人利用 CFD 模拟研究一种双面板式散热器的热性能及其对室内热舒适性的影响[104]。模拟采用 FLUENT 商用 CFD 软件。湍流计算模型采用 RNG k-ε 模型。本研究中考虑了房间内各表面之间的辐射计算。进行收敛计算时，流动方程残差不大于 10^{-4}，能量、污染物和辐射方程的残差不大于 10^{-6}。图 5.43 给出了模拟房间和人体情况，图 5.44 给出了房间内门窗和散热器形状与尺寸。人体设定为标准身高（1.70 m）和体重（70 kg），总表面积为（1.81 m^2），采用标准坐姿。人体表面按 18 个单元组成。房间利用门的上部和下部进行空气流通。

　　人体表面附近及房间内总体的网格划分如图 5.45 所示。本研究利用 Gambit 和 T-

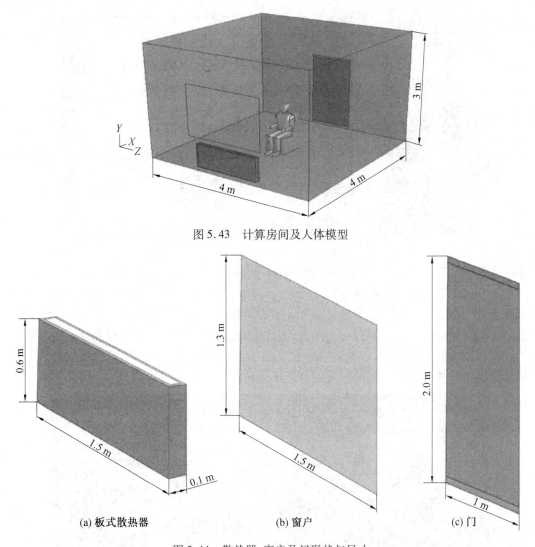

图 5.43　计算房间及人体模型

(a) 板式散热器　　　　　(b) 窗户　　　　　(c) 门

图 5.44　散热器、窗户及门形状与尺寸

Grid 程序进行网格生成。为提高计算质量和求解时间,采用了三维 hex-core 网格,总网格数大致为 300 万。散热器表面温度分别设定为 40 ℃(工况 1)、50 ℃(工况 2 和工况 3)及 60 ℃(工况 4)。房间内换气次数设为 0.56 h^{-1},由此得到送风口处风速为 0.15 m/s,送风温度为定值 20 ℃,送风水蒸气质量分数设为 9.5 g/kg。回风边界按压力出口设定。送回风湍动强度设为 10%。作为室内热湿源,人体未被衣服覆盖部分的皮肤温度(头和手部)设为定值 33.7 ℃,被衣服覆盖部分的表面温度设为定值 33 ℃。另外,人体表面考虑 10 g/kg 的水蒸气质量分数来模拟散湿。其他固体表面按绝湿考虑。本研究中分别考虑单玻和双玻两种窗户形式,窗户及其所在外墙的厚度及热工参数见文献,此处不再赘述(工况 2 对应的外围护结构保温性能比工况 3 好)。其他壁面均按照绝热处理。室外温度设为 0 ℃。

上述 4 个工况在房间中央竖向断面($z=2$ m)的流场如图 5.46 所示。由于人体表面

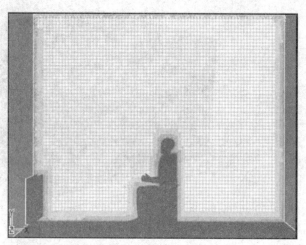

图5.45　计算域及网格划分(右图为 $z=2$ m 断面)

温度比周围空气温度高,可以清楚地看到人体头部上方形成的上升气流。工况 1 中头部上方上升气流区内最大风速达到 0.27 m/s。其他工况计算得到的风速值由于室温更高而变得低一些。各工况对应的散热器上部表面风速分布较为相似。由于表面温度比室温高,气流上升至房间顶部后分为两个循环流。左侧为逆时针流动,空气沿着温度相对较低的外窗外墙表面附近下沉;右侧为顺时针流动,流向房间内部。循环区域的具体大小和风速值则由于散热器表面温度的不同而呈现不同特点。

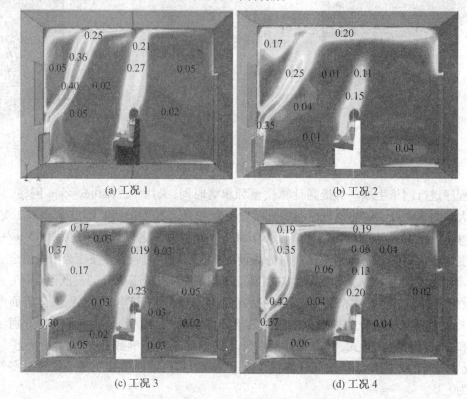

图5.46　风速(m/s)分布($z=2$ m 断面)

上述 4 个工况在房间中央竖向断面($z=2$ m)的温度场如图 5.47 所示。所有工况下人体头部和脚部的温差均大约为 2 ~ 3 ℃。总体上房间内部空气温度分布较为相似,均表现出分层特点。上部的空气温度比下部高。头部区域的温度至少达到 26 ℃。工况 2 由于散热器表面温度较高且保温性能较好,平均空气温度比其他工况高约 5 ℃。

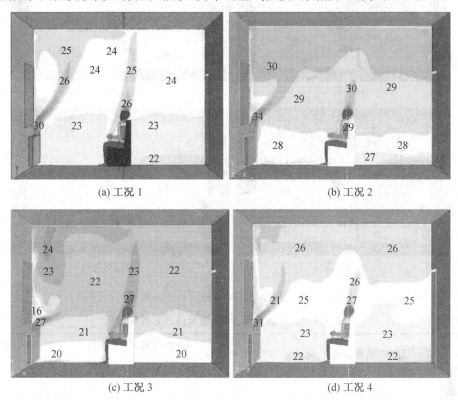

(a) 工况 1　　　　　　　　　　　　(b) 工况 2

(c) 工况 3　　　　　　　　　　　　(d) 工况 4

图 5.47　室温(℃)分布($z=2$ m 断面)

上述 4 个工况在房间中央竖向断面($z=2$ m)的相对湿度如图 5.48 所示。人体散发的湿量随着上升气流的流动扩散。送风口区域由于温度相对较低而相对湿度值较高。4 个工况中,工况 3 的相对湿度值水平最高,最大值达到 59%。人体表面附近的相对湿度值较低,工况 2 时只有 37%。

表 5.4 汇总了人体表面的散热量、PMV 值以及房间总散热量。各工况中,人体表面对流散热占 21% ~ 33%,辐射散热占 30% ~ 37%,呼吸及蒸发散热占 30% ~ 49%,这说明除对流散热外,辐射和蒸发散热在人体散热中起着非常重要的作用。工况 1 和 4 的 PMV 值接近于中性状态(≈0),从热舒适的角度看较为理想。工况 2 和 3 的 PMV 值分别为 1.1 和 −0.9,这表明前者的热舒适感为热而后者为稍冷。各工况的房间总散热量情况差别较大。由于外墙和外窗传热系数值较高,保温性能较差,造成工况 3 和 4 通过外围护结构的散热量较大。值得注意的是,工况 1(23.6 ℃)和工况 4(24.7 ℃)的空间平均温度较为接近,但后者的房间散热量是前者的 2.3 倍。而工况 3 得到的室温在所有工况中最低(22.1 ℃),但房间散热量几乎是工况 1 的 2 倍。这些结果都说明外墙和外窗的保温对建筑节能的重要性。综合舒适性和能耗这两个因素,工况 1 是比较好的方案。

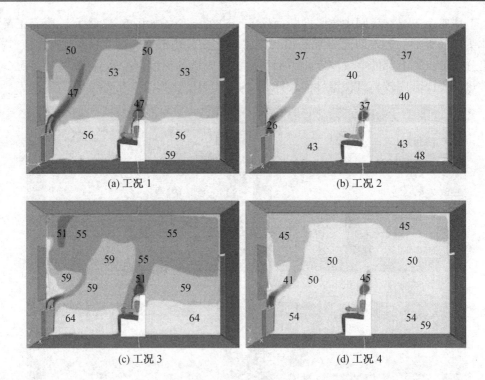

图 5.48　相对湿度(%)分布($z=2$ m 断面)

表 5.4　人体散热量、PMV 值及房间总散热量

工况	平均温度 /℃	相对湿度 /%	对流散热 /$(W \cdot m^{-2})$	辐射散热 /$(W \cdot m^{-2})$	呼吸及蒸发散热 /$(W \cdot m^{-2})$	人体总散热量 /$(W \cdot m^{-2})$	PMV	房间散热量 /W
1	23.6	54	33.5	40.9	37.44	111.8	−0.4	567
2	28.5	40	14.9	21.2	34.43	70.5	1.1	778
3	22.1	59	41.3	46.9	28.25	126.5	−0.9	1 019
4	24.7	50	31.9	35.3	36.82	104.2	−0.2	1 334

5.4.3　防虫纱窗对居室内热环境的影响评价

P. Ravikumar 等人利用 CFD 三维模拟,研究了通过防虫纱窗进入室内的气流流动状态,以及窗体面积和纱窗孔隙率对室内气流和温度分布的影响[105]。本研究针对的是一个包含两个外窗的单体房间(如图 5.49 所示)。房间尺寸为 5 m(W)×5 m(L)×4 m(H)。该房间的室外区域设为 30 m(W)×30 m(L)×20 m(H)。采用非均匀四面体混合 T 网格体系,3 个方向上共配置 42(x)×33(y)×42(z),进行了网格独立性验证。研究中进行了如下假设:①气流流动仅依靠风力作用;②外窗是室内外换气的唯一途径。室内设定 25 W/m² 的热源并均匀分布在地面。为考虑风力沿地面垂向分布,把流入边界分为 4 个子域,对应的风速 v 按下式计算:

$$v = V_{\mathrm{r}} c H^{\alpha} \tag{5.12}$$

式中　V_{r}——参考风速，由实测获得；

　　　H——建筑高度；

　　　c——地形参数（开放的乡村地形，可设 0.68）；

　　　α——距地面高度的指数（开放的乡村地形，可设 0.17）。

室外温度设为 23 ℃，建筑屋顶、侧墙和地面温度分别设为 52 ℃、39 ℃和 30 ℃。上述值都来自于实际建筑的现场测试。围护结构的热物性参数等见文献，此处不再赘述。房间壁面采用自由滑移边界条件。纱窗部分按多孔介质设定。根据达西定律，通过多孔介质的压降公式（$Re>1$）为

$$\Delta p = -\frac{\mu}{K} v + \rho \left(\frac{Y}{\sqrt{K}} \right) v^2 \tag{5.13}$$

式中　Y——无量纲惯性系数，是孔隙率 ε 的函数；

　　　K——多孔介质渗透率，也是孔隙率 ε 的函数。

本研究中这两个量分别按下式计算：

$$Y = 4.32 \times 10^{-2} \varepsilon^{-2.13} \tag{5.14}$$

$$K = 3.44 \times 10^{-9} \varepsilon^{-1.6} \tag{5.15}$$

上述压降估算法的正确性通过风洞试验进行了验证。

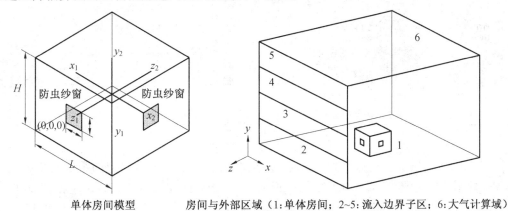

单体房间模型　　　　　房间与外部区域（1：单体房间；2~5：流入边界子区；6：大气计算域）

图 5.49　作为研究对象的单体房间示意图（左：房间；右：房间外部区域）

湍流计算模型选用标准 k-ε 二方程模型，模拟利用商用 CFD 软件 Fluent5.6。移流项采用 2 次精度迎风差分离散格式，收敛精度为 10^{-6}。

图 5.50 给出了有和无纱窗情况下距地面 2 m 高度水平截面上风速矢量分布。当参考风速为 1 m/s 时，无纱窗情况下通过窗户位置流入风速为 0.509 m/s，有纱窗情况下该值降为 0.106 m/s，下降幅度为 75%，与此同时表现出明显的逆向循环流动趋势。图 5.51 给出了有和无纱窗情况下距地面 2 m 高度水平截面上温度云图分布。无纱窗情况下室内主要区域的温度值大致为 24.1 ℃，而有纱窗情况下该值升高至约 27 ℃，在风速降低处温升尤为明显。其原因在于安装纱窗后室内热空气不易被排除，而室外相对凉爽的空气不易进入室内。

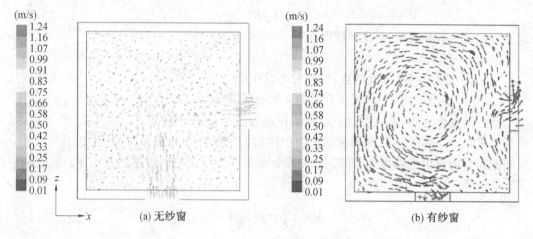

图 5.50　距地面 2 m 高度水平截面的风速矢量

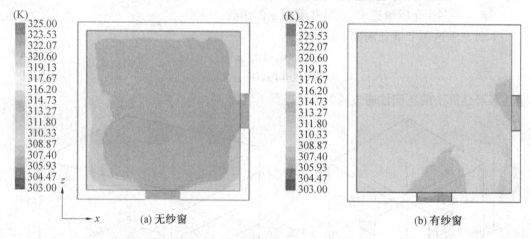

图 5.51　距地面 2 m 高度水平截面的温度分布云图

　　图 5.52 给出了当孔隙率为 0.3 时,不同窗墙面积比 a^* 值所对应的距地面 2 m 高度 PMV 分布云图。当 a^* 值为 0.05 时,靠近窗户的 PMV 值在 2.56 和 2.65 左右;房间中央的 PMV 值约为 2.74,而和窗户相对的墙体附近 PMV 值增加至 3.03。a^* 值从 0.15 变化到 0.45,意味着更多的新风进入房间且更多的内部散热可以被排除,所以虽然 PMV 的分布规律大体相同,但数值逐渐降低。总体上左侧墙体附近的 PMV 值水平最高,换言之右侧靠墙区域的舒适度更高。图 5.53 给出了当 a^* 值为 0.15 时,不同孔隙率 ε 值所对应的距地面 2 m 高度 PMV 分布云图。当孔隙率为 0.1 时,房间内的 PMV 值在 2.32 到 3.06 的大范围内变化,说明房间内热舒适度分布不均匀。纱窗孔隙率低意味着进入房间的新风量低。伴随着孔隙率变大,PMV 值逐渐下降,热舒适性提高。绝大多数的防虫纱窗孔隙率在 0.3 ~ 0.5 之间,此时房间左侧 PMV 值大概为 2.9 ~ 2.67,右侧 PMV 值大概为 2.51 ~ 2.4左右。进一步增加孔隙率可以进一步提高舒适度,但在防虫方面的性能会受到影响。因此,目前的孔隙率从通风和防虫这两者间的平衡来看是合理的。

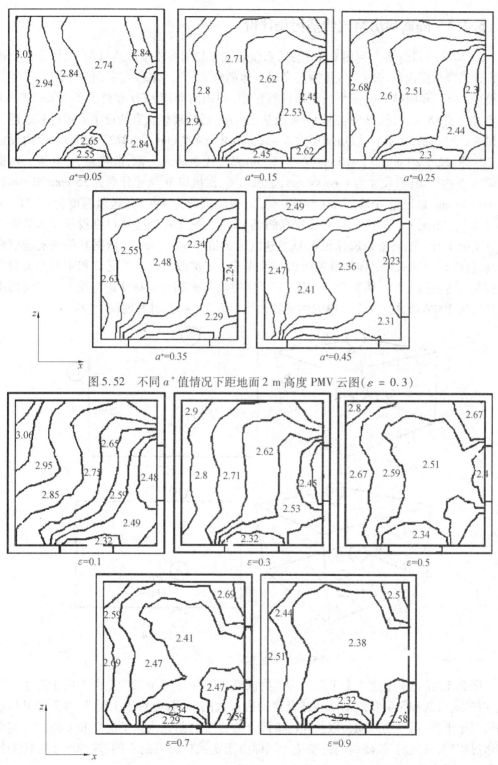

图 5.52　不同 a^* 值情况下距地面 2 m 高度 PMV 云图($\varepsilon = 0.3$)

图 5.53　不同 ε 值情况下距地面 2 m 高度 PMV 云图($a^* = 0.15$)

5.4.4　隔离病房空气传播污染评价

F. Memarzadeh 等人利用 CFD 模拟,系统研究了如何在不增加通风量,只依靠优化通风设计来降低隔离病房内空气传播污染对人体的危害[106]。本研究采用一个结合了零方程模型 LVEL 和标准 k-ε 模型的湍流计算模型,利用的商用 CFD 软件为 FloVENT®。本研究讨论了 16 个工况,其中工况 1~4 为基准工况,通过理想状态的设定来进行基础现象的讨论。如图 5.54 所示,该房间尺寸为 432 cm(W)×490 cm(L)×272 cm(H)。室内设定一个物体,尺寸 20 cm(W)×15 cm(L)×15 cm(H),代表病人头部,散热量为 30 W。污染面源 A 在物体顶面,尺寸为 4 cm×4 cm,送风口 C、回风口 B 尺寸分别为 55 cm×70 cm 和 30 cm×30 cm,送风量为 120 cfm($\approx$204 m³/h,换气次数为 4 h^{-1}),送风温度为 67 °F($\approx$ 19.4 ℃)。工况 1、2 的送风口均设置在侧墙上,而工况 3、4 的送风口则设置在污染源下方。工况 1 和 3 的污染源选择 SF6,散发速度为定值 300 mL/min。依据其他的实验研究发现,这样设定的示踪气体扩散规律和实际的飞沫核扩散一致。工况 2 和 4 中污染源散发按照一个身高 1.8 m,体重 70 kg 成年男子咳嗽的气流和时间特征进行设定。气流污染物浓度按 100% 考虑。每个工况的网格数大体上为 23.4 万,计算时间为 300 s。

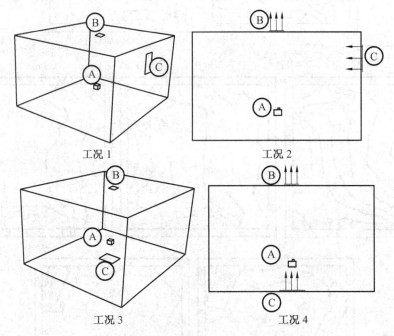

图 5.54　基准工况 1~4 示意图

图 5.55 给出了上述 4 个工况的污染物浓度等值面计算结果。工况 1 由于送风口设置在侧墙,气流和污染物流动路径涉及房间内很大的空间;而对于工况 3,由于送风口在污染源正下方,污染物流动被限制在污染源上方很窄的路径内。工况 2 和 4 模拟了整个咳嗽过程中污染物扩散随时间的变化。同样由于送风口位置的不同,这两个工况污染物扩散的路径有很大区别。

图 5.56 比较了 300 s 的计算时间内回风口处污染物浓度及污染物排除量随时间的

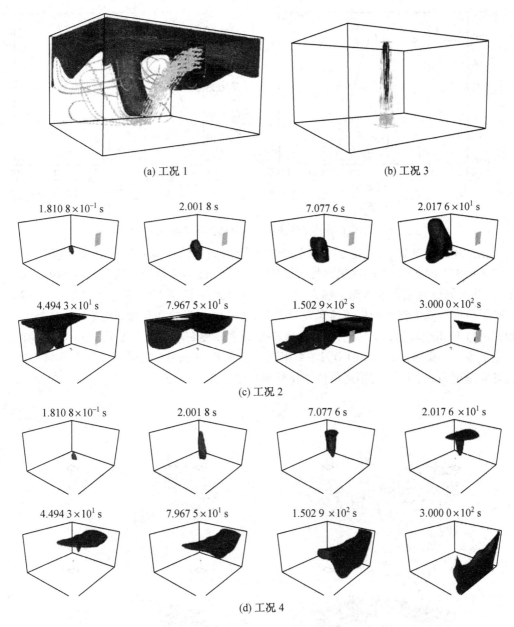

(a) 工况 1　　　　　　　　　　　　　(b) 工况 3

$1.810\,8\times10^{-1}$ s　　　$2.001\,8$ s　　　$7.077\,6$ s　　　$2.017\,6\times10^{1}$ s

$4.494\,3\times10^{1}$ s　　　$7.967\,5\times10^{1}$ s　　　$1.502\,9\times10^{2}$ s　　　$3.000\,0\times10^{2}$ s

(c) 工况 2

$1.810\,8\times10^{-1}$ s　　　$2.001\,8$ s　　　$7.077\,6$ s　　　$2.017\,6\times10^{1}$ s

$4.494\,3\times10^{1}$ s　　　$7.967\,5\times10^{1}$ s　　　$1.502\,9\times10^{2}$ s　　　$3.000\,0\times10^{2}$ s

(d) 工况 4

图 5.55　污染物浓度等值面

变化。对工况 4 来说,高浓度的波峰出现在 $1\sim10\mathrm{s}$ 范围内,与工况 2 相比相同时间内总的污染物排除量增加了 1 倍。

上述研究说明,影响机械通风条件下封闭空间内污染物扩散的最主要因素是污染源和排风口位置之间形成的路径,而不是换气次数。当这条路径被气流打断,污染物就要被迁移到房间内的其他位置。如果气流和此路径恰好重叠,则污染物就可能不发生迁移。对于实际隔离病房来说,传统的通风设计是尽可能将送风与室内空气进行混合,从而产生比较均匀的室内热环境。但这对于有效排除污染物就可能不是好的办法。

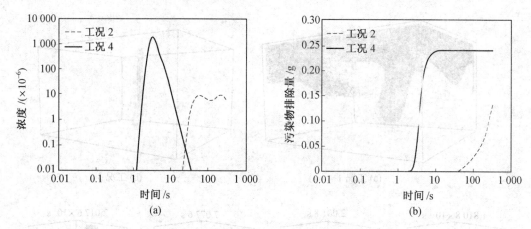

图 5.56　回风口处污染物浓度和污染物排除量随时间变化情况

在上述研究基础上,设定了更接近于实际隔离病房的场景并进行后续的模拟,如图 5.57所示为工况 5 和 11 以回风口处污染物浓度值所做的等值面。房间尺寸和前述 4 个工况相同,但更为细致地考虑了病人、看护者、床、设备、洗浴等内部物体的存在。工况 5 反映了目前医院中典型的病房通风设计方案,送风口 C 设置在顶棚,送风面向整个房间, 和回风口 B 相距较远;而工况 11 中送风口 C 位置未变,送风面向墙,回风口 B 设置在病 人正上方。污染源的设定和工况 1~4 相同。直观上,工况 11 的通风设计方案对于污染 物排放是更为有利的。利用通风效率指标进行量化比较,算式如下:

$$V_e = \frac{C_e - C_s}{C_b - C_s} \tag{5.16}$$

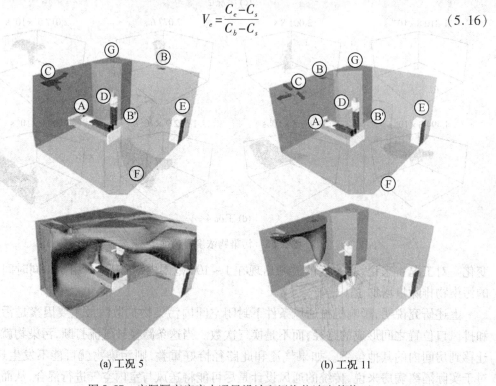

(a) 工况 5　　　　　　　　　　　　　　　　　(b) 工况 11

图 5.57　实际隔离病房内通风设计和污染物浓度等值面

式中　C_e——回风口处污染物浓度;

　　　C_b——呼吸区,即距地面 1.1 m 和 1.8 m 高度处空间平均浓度;

　　　C_s——送风口处污染物浓度,本研究中设为 0。

气流完全混合房间内的 V_e 值为 1。通风效率大于 1 意味着污染物去除效果优于气流完全混合状态。计算后发现,工况 5 的 V_e 值分别为 1.11(1.1 m 高度处) 和 1.05(1.8 m 高度处),非常接近于 1;而工况 11 的 V_e 值分别为 1.76(1.1 m 高度处) 和 1.69(1.8 m 高度处)。

5.5　建筑周边微尺度环境研究

5.5.1　建筑周边微尺度环境 CFD 模拟方法概述

建筑环境与周边微气候条件密切相关。首先对于绿色生态城区来说,舒适的室外热环境本身就是关键的建设内容和技术指标之一。在规划或城市建设初期阶段,从气候角度出发,对城市形态要素(建筑外观与布局)、下垫面配置模式(绿地、水体、不透水人工表面等的比例和排布关系)、功能区划分(居住区与工厂区、商业区之间的空间位置)等内容进行精心的考虑,就能够有效地提高城市内部通风性能,降低或控制局部高温及热岛效应,进而直接或间接地对建筑能耗及室内环境产生重要影响。相比于建设之后发现问题再进行耗时耗力的区域改造,往往能够取得事半功倍的效果。另外,任何室内空气环境都不是孤立存在的。建筑表面的各种风口或采用的机械通风设备均可实现室内外的气流和物质交换,其典型问题就是自然通风的预测。一方面流入流出的自然通风量和建筑自身风口位置、房间内部布局相关,同时建筑自身又作为室外风场中的障碍物,影响着建筑周边空气流动。

相比于单纯的建筑内部环境,研究建筑周边微气候及其影响就更为复杂。主要原因在于:一方面,空间尺度变大,受外界大气环境和地貌特征、内部城市结构和各种人类活动等因素的强烈影响,始终存在着能量和物质的传输和转化这一动态过程。这里面包括了各种下垫面,如城市水泥道路、建筑群、水体、植被等与大气间的感热、潜热输送及其能量、水分循环特征,地表和建筑材料之间反照率和辐射特性、热传导和热容量,建筑不同的排热方式和排热强度、交通排热等社会生产活动的影响,这些都形成了建筑周边微气候独有的气-地-水动态平衡。这种高度复杂的现象造成了传统的现场实测或模型试验手段存在着很大的局限性。伴随着计算机自身性能的提升,空间尺度较大或动态模拟所带来的硬件瓶颈在很大程度上得到克服,事实上近年来利用 CFD 模拟进行该方向研究的案例越来越多。

利用 CFD 进行建筑外微气候模拟在计算域选择、边界条件、网格划分等方面都有一些特殊的要求,下文予以简要介绍,感兴趣的读者可参考欧洲和日本的相关技术指南[107,108]。

1. 计算域的设定

对于建筑周边微气候问题来说,仅仅将对象建筑本体作为计算域是远远不够的。为

防止区域边界距离对象建筑过近产生额外的速度误差,一般计算域都要尽可能扩大。具体如下:

(1)与主流方向正交的计算断面大小,可按照确保3%以下的阻塞率(计算区域内建筑群在与主流方向正交的计算断面上的投影面积与该断面总面积之比)来计算。

(2)若计算对象为单体建筑,上边界至该建筑顶部的垂直高度要达到该建筑高度的5倍以上;若计算对象为建筑群,则上边界至建筑群中最高建筑顶部的垂直高度要达到该最高建筑高度的5倍以上。

(3)若计算对象为单体建筑,侧边界至对象建筑外缘的水平距离要达到该建筑高度的5倍以上;若计算对象为建筑群,则侧边界至建筑群外缘的水平距离要达到建筑群中最高建筑高度的5倍以上。

(4)若计算对象为单体建筑,流入侧边界至对象建筑外缘的水平距离要达到该建筑高度的5倍以上;若计算对象为建筑群,则流入侧边界至建筑群外缘的水平距离要达到建筑群中最高建筑高度的5倍以上。当来流状况不很清楚时,该水平距离应进一步加大。

(5)若计算对象为单体建筑,流出侧边界至对象建筑外缘的水平距离需达到该建筑高度的15倍以上,以防止尾流区计算不充分;若计算对象为建筑群,则流出侧边界至建筑群外缘的水平距离要达到建筑群中最高建筑高度的15倍以上。

(6)使用者需根据情况判断计算区域之外是否有对气流流动造成强烈影响的要素。如存在,则同样需要以适当的方式予以考虑。

2. 建筑等物体几何形状的描述

计算域内除建筑物外的树木、地形起伏、人员及车辆等小型物体,由于往往尺度较小,无法通过网格划分方式充分体现。当其对区域内的流场和温度场的影响不能忽略时,则需要以附加项的形式对基础方程式进行修正。以下为基于标准 $k-\varepsilon$ 模型的修正方法:

连续性方程

$$\frac{\partial G \overline{\langle u_i \rangle}}{\partial x_i} = 0 \tag{5.17}$$

$N-S$ 方程

$$G \frac{\partial \overline{\langle u_i \rangle}}{\partial t} + \overline{\langle u_j \rangle} \frac{\partial G \overline{\langle u_i \rangle}}{\partial x_j} = -\frac{1}{\rho} \left\{ G \left(\frac{\partial \overline{\langle p \rangle}}{\partial x_i} + \frac{2}{3} k \right) \right\} + \frac{\partial}{\partial x_j} \left\{ \nu_t \left(\frac{\partial G \overline{\langle u_i \rangle}}{\partial x_j} + \frac{\partial G \overline{\langle u_j \rangle}}{\partial x_i} \right) \right\} - \underline{F_i} \tag{5.18}$$

k 输送方程

$$G \frac{\partial k}{\partial t} + \overline{\langle u_j \rangle} \frac{G \partial k}{\partial x_j} = \frac{\partial}{\partial x_j} \left(\frac{\nu_t}{\sigma_k} \frac{\partial G k}{\partial x_j} \right) + G P_k - G \varepsilon + \underline{F_k} \tag{5.19}$$

ε 输送方程

$$G \frac{\partial \varepsilon}{\partial t} + \overline{\langle u_j \rangle} \frac{\partial G \varepsilon}{\partial x_j} = \frac{\partial}{\partial x_j} \left(\frac{\nu_t}{\sigma_k} \frac{\partial G \varepsilon}{\partial x_j} \right) + G \frac{\varepsilon}{k} (C_{\varepsilon 1} P_k - C_{\varepsilon 2} \varepsilon) + \underline{F_\varepsilon} \tag{5.20}$$

式中　　G——有效体积率,反映流体空间内去除障碍物后实际可流动的体积占总体积的比率;

$\overline{\langle u_i \rangle}$——时间平均后再进行空间平均的流速。这样处理的结果就将障碍物对流动的影响均摊到网格内;

F_i、F_k 及 F_ε——$N-S$ 方程、k 以及 ε 输送方程中的修正项,不同文献中有不同的算法,表5.5 为针对树木的附加项建模。

可以看出,各模型中 F_i 的形式一致,$-F_i$ 添加后代表了树木存在对流体流动带来的动量衰减作用;而 F_k 分为两种形式,模型 1、2 体现了树叶等的扰动造成的湍动增加,而模型 3、4 同时又考虑了树木的阻碍作用对湍动的衰减。

表5.5 树木影响的附加项

模型	F_i	F_k	F_ε
$1^{[109]}$		$\overline{\langle u_i \rangle} F_i$	$\dfrac{\varepsilon}{k} C_{p\varepsilon 1} \dfrac{k^{3/2}}{(1/a)}$
$2^{[110]}$	$C_f a \overline{\langle u_i \rangle} \sqrt{\overline{\langle u_j \rangle}^2}$	$\overline{\langle u_i \rangle} F_i$	$\dfrac{\varepsilon}{k} C_{p\varepsilon 1} F_k$
$3^{[111]}$		$\overline{\langle u_i \rangle} F_i - 4 C_f a \sqrt{\overline{\langle u_j \rangle}^2}$	$\dfrac{\varepsilon}{k} \left[C_{p\varepsilon 1} \left(\overline{\langle u_i \rangle} F_i \right) - C_{p\varepsilon 2} \left(4 C_f a \sqrt{\overline{\langle u_j \rangle}^2} \right) \right]$
$4^{[112]}$		$\overline{\langle u_i \rangle} F_i - 4 C_f a \sqrt{\overline{\langle u_j \rangle}^2}$	$\dfrac{\varepsilon}{k} C_{p\varepsilon 1} \dfrac{k^{3/2}}{(1/a)}$

注:表中 a 为叶面积密度;C_f 为拖曳系数;$C_{p\varepsilon 1}$ 和 $C_{p\varepsilon 2}$ 分别为系数,大致取值为 0.8 ~ 2.5、0.6。

3. 网格划分

对于建筑周边微气候研究来说,需注意的网格划分问题主要包括:

(1)对几何外形相对简单、排列规整的小规模建筑群进行模拟时,采用结构化网格处理起来很简便;但由于建筑布局一般都比较复杂,采用结构化网格可能会非常困难。还要注意的是,当建筑表面附近需要进行结构化网格细分时,其远离建筑空间区域的网格宽高比可能超出合理范围,或者添加了大量不必要的细密网格,造成计算资源浪费。

(2)对复杂形状的物体可采用非结构化网格处理,对斜面、曲面、球面等都有着极好的适应性,且可以有针对性地进行局部网格加密,这对于复杂地块的 CFD 模拟特别有效。

(3)在靠近下垫面或壁面位置,采用和表面相平行的非结构化层状网格有助于提高计算精度和收敛性。如利用四面体网格时,在挨近表面位置先设置一层三棱柱网格(图 5.58)。

(4)为保证计算精度,总体网格数要满足必要的细密水平。在计算对象的建筑及其周边区域内,网格解析度最低也要建筑尺度的 1/10 以下(约 0.5 ~ 5 m 左右);另外,在进行室外微气候评价时,很多场合以人体所在高度(如 1.5 m 左右)的计算结果作为评价依据,因此在进行垂直方向网格设置时可以有意识地在此处进行分割。

(5)除总体网格数外,在进行建筑周边微气候模拟时,屋顶及壁面附近的气流剥离及再贴附现象能否得到准确再现非常重要。因此在这些区域要有意识地增加网格设置。同

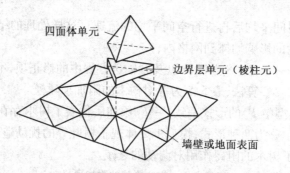

图 5.58　地表面附近非结构化网格的设置方法

时还要注意,由于上述区域物理量梯度变化很大,相邻网格在各方向上的尺寸不要相差太大,其网格长宽比(grid stretching ratio)一般不要超过 1.3。

4.边界条件

对于建筑周边微尺度环境 CFD 模拟问题来说,其模拟对象的边界包括各种类型下垫面(建筑表面、水体、不透水路面等)、大气上边界和侧边界等。其中壁面主要指围出整个计算空间的固壁部分及由大气构成的假想"壁面"。壁面边界条件的设定方法参考 3.4.3 节介绍。

对于速度边界条件来说,以标准 $k\text{-}\varepsilon$ 模型为代表的 RANS 模型采用的流入边界条件一般为时均风速的垂直分布。一般表示为

$$\langle u_z \rangle = \langle u_s \rangle \left(\frac{z}{z_s} \right)^{\alpha} \tag{5.21}$$

式中　$\langle u_z \rangle$——距地面 z 高度处的时均风速,m/s;

$\langle u_s \rangle$——基准高度 z_s 处的时均风速,m/s;

α——与区域内建筑密集程度相关的指数,可按表 5.6 取值[113]。

表 5.6　不同地表状况对应的 α 值

地表状况	α
平坦开阔的海面;顺风向至少有 5 km 长的湖面;平坦开阔、无障碍的农村	0.12
有篱笆的农场,有零星农舍、房屋树林	0.16
郊区或工业区及永久性森林	0.22
15 m 高以上的建筑覆盖率≥15% 的城区	0.30

若利用标准 $k-\varepsilon$ 模型进行模拟,还要涉及湍动动能 k 和湍动动能耗散率 ε 的设定。其中湍动动能 k 的垂直分布 k_z 最好采用风洞试验或现场实测值。如没有,可利用如下引入湍动强度垂直分布 I_z 的估算方法:

$$I_z = \frac{\sigma_{u,z}}{\langle u_z \rangle} = 0.1 \left(\frac{z}{z_G} \right)^{-\alpha-0.05} \tag{5.22}$$

$$k_z \cong \sigma_{u,z}^2 = (I_z \langle u_z \rangle)^2 \tag{5.23}$$

式中　z_G——上空未受地面边界层影响处的风速,m/s。

湍动动能耗散率 ε 的垂直分布 ε_z 根据局部平衡假设,可利用下式估算:

$$\varepsilon_z \cong C_\mu^{1/2} k_z \frac{\langle u_s \rangle}{z_s} \alpha \left(\frac{z}{z_s} \right)^{\alpha-1} \tag{5.24}$$

式中　z_s、$\langle \mu_s \rangle$——基准高度及其对应的风速。

对于各向同性边界层流动来说,在遇到建筑等障碍物之前,来流空气在每一水平面上应该是完全相同的。但地表面粗糙度和上边界设定条件可能会对此产生干扰。缺乏经验的使用者最好在正式计算前确认这一点。一个简单的确认办法是将计算域内的建筑等所有障碍物去掉,采用同样的网格设置进行一维的预计算,然后检验各水平面的风速分布是否均一。

建筑周边微尺度环境 CFD 模拟中的流出边界条件主要指风在下游流出计算域处的设定。商用 CFD 软件中一般采用自然流出或给定压力值这两种流出边界条件。自然流出边界条件强制认为流出边界处所有物理变量梯度为零,即所谓充分发展的出流现象。此时需要保证下游边界的位置能够满足本节"计算域的设定"中的要求。

由于建筑周边区域实质上是非封闭空间,模拟中的边界条件还应该包括区域上部和侧部的空气流入流出设定。模拟者有时会应用自由滑移(free slip)边界条件,即将边界面作为对称面处理。该方法强制认为边界面法线方向速度值为零,而其他方向的速度梯度为零。这就可能和流入边界条件产生差异(实际计算域顶部速度垂直方向梯度不一定为零)。因此采用该类型边界条件时要注意计算域需要比较广,顶部应高于边界层之外。否则可能会带来误差;当计算域相对比较狭小时,在充分确认其影响的前提下,可选择自由流入流出或压力设定条件。

最后谈一下建筑周边微尺度环境 CFD 模拟的稳态和非稳态计算问题。与建筑内部人工环境特点不同,室外计算参数,无论是风速风向、太阳辐射还是空气或各种下垫面表面温湿度都是瞬时变化的,因此在理论上只有采用非稳态计算才符合实际情况。但由于建筑周边微尺度环境问题非常复杂,计算量又很大,从目前计算机运算能力的现实情况出发,实际上绝大多数模拟都采用稳态计算。在仅仅需要定性分析的场合,这样做是允许的。

5.5.2　不同建筑布局下城市通风效果

Lin 等人利用 CFD 模拟,模拟分析相同建筑高宽比($H/W = 1$)、建筑密度($\lambda_p = 0.25$)和迎风面积指数($\lambda_f = 0.25$)下,不同城市尺寸、建筑高度、城市形态和风向等因素对城市通风的影响[114]。大气稳定度为中性。为说明方便,文中对各工况建立名称规则如下:工况[建筑排数-列数,建筑高度 1-高度 2,风向]。模拟利用 FLUENT 6.3,计算方法为 SIMPLE 法。空间差分采用 2 次精度迎风差分。距街谷地面最近网格高度为 0.5 m,在行人高度范围内(0 ~ 2 m)配置了 4 个六面体网格。从壁面向外的网格扩展比不超过 1.2。各工况总网格数在 50 万 ~ 470 万。计算域、网格尺寸和边界条件的设定满足欧洲和日本微气候 CFD 模拟的指南要求,具体见论文,此处不再赘述。根据预备计算结果,最终采用标准 $k\text{-}\varepsilon$ 湍流计算模型。

以工况[7-N, 30-30, 0]为例,首先给出三维流线分布图 5.59(a)。外部清新的空气从流入边界进入城市冠层内部后,少部分从街谷上部直接流出;主流部分通过街谷主干道,局部流线出现稍微向上流动;而在建筑之间的空间内部,则呈现出螺旋形三维流动,造成上下空气交换以及通过建筑顶部的湍动。为定量捕捉不同工况下通风特性,图 5.59 (b)~(d) 分别给出工况 $[i-N, 30-30, 0]$ $(i=7\sim28, Lx=390\ \text{m}\sim1.65\ \text{km})$ 在 $z=1.5\ \text{m}$ 和 $z=H=30\ \text{m}$ 高度处,通过街谷中轴线的主流时均速度 $<u>$、垂向时均速度 $\langle w\rangle$ 和湍动能 k。$x/H=0$ 代表街谷迎风面入口位置。随着风深入街谷,1.5 m 高度处的 $\langle u\rangle$ 值急剧下降,直至 $x>6H$,流动趋于充分发展。随后无论 $\langle u\rangle$、$\langle w\rangle$ 和 k 都由于建筑的影响而表现出周期性变化规律,但总体上保持在稳定状态,如 $\langle u\rangle$ 大致为 $0.33\ \text{m/s}(0.11U_{\text{H}})$。另外,在 $z=H=30\ \text{m}$ 的整个中轴线上 $\langle w\rangle$ 值都较低。

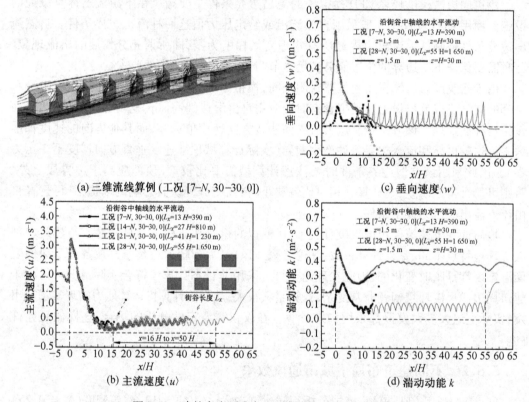

(a) 三维流线算例 (工况 $[7-N, 30-30, 0]$)

(b) 主流速度 $\langle u\rangle$

(c) 垂向速度 $\langle w\rangle$

(d) 湍动动能 k

图 5.59　建筑高度不变各工况部分气流流动计算结果

图 5.60 给出了工况 $[i-N, 30-30, 0]$ $(i=7\sim84)$ 下的总体通风性能评价。图中指标定义分别如下:

$$Q^* = \int_A v \cdot n / Q_\infty \tag{5.25}$$

式中　　Q^*——标准化街谷通风量;

　　　　Q_∞——基准通风量值,本研究中采用工况 $[7-N, 30-30, 0]$ 下迎风面进入风量,计算后得 2 330 m^3/s;

　　　　v、A、n——风速矢量、面积及其法线方向。

为深入研究不同位置进出街谷的通风量,又细分为 $Q^*_{\text{roof}}(\text{in})$、$Q^*_{\text{roof}}(\text{out})$,分别代表由

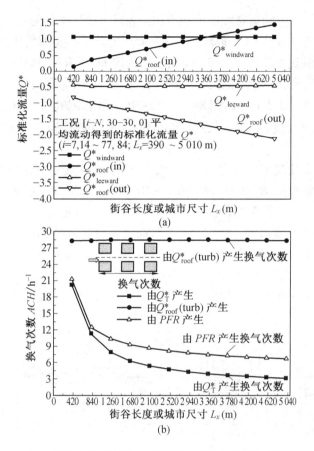

图 5.60　街谷长度或城市尺寸对通风量以及换气次数的影响

于垂直平均流动通过街谷顶部进入和流出的标准化通风量;而通过迎风面、背风面和侧面进出的标准化通风量分别命名为 $Q^*_{windward}$、$Q^*_{leeward}$、$Q^*_{lateral}$;$Q^*_{roof}(turb)$ 则代表由各向同性湍流垂向脉动部分通过街谷顶部的通风量,$Q^*_{roof}(turb) = \pm \int 0.5 \sqrt{\langle w'w' \rangle} \, dA / Q_\infty$。

另外,根据质量平衡,流入冠层内的通风量应等于流出冠层的通风量,总通风量用 Q^*_T 表示;引入有效净风量 PER 的概念,以反映街谷内真正把污染物去除的通风量大小。PER 的算法如下:

$$PER = \frac{\dot{m} \times V}{\bar{c}} = \frac{\dot{m} \times V}{\int_V \bar{c} \, dx \, dy \, dz / V} \tag{5.26}$$

式中　　$\dot{m}$——街谷内设定的污染物散发速率,$\dot{m} = 10^{-7} \mathrm{kg} \cdot \mathrm{m}^{-3} \mathrm{s}^{-1}$;

　　　　$\bar{c}$——空间平均污染物浓度。

最后,考虑到计算域大小的影响,再引入城市换气系数 ACH,$= Q/V$,V 为整个冠层空气体积。

在该图(a)所示的通风量为负值代表风离开冠层,而通风量为正值则相反。城市尺寸 L_x 从 390 m 增加至 5 040 m,$Q^*_{windward}$ 和 $Q^*_{leeward}$ 大体上保持常数,分别为 1.09 和 -0.46 左右；$Q_{roof}^*(in)$ 和 $Q_{roof}^*(out)$ 则随着城市尺寸增加而表现出线性增长的趋势，这是由于湍流充分发展后，每个街谷单元内的三维螺旋气流流动产生差不多类似的垂直气流交换量通过街谷顶部。看该图(b)，当 L_x 从 390 m 增加至 5 010 m，所有的 ACH 指标均下降，这说明街谷长度增加导致通风性能恶化。对于所有工况，ACH_{PER} 值均大于 ACH_T，但远小于 ACH_{turb} 和 ACH_T 之和。比方说，工况 [84-N, 30-30, 0] 的 ACH_T 和 ACH_{turb} 值分别为 3.2 h^{-1} 和 28.5 h^{-1}，而 ACH_{PER} 值为 6.7 h^{-1}，这说明虽然 ACH_{turb} 占冠层内通风的很大比重，但其实发挥的作用不大。

图 5.61 给出了建筑不同高度的工况设定，与建筑高度统一确定为 30 m 相比，不同建筑高度的标准偏差 $\sigma_H = (H_2 - H_1)/(H_1 + H_2) \times 100\%$ 在 0～83.3% 之间。图 5.62 给出了建筑高度变化的各工况下冠层内部详细的通风计算结果。首先该图(a)所示为工况 [14-N, 20-40, 0] 的街谷内三维流线。能够看出在较高建筑前部出现下降气流，而其后部则出现上升气流。该图(b)则比较了工况 [14-N, 20-40, 0] 和 [14-N, 30-30, 0] 的风速比，图(c)和(d)给出了工况 [28-N, H_1-H_2, 0]（H_1-H_2 = 30-30, 25-35, 20-40；σ_H = 0%, 16.7%, 33.3%）沿街谷中心线距地面 1.5 m 水平面 $\langle u \rangle$ 和 $\langle w \rangle$ 的计算结果。其中风速比的定义如下：

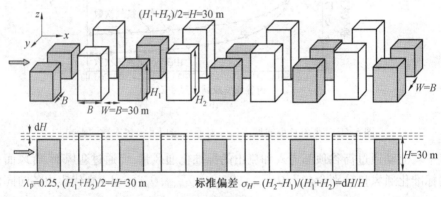

图 5.61　建筑高度不同工况的设定

$$VR = V_p / U_\infty \tag{5.27}$$

式中　V_p——距地面 2 m 高度处风速；

　　　U_∞——边界层顶部风速，U_∞ = 4.465 m/s。

由图(b)和(c)可以看出，与建筑高度均一致的工况相比，由于较高建筑产生了更强的拖曳作用，导致建筑高度变化情况下的风速下降更快。在充分发展区域，靠近较高建筑的风速比要比靠近较低建筑处的风速比大，而 $\langle u \rangle$ 和 $\langle w \rangle$ 在波形上有细微的变化，但总体上保持不变。

图 5.63 给出了工况 [28-N, H_1-H_2, 0] 所代表的 6 个工况下的通风量和换气次数。如图(a)所示，当 σ_H 在 0% 到 83.3% 之间变化时，$Q_{roof}^*(in)$ 和 $Q_{roof}^*(out)$ 分别从 0.59 和 -1.21 变化到 1.70 和 -3.03，这表明建筑顶部通风显著加强。另外，由于总迎风面积增加，$Q_{windward}^*$ 从 1.09 增加到 1.62。如图(b)所示，当 σ_H 在 0% 到 83.3% 之间变化时，ACH_{turb} 稍微降低而 ACH_T 稍微增加，从而它们的净作用 ACH_{PFR} 基本没有变化。另外，ACH_{PFR} 要远

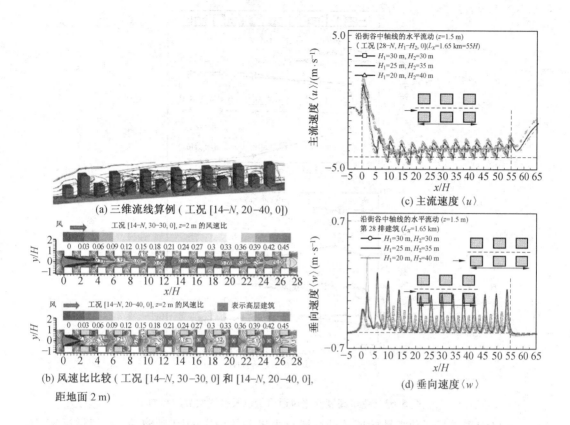

图 5.62　建筑高度变化各工况部分气流流动计算结果

低于 ACH_{turb} 和 ACH_T 之和。综合以上结果可以看出,建筑高度变化增强了通过街谷顶部的垂向空气交换,但同时弱化了沿街谷方向的水平流动,对较高建筑前部通风有利,但对较高建筑后部通风不利。因此和均一高度的建筑群相比,到底建筑高度变化对街谷通风是利是弊很难给出确定的结论。

5.5.3　城市下垫面表面温度对污染物扩散的影响

F. Haghighat 等人利用三维 CFD 模拟,以短街谷($L/H < 3$)交叉路口为研究对象,研究了城市街谷表面温度及相应的热通量对污染物扩散的影响[115]。模拟利用商用 CFD 软件 FLUENT,湍流计算模型采用 RNG $k - \varepsilon$ 模型。关于辐射部分计算,本研究利用一个简单的太阳辐射模型和 CFD 耦合进行模拟。这个太阳辐射模型可计算到达地面的直射辐射量,垂直和水平面散射太阳辐射量以及地面向其他垂直面的辐射反射量。另外,模型中还开发了检查某表面是否被其他表面所遮挡的算法。

下垫面内部温度分布通过以下的计算式计算,然后与 CFD 进行耦合。

$$\rho c_p \frac{\partial \theta}{\partial t} = Q_{gen} + \frac{\partial}{\partial x_j}\left(K \frac{\partial \theta}{\partial x_j}\right) \qquad (5.28)$$

式中　　Q_{gen}——热源;

　　　　K——导热系数。

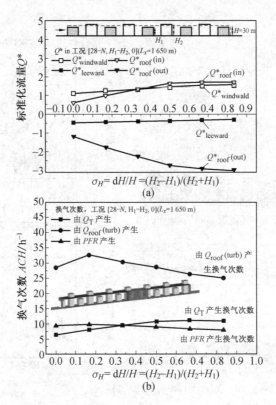

(a)

(b)

图 5.63　建筑高度变化对通风量以及换气次数的影响

网格设置进行了独立性验证。计算域及边界条件设定如图 5.64 所示,根据试算,确定流入侧距离 L_1、左右侧距离 L_3、L_4 分别取 $2H$,流出侧距离 L_2 取 $4H$,上部距离 L_5 取 $7H$。流入侧风速采用对数率分布,温度设为定值,湍动强度设为 10%,湍动黏度比设为 10。地面土壤温度、建筑温度、污染物温度分别设为 17 ℃、25 ℃ 和 37 ℃,污染物质量分数和散

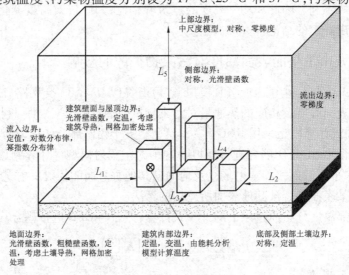

图 5.64　计算域和边界条件示意图

发速度分别设为 0.01 m/s 和 0.1 m/s,屋顶和墙面 U 值分别设为 10 W/(m²·K)、5 W/(m²·K)。土壤厚度、导热率等物性参数值见该文献,此处不再赘述。空间离散采用 2 次精度迎风差分格式。连续性方程、能量和污染物扩散方程的收敛精度设为 10^{-6},其他方程的收敛精度设为 10^{-4}。计算方法采用 SIMPLE 法。

　　上述模拟方法经过了和热风洞实验之间的验证,证明实验和模拟结果之间比较吻合。

　　本研究的对象为一个 3 × 3 阵列的均一大小建筑群($W = L = 10$ m)。风速考虑 1 m/s、3 m/s 和 7 m/s,对于步行域来说涵盖了以浮力为主导到充分湍动之间的范围。风向考虑 0°、45° 和 90°,涵盖了垂直于街区到平行于街区的风向角度。计算网格划分如图 5.65 所示。每个算例的网格数超过 100 万。先进行 7 天不考虑污染物扩散的非稳态模拟作为预备计算,时间步长取 1 h,太阳辐射计算模型和 CFD 模拟耦合计算下垫面的表面温度,建筑围护结构部分的蓄热也根据边界条件设定参与计算;然后进行 1 h 的正式非稳态计算,以获得 1 m/s、3 m/s 和 7 m/s 风速对应的流场;再进行 CO 浓度非稳态计算,散发时间大致在 10 ~ 15 min 之间,根据人行道 CO 浓度达到稳定水平来确定。时间步长为 10 s。散发源设定于靠近流入侧的第二个街谷。

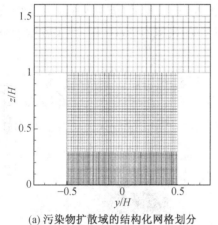
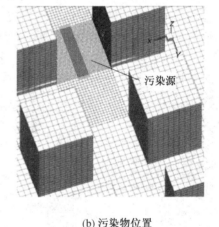

(a) 污染物扩散域的结构化网格划分　　　　　　　　(b) 污染物位置

图 5.65　污染物扩散域的结构化网格划分与污染物位置

　　图 5.66 给出了街谷内墙体、屋顶、街道和土壤表面温度分布云图。该分布对气流流动和污染物扩散有着重要的影响。

　　以风向 90°,即风向垂直于街谷情况为例,图 5.67 给出了污染物扩散分布云图。污染物浓度以散发源处浓度为基准进行了无量纲化处理。对应的建筑高宽比为 1(AR = 1)。此时单循环 skimming flow(爬越流动)使得污染物趋向于背风一侧的建筑外墙。背风侧墙体附近无量纲浓度比迎风侧步行道处高 4 ~ 5 倍。随着风速的增加,污染物浓度大幅下降,同时弱化了街谷内的热层结,即风力中的惯性力作用成为主导,而浮力作用不再显著,扩散表现出更多的对称性。这一结论对于不同高宽比(AR = 1 以及 AR = 2)、不同风向都适用。当风速较低时(1 m/s),污染物明显地更多从街谷左侧扩散开去;但当风速较大时(7 m/s),污染物从街谷两侧扩散的程度就基本相同了。

　　为与图 5.67 进行比较分析,图 5.68 给出了建筑高宽比为 2(AR = 2)时的污染物分

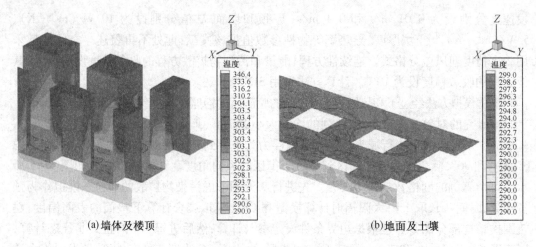

(a) 墙体及楼顶　　　　　　　　　　　　　　　(b) 地面及土壤

图 5.66　街谷内表面温度分布云图

布云图。可以看出在街谷上部的大循环之外,其下部还有一个较弱的小循环流动,其形状和街谷热稳定性有密切关系,对行人高度处的污染物扩散没有明显影响。和 AR = 1 相比,风速为 3 m/s 时污染物扩散表现出更明显的对称性,热稳定性被抑制程度更大。同时,风速增加后总体上污染物浓度下降幅度更大。如风速为 7 m/s 时,污染物浓度会下降到 1% 以下。

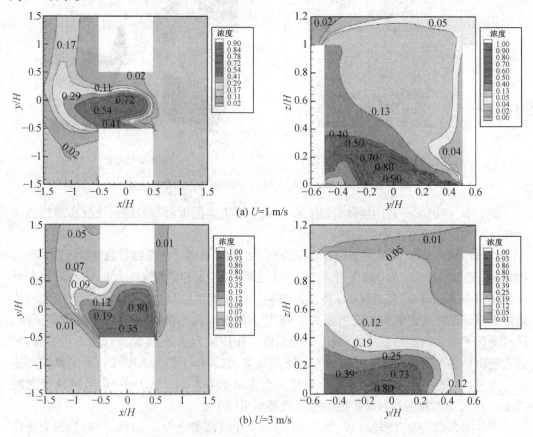

(a) U=1 m/s

(b) U=3 m/s

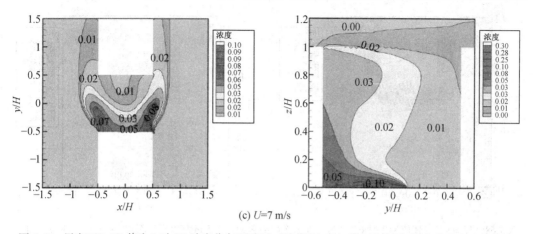

(c) U=7 m/s

图 5.67　风向 90°、AR 值为 1 时 CO 浓度分布云图(左:距地面 1.5 m 高水平截面;右:街谷中央垂直截面)

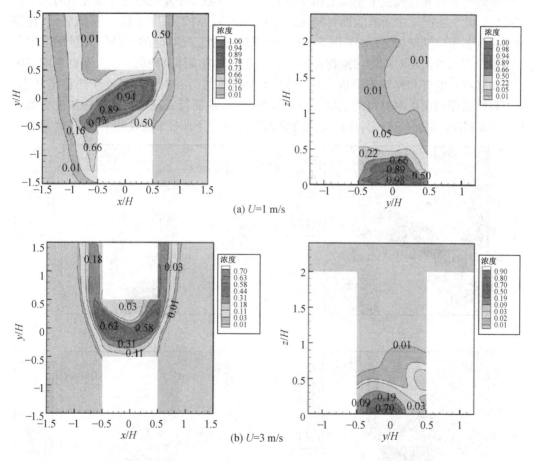

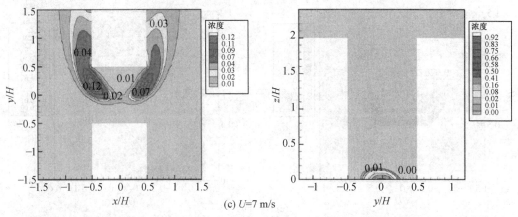

(c) U=7 m/s

图 5.68　风向 90°、AR 值为 2 时 CO 浓度分布云图(左:距地面 1.5 m 高水平截面;右:街谷中央垂直截面)

　　本研究中还通过改变下垫面表面反射率来考察气温分布及热稳定性变化后对污染物扩散的影响。工况 1 中所有表面材料反射率均为 0.2。对于工况 2 和 3,建筑表面,道路表面的反射率分别增加至 0.4。图 5.69 给出了这三种工况对应的污染物无量纲浓度分布云图。可以看出不对称的污染物扩散状态受不均匀的墙体及地面温度分布的影响。由于地面温度比空气和建筑表面温度低,三个工况对应的街谷内温度都处于热稳定状态。其中地面采用高反射率材料的工况 3,热稳定性稍差,从而行人高度的污染物浓度更低一些。但要指出的是,高反射率材料一般都非常昂贵,相比之下所带来的效果并不是非常显著。

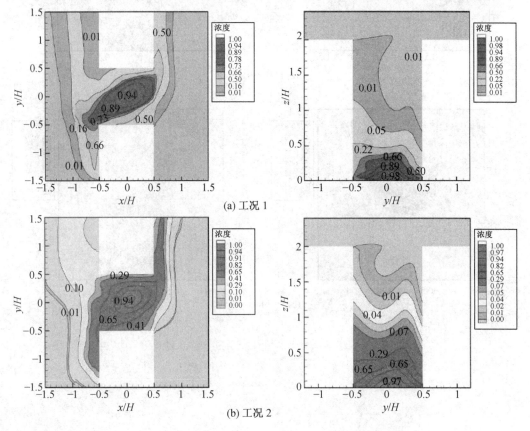

(a) 工况 1

(b) 工况 2

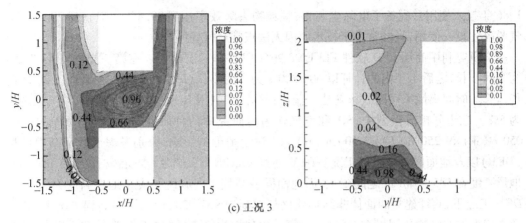

(c) 工况 3

图 5.69　风向 90°、AR 值为 2 且风速为 1 m/s,不同下垫面反射率条件下 CO 浓度分布云图(左:距地面 1.5 m 高水平截面;右:街谷中央垂直截面)

5.5.4　大空间尺度复杂地形条件下的污染物扩散模拟

B. Kurtulus 利用 CFD 模拟研究火力发电厂的 SO_2 扩散规律[116]。Yatagan 火力发电厂所在位置和地形如图 5.70 所示。它位于该区域山谷部分,周围被山体环绕。该发电厂

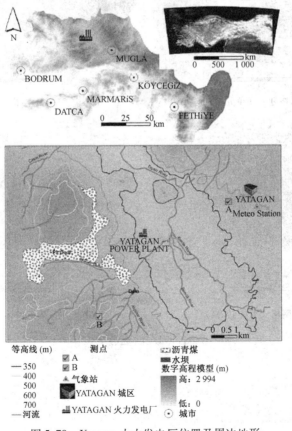

图 5.70　Yatagan 火力发电厂位置及周边地形

1986 年投入使用并配备了电除尘装置,颗粒物去除效率达到 99.4%。但直到 2001 年烟气脱硫才投入使用,且经常由于技术原因无法正常运行。

　　本研究利用商用 CFD 软件 FLUENT 进行 CFD 非稳态模拟。在第一周内以 43 200 s 为时间步长,之后 1 年内的计算以 604 800 s 为时间步长,每个时间步长大概进行 20 次迭代运算。时间离散采用隐式求解法。湍流计算模型利用 Realizable k 模型,湍流强度设为 5%。在组分扩散模型中,SO_2 和空气作为本研究中两种研究对象。计算域大小为 8 050 m(W)×9 250 m(L)×3 500 m(H)。为讨论地形的影响,分别考虑了数字高程模型(DEM)以及地面同一高程的工况。DEM 通过 ArcGIS 9.3 产生,空间解析度为 5 m×5 m,地形高度在 305 ~ 748 m 之间变化,而地面同一高程工况则统一设定地形高度为 350 m。DEM 工况下,共计建立四面体非结构化网格单元数 937 923,地面同一高程工况下,共计建立四面体非结构化网格 666 555。计算域内建模物体包括发电厂的建筑和 3 根大烟囱,位于网格中心。其附近网格进行了细密处理。网格划分情况如图 5.71 所示。

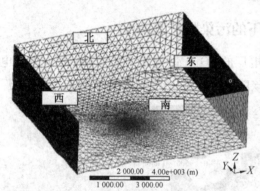
(a) 考虑 DEM 的网格划分（单元数 937 923）

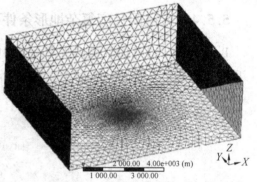
(b) 不考虑 DEM 的网格划分（单元数 666 5555）

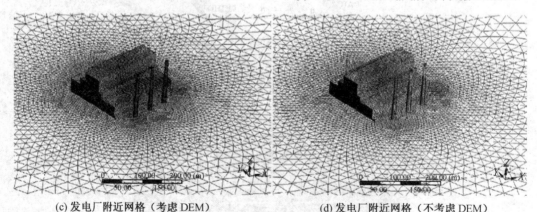
(c) 发电厂附近网格（考虑 DEM）　　　　　　(d) 发电厂附近网格（不考虑 DEM）

图 5.71　网格划分

　　流入速度边界条件采用 1975～2006 年之间的不同风向下的平均风速,同一时间段内平均温度为 16.2 ℃。建筑物和烟囱、下垫面边界条件按照无滑移条件处理。质量流量入口边界设定在烟囱排放口。每根烟囱直径、高度、排放速度、SO_2 浓度、排放气体温度等数据在文献中有具体介绍,此处不再赘述。图 5.72 和图 5.73 分别给出了经过 1 天、1 年后 SO_2 浓度分布图,分别对应北、东、南、西 4 个风向。由于发电厂西部和北部有山脉阻挡,可见东风和南风受地形的影响更大,造成 SO_2 逐渐向西南和西北方向偏离。由于缺乏脱硫措施,SO_2 排放浓度总体上处于较高水平,发电厂和周边城市之间的位置关系就非常重要。当风向为西风(风速 1.7 m/s)时,发电厂东侧的 Yatagan 城区会受到较大影响。

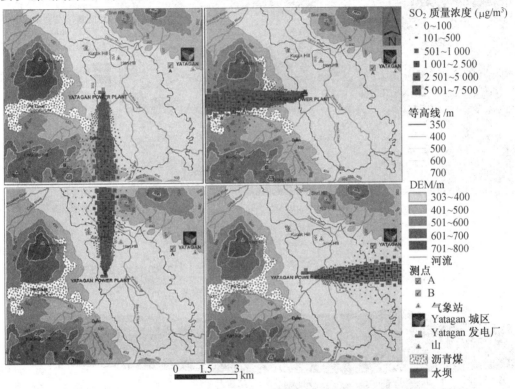

图 5.72　地面高度 SO_2 浓度分布图(经过一天)

　　图 5.74 给出了西风下 SO_2 浓度的三维空间分布以比较 DEM 对模拟结果的影响。可以看到对于同一高程工况来说,烟气在第 3 天到达地面,Yatagan 城周边区域出现 5 000 μg/m³ 左右的浓度高值,而对于 DEM 工况,这一时间延后到第 7 天。

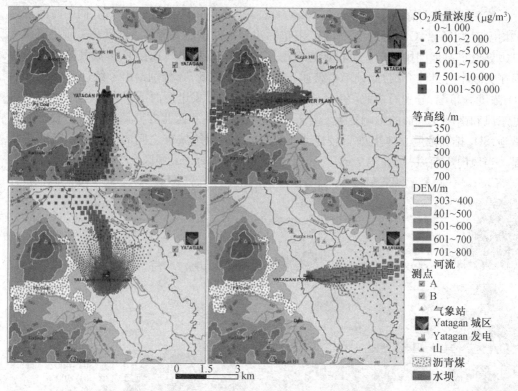

图 5.73　地面高度 SO₂ 浓度分布图（经过 1 年）

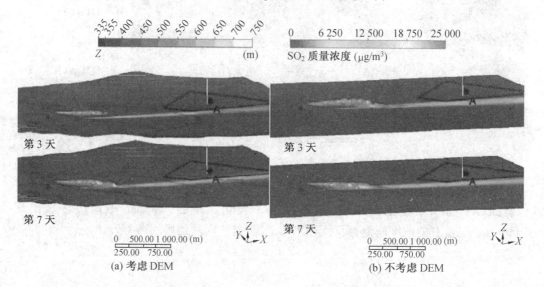

(a) 考虑 DEM　　　　　　　　　　　　(b) 不考虑 DEM

图 5.74　SO₂ 浓度三维空间分布（西风）

5.6　CFD 模拟与其他模拟手段的组合研究

5.6.1　概述

如前所述,CFD 模拟技术非常适用于建筑环境中所有与流体流动相关的模拟工作。但由于现有计算机资源的局限性,再考虑到 CFD 模拟对使用者的理论要求和操作技巧要求都比较高,如果是简单常规的设计计算且时间要求比较急的话,依靠设计手册中给出的经验或半经验公式也能基本满足要求,就没有必要利用 CFD 模拟。但遇到实际科研工作中的复杂现象或需要运用交叉学科知识时,往往需要考虑采用 CFD 模拟,甚至于单纯依靠 CFD 模拟都是不够的,必须结合其他类型的模拟手段。这个问题又可分为以下两种情况:

(1)CFD 与其他气流流动计算方法的结合。复杂或大型建筑内部往往具有成百上千的计算区域,这些区域、区域与外界之间通过有形无形的通风口或缝隙,以热压、风压或机械动力形式进行相互通风。如果全部用 CFD 模拟来解决问题,势必造成巨大的计算量。还需要指出的是,如果是自然通风的话,理论上还必须考虑气流流动随时间的长期动态变化,这一点更为目前 CFD 模拟所不能承受。

常用的解决办法是将 CFD 模拟与其他气流流动方法相结合。目前用于和 CFD 模拟相结合的方法主要是区域模型(zonal model)和多区网络通风模型(multi-zone network model)。室内区域模型的基本思想是将单个室内空间划分为有限的宏观区域(zone),认为区域内的空气完全均匀,相关参数(如温度、浓度等)相等,区域间则存在热质交换。它通过建立质量和能量守恒方程来研究空间内的温度分布以及流动情况,比理论分析和半经验模型要复杂得多,可以反馈射流等因素对室内空气参数的影响,能得到一定宏观尺度下的分布参数解(与后文中的 CFD 模拟相比还是相对"集总"的,且忽略空气微团的动量守恒)。室内区域模型的建立有两个基本前提:一是室内的射流等驱动流动必须可以由现有的经验或半经验公式予以描述;二是使用区域模型需对室内空气流动有充分的认识和把握。这在很大程度上限制了室内区域模型的应用;建筑多区网络通风模型用于计算建筑内不同区(房间)之间以及建筑内外通风量和污染物浓度分布,该模型的计算前提是每个区(房间)内空气和污染物认为是完全混合的,未知量实际上就是每个区对应的一个压力值和污染物浓度值,通过每个区所建立的空气和污染物质量守恒方程来联立求解。建筑多区网络通风模型的一大优点是方便进行瞬时动态模拟,但对于气流和污染物分布特征明显的高大空间可能就不太适合。

上述通风计算模型均属于宏观计算模型,与 CFD 模拟相比,最大的优势是计算较为简便,运算速度较快;缺陷是计算精度相对不高,一般不能准确把握流场的细节。和 CFD 结合后,可以有针对性地发挥各自的优势,弥补各自的缺点。具体结合思路及案例可参见下文 5.6.2 节。

2)CFD 与流动之外的其他模型相结合。这里的其他模型包括建筑能耗动态模拟、能源系统优化控制模拟、人工或自然照明模拟等等。上述模型有自己相对独立的专业领域,但又拥有若干相同的计算参数,故和 CFD 模拟直接的结合一般是互为边界条件,可以根据问题的复杂程度和对计算精度的要求进行有条件的耦合或按流程进行运算。但要注意的是,由于模型的主要研究对象不同,模型的理论基础和建模思路也都不一样,数据流的形式可能也有很大区别。这种结合的具体思路及案例可参见下文 5.6.3 节。

5.6.2 CFD 与建筑多区网络通风模型的组合

L. Z. Wang 等人提出了将建筑多区网络通风模型与 CFD 模拟相结合的方法,并将其进行紧急状况下的复杂建筑物内气流流动和污染物扩散模拟[117]。本研究中利用的多区网络通风模型为 CONTAM,而 CFD 模拟利用 Chen 零方程模型。组合的总体思路是大体满足气流完全混合的区利用 CONTAM 计算,其他区则用 CFD 模拟。组合求解时采用类似"CONTAM-CFD-CONTAM"的思路,一个计算模型的输出结果在下一步成为另一个模型的输入。当所有的输入输出都不发生变化时,可认为整个计算已收敛。具体求解时通过区内的压力值互为边界条件来实现,这种方法的可行性通过了实测的验证。

本研究中针对一栋三层建筑,如图 5.75 所示。该建筑中央有一个大的中庭,通风方式为自然通风。建筑内各区(房间)尺寸见文献,此处不再赘述。各房间及中庭内人员活动区(距地面 $0 \sim 1.8$ m)内设定冷负荷为 40 W/m²,室外风向为西风,平均风速设为 10 km/h 的定值。室外平均气温设为 15 ℃,平均相对湿度设为 70%。图 5.76 为 CONTAM 对该建筑 1 层建模后的平面图,图中数字反映了建筑内外以及建筑内不同区之间通风路径(各种门窗、通风口,具体设定见文献)。本研究中还假设在建筑中庭东北角有一气态污染源,散发速度设为 1.0×10^{-5} kg/s。由于中庭体量和污染物在局部位置散发的特点,中庭计算用 CFD 模拟,其他房间则用 CONTAM 计算。这里仅介绍文献中稳态模拟的结果。中庭的 CFD 模拟采用了 $104 \times 27 \times 40 (X \times Y \times Z)$ 的网格划分。CFD 模拟和组合模拟的收敛判定分别设为 0.1% 和 1%,实现收敛的步数为 25 次。

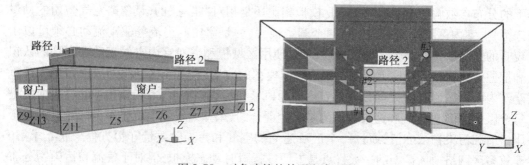

图 5.75　对象建筑的外观和内观图

图 5.77 给出了建筑中庭中央垂直断面($Y = 5.5$ m)处气流和温度分布。由于浮力作用,室外风从中庭顶部左侧开口(路径 1)进入,这部分 15 ℃ 的冷空气随之下沉到中庭地面附近,然后在中庭右侧上升并从顶部右侧开口(路径 2)排出。中庭中部可观察到大的循环流动。中庭内部水平方向上的温差达到 4 ℃,垂向上也有 3 ℃。可见简单地按照多区网络通风模型的方式并假设区内温度均一是不合适的。

图 5.78 通风比较了利用 CONTAM-CFD 组合模拟和仅利用 CONTAM 模拟得到的中

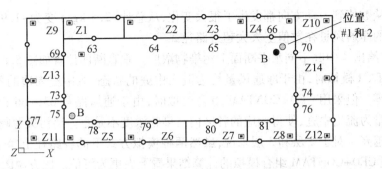

图 5.76　CONTAM 建模

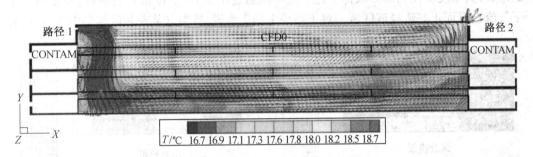

图 5.77　中庭中央垂直断面风速矢量分布和温度云图

庭各通风路径净通风量值。这里的净通风量指的是当一个通风路径上存在双向流动(同时有流入流出,流入中庭为正,反之为负)时,流入和流出之和。中庭共计有 44 个通风路径(每层 14 个,另外两个在顶部)。总体上,除 2 层和 3 层的通风路径之外,上述两种模拟方法所得到的 1 层某些通风路径以及中庭顶部的两个通风路径上的净通风量值有比较大的差异。如通过路径 1 的净通风量由 4.1 kg/s(仅利用 CONTAM 模拟)增至 7.0 kg/s(CONTAM-CFD组合模拟)。仔细观察该图还可以发现,通风路径 63 ~ 66,以及 78 ~ 81

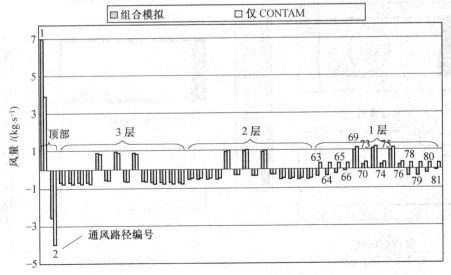

图 5.78　组合模拟和单独采用CONTAM进行中庭各路径净通风流量计算值的比较

的计算结果从数值到流动方向都发生了很大变化,从总计+2.5 kg/s 变为-1.9 kg/s,从而使得路径 1 的净通风量在数值上大大超过路径 2。

图 5.79 给出了中庭不同水平断面上污染物浓度。垂直断面位置如图 5.80 所示。当仅利用 CONTAM 模拟时,由于净通风量均为流入中庭的状态,故中庭周边的各区内污染物浓度均为零。但采用 CFD+CONTAM 组合模拟时,由于通风路径 63 ~ 66 以及 78 ~ 81 上的净通风量为流出中庭,使得相应的各区内污染物浓度不是零。离污染源越近的区,其污染物浓度越高。对于 2 层和 3 层来说,虽然两种模拟方式下的各路径上净通风量方向没有变化,但 CFD+CONTAM 组合模拟的计算结果看上去更为可信。比方说图(c)中圆圈的区域,其浓度要比周围区域低。这一点可以通过图 5.80 予以很好的解释:在浮力作用下气流上升而正好流经该区域。对于路径 1 和 2 来说,冷空气从左侧区域集中下沉,在右

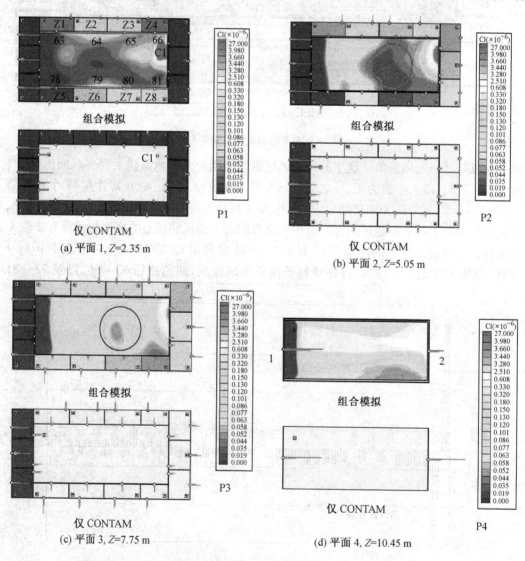

图 5.79　组合模拟和仅采用 CONTAM 计算的污染物浓度值比较

侧上升并排走,污染物浓度必然呈现出左侧较低而右侧较高的状态,仅采用 CONTAM 模拟则不能体现这些细致分布。

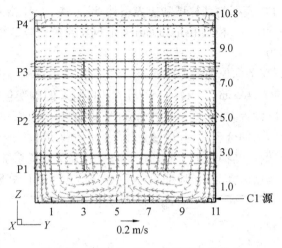

图 5.80　断面 $X = 30$ m 处风速矢量分布

5.6.3　CFD 与建筑日射照明、动态能耗模拟结合

W. You 等人将 CFD 模拟和建筑动态能耗模拟相结合,从日射照明、热特性和自然通风的角度对建筑表面开口的设计方法进行了研究[118]。其中日射照明模拟采用 Radiance 软件,CFD 模拟采用 FLUENT 软件,建筑动态能耗模拟则采用 EnergyPlus 软件。具体模拟包含 4 个步骤,如图 5.81 所示。本研究中通过 Matlab 编程得到的 4 个脚本文件来实现整个模拟流程的自动进行。首先是一个 FLUENT 设定脚本文件产生 FLUENT 前处理数据,包括建筑形状、边界条件和模拟控制参数,然后通过批处理文件运行 FLUENT 程序。由 CFD 模拟提取得到风压系数(以风向 30°为间隔)代入 EnergyPlus。风压系数(wind pressure coefficient, 简称 WPC)数据的提取和建筑表面分布作图过程由名为 WPC 过程脚本 1 文件来完成。为进一步计算窗户等开口处的风压系数值,另一个名为 WPC 过程脚本 2 文件提取出开口尺寸及其位置,再由此计算出相应的风压系数值。开口位置改变,风压系数值可以相应自动调整。由于模型的对称性,后续的模拟只考虑 4 个风向(0°、30°、60°和

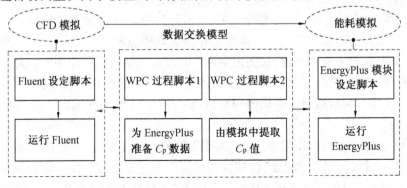

图 5.81　本模拟流程

90°)。其他的 EnergyPlus 模块(热、日射采光和通风等)及建筑几何参数由 EnergyPlus 模块设定脚本文件定义,从而生成 EnergyPlus 的 idf 文件。

图 5.82 给出了 CFD 模拟的计算域和边界条件,设定基于 AIJ 指南。经过与风洞实验的对比,本研究采用 RNG k-ε 模型和 hexa cartesian 网格系统。收敛精度设定为 0.001,最大迭代步数设为 10 000。

为简化问题,本研究考虑单纯的方形建筑,该建筑由两个分别为南和北侧朝向的房间构成,尺寸为 3.6 m(W)×4.5 m(L)×3.6 m(H)。开口状态的改变包括开口面积和位置。本研究中确定 3 种开口设置方式,每一种再细分出不同的开口面积和位置(图 5.83)。开口设置考虑了建筑结构上的合理性,开口变化发生在南侧外墙。

其他信息,如建筑围护结构热工参数、室内散热量、采暖空调系统设定温度等见文献,此处不再赘述。计算地点选择北京、南京和广州,建筑冷热负荷计算采用全年气象数据。

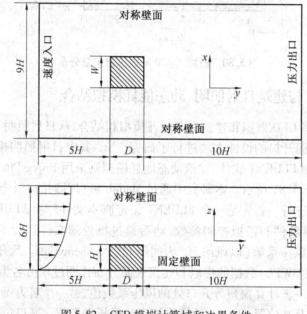

图 5.82　CFD 模拟计算域和边界条件

由于 EnergyPlus 软件本身设定过程比较复杂烦琐,尤其是不便于建筑师进行操作,本研究还专门用 Matlab 开发了图形界面(GUI),如图 5.84 所示。进行模拟时需要频繁修改的各算例参数,如房间和开口尺寸等都在主界面上有所显示。建筑师不太熟悉或不太涉及的参数,如壁面对流换热系数、房间内空调系统设定等则内置在程序中。为适应建筑师的可视化思考习惯,界面上提供了可视窗口以直观地显示建筑房间及壁面上开口的布局。界面右侧的 4 排小窗口给出了迎风面和背风面对应的 12 个不同风向下的风压系数分布(30°为间隔)。

图 5.85 给出了开口面积增加后,建筑冷热负荷的变化情况,同时还对 EnergyPlus 自带默认 C_p 值和利用 CFD 模拟得到 C_p 值这两种算法进行了比较。以南京为例,从工况 A1 到 A5(图 5.85),1 月份热负荷分别降低了 28.8%(默认 C_p 值)和 29.2%(CFD 模拟 C_p 值),而 8 月份冷负荷分别增加了 39.4%(默认 C_p 值)和 38.5%(CFD 模拟 C_p 值)。这是

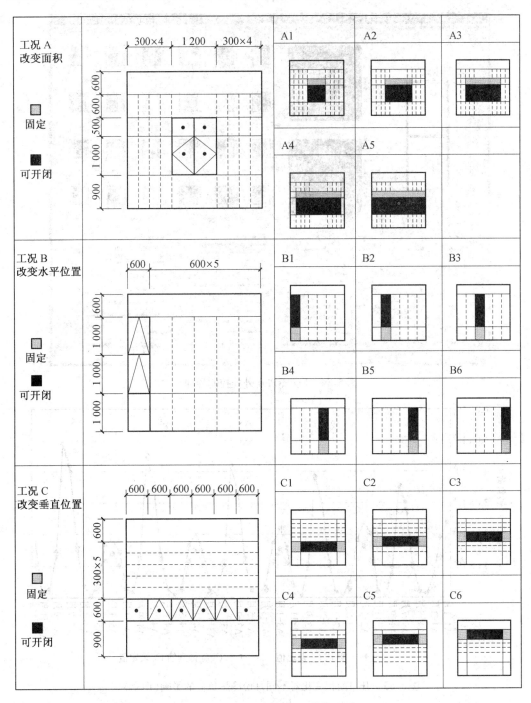

图 5.83　各种开口设定

由于南向开口面积的增加导致太阳辐射量增加,从而降低了冬季热负荷,同时增加了夏季冷负荷。两种不同的 C_p 值算法对能耗预测的影响不是很大,利用 CFD 模拟 C_p 值计算的热负荷比默认 C_p 值的计算结果稍大一些。这是由于利用 CFD 模拟得到的 C_p 值稍大,从而当开口关闭时产生更大的渗风。

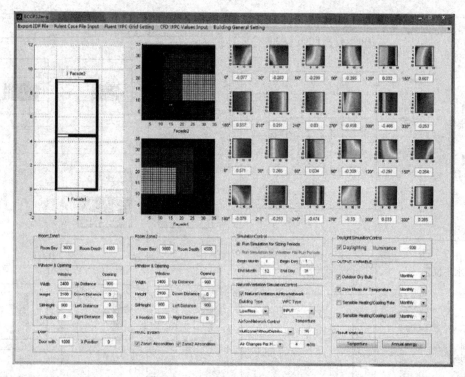

图 5.84　EnergyPlus 外挂控制界面

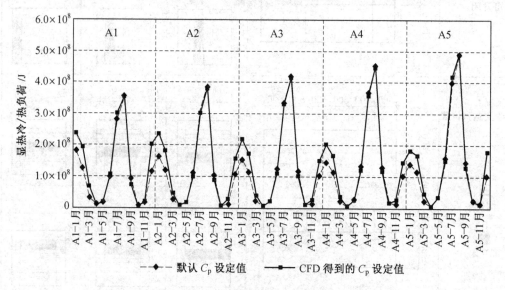

图 5.85　开口面积变化对不同月份冷热负荷的影响(南京)

图 5.86 同样以南京为例,给出了开口面积变化后,由于自然通风和日射采光所带来的节能效果。自然通风带来的冷负荷降低随月份不同而有很大差异。在 4 月份,冷负荷降低率达到 73.3%,而 8 月份只有 9.8%(CFD 模拟 C_p 值)。这是因为夏季室外空气温度本身就比较高,自然通风达不到冷却效果。开口面积的影响也随着月份不同而有很大差异。在 4 月份,从工况 A1 到 A5,自然通风的冷负荷降低率从 28.4% 增加到 79.5%(默认

C_p 值),而在 8 月份,自然通风的冷负荷降低率仅从 7.1% 增加到 10.5%(默认 C_p 值)。由于开口设置在房间外壁面中部或对称位置,工况 A1 实际上已经提供了足够的采光。因此开口面积进一步增加并不会带来采光方面很大的变化。根据模拟结果,日光照明所带来的照明负荷降低率仅从 20.3% 增加到 21.4% 。但从另一方面看,照明负荷降低率全年都比较稳定,没有明显的季节性变化。

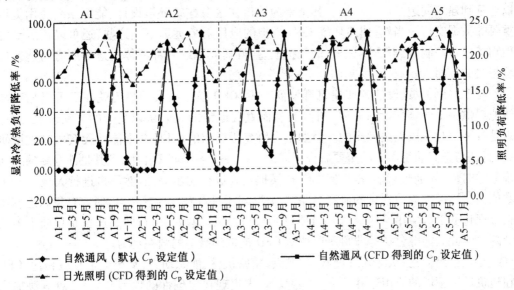

图 5.86　开口面积变化对自然通风和自然采光所带来的不同月份冷热负荷降低率的影响(南京)

图 5.87 以南京为例,给出了开口水平位置变化后,由于自然通风和日射采光所带来的节能效果。从工况 B1 到 B6,照明负荷降低率的变化大约在 3% 左右。而自然通风带来的节能率在不同月份差别较大,工况之间的差异也不明显。

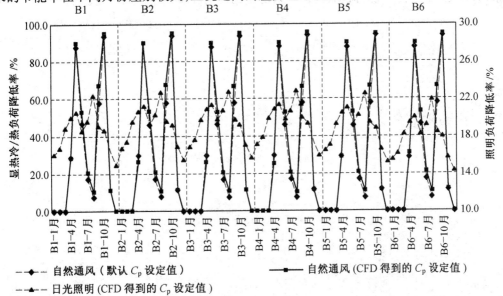

图 5.87　开口水平位置变化对自然通风和自然采光所带来的不同月份冷热负荷降低率的影响(南京)

5.7　总　　结

作为基本应用,建筑环境 CFD 模拟通过对流体运动控制方程进行数值求解,获得建筑内部气流场、温湿度场和污染物浓度场的详细信息。根据研究问题的需要,计算域还可以外延到建筑周边微尺度环境。其结果为城市住区及建筑环境设计、能源系统应用提供重要的数据支持。当然,建筑环境 CFD 模拟的应用对象远远不止这些,还可以扩展到污染物扩散与控制、热舒适度评价、烟气扩散、空调通风系统内部流体输送等所有与建筑环境相关的方面。

对于科研人员、设计者或建筑开发商来说,CFD 模拟最大的魅力就在于可以相对简便地提供关于建筑环境的一种"图像",从而直观地帮助人们认识复杂的流动现象,这一点是各种实验手段无法做到的。但如很多研究所显示的,CFD 并不能替代实验或理论研究,而是与它们鼎足而三的重要研究手段之一。在很多研究工作中,尤其是涉及新的未知现象的时候,先通过代表性实验对 CFD 模拟效果进行初步验证,然后再进行大规模 CFD 数值实验已经成为最常见的研究套路。当然,对于计算精度要求不高、研究对象和内容比较常规化的工程应用问题,直接用商用 CFD 软件进行模拟是可行的。这也是目前很多设计院、规划院、能源公司等非科研单位对 CFD 模拟感兴趣的内在动力。

必须指出的是,从深入程度看,与航天、精密机械、能源动力,甚至土木领域相比,CFD 在建筑环境领域的应用还并不尽如人意。首先表现在原创性的模型开发、计算方法提出较少,基本上处于 CFD 研究的"下游",以简单的修正改良和应用为主;另外,目前建筑环境 CFD 模拟还基本停留在流场预测和可视化的初始阶段,但 CFD 模拟的重要性绝不仅仅在此。如何更好地利用 CFD 模拟指导建筑环境领域的技术进步和产品研发,从而更有效地控制建筑内外的气流流动,创造和谐舒适的建筑环境是今后的课题。

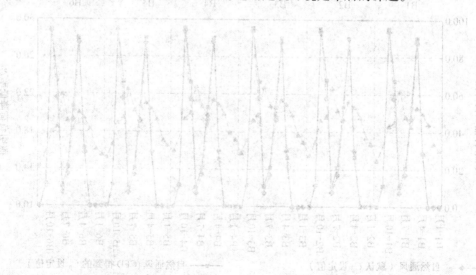

参考文献

[1] 村上周三. CFDによる建築・都市の環境設計工学[M]. 東京:東京大学出版会, 2000.

[2] Anderson J D. 计算流体力学基础及其应用[M]. 吴颂平, 刘赵森, 译. 北京:机械工业出版社, 2006.

[3] 陶文铨. 数值传热学[M]. 2 版. 西安:西安交通大学出版社, 2002.

[4] 张兆顺, 崔桂香, 许春晓. 湍流理论与模拟[M]. 北京:清华大学出版社, 2005.

[5] 张兆顺, 崔桂香, 许春晓. 湍流大涡数值模拟的理论与应用[M]. 北京:清华大学出版社, 2008.

[6] MALKAWA A M, AUGENBROE G. Advanced building simulation[M]. Oxford: Spon Press, 2003.

[7] 梶島武夫. 乱流の数値シミュレーション[M]. 東京:養賢堂, 1999.

[8] 荒川忠一. 数値流体工学[M]. 東京:東京大学出版会, 1994.

[9] 大宮司久明, 三宅裕, 吉沢徴. 乱流の数値流体力学—モデルと計算法[M]. 東京:東京大学出版会, 1998.

[10] 笠木伸英, 河村洋, 長野靖尚, 等. 乱流工学ハンドブック[M]. 東京:朝倉書店, 2009.

[11] BALDWIN B S, LOMAX H. Thin layer approximation and algebraic model for separated turbulent flows[C]//16th Aerospace Sciences Meeting, Aerospace Sciences Meetings. Huntsville, AL, USA, 1978: 78-257.

[12] CHEN Q, XU W. A zero-equation turbulence model for indoor airflow simulation[J]. Energy and Buildings, 1998, 28(2): 137-144.

[13] SPALART P, ALLMARAS S. A one-equation turbulence model for aerodynamic flows[C]// 30th Aerospace Sciences Meeting and Exhibit, Aerospace Sciences Meetings. Reno, NV, USA, 1992: 5-21.

[14] LAUDER B E, SPALDING D B. The numerical computation of turbulent flows[J]. Computer Methods in Applied Mechanics and Engineering, 1974, 3(2):269-289.

[15] WILCOX D C. Reassessment of the scale-determining equation for advanced turbulence models[J]. AIAA Journal, 1988, 26(11): 1299-1310.

[16] MURAKAMI S, MOCHIDA A, HAYASHI Y. Examining the k-ε model by means of a wind tunnel test and large-eddy simulation of the turbulence structure and a cube[J]. Journal of Wind Engineering & Industrial Aerodynamics, 1990, 35(1):87-100.

[17] LAUNDER B E, TSELEPIDAKIS D P, YOUNIS B A. A second-moment closure study of

rotating channel flow[J]. Journal of Fluid Mechanics, 1987, 183: 63-75.

[18] MENTER FR. Two-equation eddy-viscosity turbulence models for engineering applications[J]. AIAA Journal, 1994, 32(8): 1598-1605.

[19] LAUDER BE, KATO M. Modeling flow-induced oscillations in turbulent flow around a square cylinder[C]//ASME Fluid Engineering Conference, 1993, 157: 189-199.

[20] 近藤宏二, 持田灯, 村上周三. 改良 k-ε モデルによる2次元モデル周辺気流の数値計算[C]//第13回風工学シンポジュウム論文集, 1994, 515-520.

[21] TSUCHIYA M, MURAKAMI S, MOCHIDA A, et al. Development of a new k-ε model for flow and pressure fields around bluff body[J]. Journal of Wind Engineering & Industrial Aerodynamics, 1997, 67&68(4-6):169-182.

[22] DURBIN P A. On the k-ε stagnation point anomaly[J]. International Journal of Heat & Fluid Flow, 1996, 17(1):89-90.

[23] SHIRASAWA T, MOCHIDA A, TOMINAGA Y, et al. Evaluation of turbulent time scale of linear revised k-ε models based on LES data[C]//Proceeding of the Fourth International Symposium on Computational Wind Engineering, Yokohama, Japan, 2006: 125-128.

[24] YAHKOT V, ORSZAG S A, Thangam S, et al. Development of turbulence models for shear flows by a double expansion technique[J]. Physics of Fluids A: Fluid Dynamics, 1992, 4(7):1510-1520.

[25] SHIH T H, ZHU J, LUMLEY J L. A realizable Reynolds stress algebraic equation model [J]. Computer Methods in Applied Mechanics and Engineering, 1995, 125(1-4): 287-302.

[26] CRAFT T, IAVOVIDES H, YOON J. Progress in the use of non-linear two-equation models in the computation of convective heat transfer in impinging and separated flows [J]. Flow, Turbulence and Combustion, 1999, 63(1-4): 59-80.

[27] SHIH T H, ZHU J, LUMLEY J L. A realizable Reynolds stress algebraic equation model [C]// 9th Symposium on Turbulence Shear Flows. Kyoto, Japan: NASA, 1993.

[28] LAUDER B E, SHARMA B I. Application of the energy-dissipation model of turbulence to the calculation of flow near a spinning disc[J]. Letters in Heat & Mass Transfer, 1974, 1(2):131-137.

[29] LAM C K G, BREMHORST K. A modified form of the k-ε model for predicting wall turbulence[J]. Journal of Fluids Engineering, 1981, 103(3):456-460.

[30] CHIEN KY. Predictions of channel and boundary-layer flows with a low-Reynolds-number turbulence model[J]. AIAA Journal, 1981, 20(1):33-38.

[31] NAGANO Y, HISHIDA M. Improved form of the k-ε model for wall turbulence shear flows[J]. Journal of Fluids Engineering, 1987, 109(2):156-160.

[32] MYONG H K, KASAGI N. A new approach to the improvement of k-ε turbulence model for wall-bounded shear flows[J]. JSME International Journal (Ser. II), 1990, 33(1):

63-72.

[33] NAGANO Y, TAGAWA M. An improved k-ε model for boundary layer flows[J]. Journal of Fluids Engineering, 1990, 112(1):33-39.

[34] YANG Z, SHIH T H. New time scale based k-ε model for near-wall turbulence[J]. AIAA Journal, 1993, 31(7): 1191-1198.

[35] ABE K, KONDOH T, NAGANO Y. A new turbulence model for predicting fluid flow and heat transfer in separating and reattaching flows-I flow field calculations [J]. International Journal of Heat & Mass Transfer, 1994, 37(1):139-151.

[36] DURBIN P A. Near-wall turbulence closure modeling without "damping functions"[J]. Theoretical and Computational Fluid Dynamics, 3(1):1-13.

[37] HANJALIC K, POPOVAC M, HADZIABDIC M. A robust near-wall elliptic-relaxation eddy-viscosity turbulence model for CFD[J]. International Journal of Heat & Fluid Flow, 2004, 25(6):1047-1051.

[38] LAUNDER B. E. Second-moment closure: methodology and practive[R]. UMIST Rep. No. TFD/82/4, 1983.

[39] LAUNDER B E, REECE G J, RODI W. Progress in the development of Reynolds stress turbulence closure[J]. Journal of Fluid Mechanics, 2006, 68(3):537-566.

[40] GIBSON M M, LAUNDER B E. On the calculation of horizontal turbulent free shear flows under gravitational influence[J]. Journal of Heat Transfer, 1976, 98(1):81-87.

[41] DEARDOFF J W. A numerical study of three-dimensional turbulent channel flow at large Reynolds numbers[J]. Journal of Fluid Mechanics, 1970, 41(2):453-480.

[42] SCOTTI A, MENEVEAU C, LILLY D K. Generalized Smagorinsky model for anisotropic grids[J]. Physics of Fluids A: Fluid Dynamics, 1993, 5(9):2306-2308.

[43] SMAGORINSKY J. General circulation experiments with the primitive equations (Part I) The basic experiment[J]. Monthly Weather Review, 1963, 91(3):99-164.

[44] GERMANO M, PIOMELLI U, MOIN P, et al. A dynamic subgrid-scale eddy viscosity model[J]. Physics of Fluids A: Fluid Dynamics, 1991, 3(7): 1760-1765.

[45] LILLY D K. A proposed modification of the Germano subgrid-scale closure model[J]. Physics of Fluids A: Fluid Dynamics, 1992, 4(4):633-633.

[46] MENEVEAU C, LUND T S, CABOT W H. A Lagrangian dynamic subgrid-scale model for turbulence[J]. Journal of Fluid Mechanics, 1996, 319(7):353-385.

[47] BARDINA J, FERZIGER J H, REYNOLDS W C. Improved subgrid scale models for large eddy simulation[C]// 13th Fluid and Plasma Dynamics Conference. Snowmass, Colo: AIAA, 1980, 80-1357.

[48] HORIUTI K. A new dynamic two-parameter mixed model for large-eddy simulation[J]. Physics of Fluids, 1997,9(11):3443-3464.

[49] SPALART P R, JOU W H, STRELETS M, et al. Comments on the feasibility of LES for Wings, and on a hybrid RANS/LES approach [C]// Advances in DNS/LES,

Proceedings of the 1st AFOSR International Conference on DNS/LES, Ruston, Louisiana, USA, 1997, 137-147.

[50] 挟間貴雅, 加藤信介, 大岡龍三. 一開口通風時の室内非等温流れ場予測に対する Detached-Eddy Simulationの適用に関する検討[J]. 生産研究, 2007, 59(1): 12-15.

[51] STRELETS M. Detached eddy simulation of massively separated flows [C]//39th Aerospace Sciences Meeting and Exhibit. Reno, NV: AIAA, 2001.

[52] GEORGIADIS N J, ALEXANDER J I D, RESHOTKO E. Hybrid Reynolds-Averaged Navier-Stokes/Large-Eddy simulations of supersonic turbulent mixing [J]. AIAA Journal, 2003, 41(2): 218-229.

[53] KAWAI S, FUJII K. Computational study of a supersonic base flow using hybrid turbulence methodology[J]. AIAA Journal, 2005, 43(6): 1265-1275.

[54] DAVIDSON L, PENG S H. Hybrid LES-RANS modelling: a one-equation SGS model combined with a k-ω model for predicting recirculating flows[J]. International Journal for Numerical Methods in Fluids, 2003, 43(9):1003-1018.

[55] TUCKER P, DAVIDSON L. Zonal k-l based large eddy simulations[J]. Computers & Fluids, 2004, 33(2): 267-287.

[56] HAMBA F. A hybrid RANS/LES simulation of turbulent channel flow[J]. Theoretical and Computational Fluid Dynamics, 2003, 16(5): 387-403.

[57] MENTER F R, EGOROV Y. The scale-adaptive simulation method for unsteady turbulent flow predictions (Part 1) Theory and model description[J]. Flow, Turbulence and Combustion, 2010, 85(1): 113-138.

[58] KASAGI N, OHTSUBO Y. Direct numerical simulation of low Prandtl number thermal field in a turbulent channel flow[C]//The 8th International Symposium on Turbulent Shear Flows, Munich, Germany, 1993, 97-119.

[59] NAGANO Y, KIM C. A two-equation model for heat transport in wall turbulent shear flows[J]. Transactions of the ASME, 1988, 110(3): 583-589.

[60] 長野靖尚, 田川正人, 辻俊博. 壁乱流の漸近挙動を考慮した温度場2方程式モデル[J]. 日本機械学会論文集(B編), 1990, 56: 3087-3093.

[61] LILLY D K. A proposed modification of the Germano subgrid-scale closure method[J]. Physics of Fluids A: Fluid Dynamics, 1992, 4(4):633-633.

[62] MONIN A S, OBUKHOV A M. Basic law of turbulent mixing in the surface layer of the atmosphere[J]. Contributions of the Geophysical Institute of the Slovak Academy of Sciences, 1954, 24: 163-187.

[63] MIZUSHINA T, OGINO F, UEDA H, et al. Buoyancy effects on eddy diffusivities in thermally stratified flow in an open channel [C]//International Heat Transfer Conference, Toronto, Canada, 1978, 91-96.

[64] ELLISON T H. Turbulent transport of heat and momentum form an infinite rough plane [J]. Journal of Fluid Mechanics, 1957, 2(5):456-466.

［65］ LAUNDER B E. On the effects of a gravitation field on the turbulent transport of heat and momentum［J］. Journal of Fluid Mechanics, 1975, 67(3):569-581.

［66］ MURAKAMI S, KATO S, CHIKAMOTO T, et al. New low-Reynolds-number k-ε model including damping effect due to buoyancy in a stratified flow field［J］. International Journal of Heat & Mass Transfer, 1996, 39(16):3483-3496.

［67］ 殷耀晨, 長野靖尚, 辻俊博. 自然対流乱流境界層の数値解析［J］. 日本機械学會論文集(B編), 1989, 55: 1623-1630.

［68］ MASON P J. Large eddy simulation of the convective atmospheric boundary layer［J］. Journal of the Atmospheric Sciences, 1989, 46(11): 1492-1516.

［69］ DEARDORFF J W. Stratocumulus-capped mixed layers derived from a three-dimensional model of atomospheric turbulence［J］. Boundary-Layer Meteorology, 1980, 18(4):495-527.

［70］ LEONARD B P. A stable and accurate convective modelling procedure based on quadratic upstream interpolation［J］. Computer Methods in Applied Mechanics & Engineering, 1979, 19(1):59-98.

［71］ SÖRENSEN D N, VOIGT L K. Modelling flow and heat transfer around a seated human body by computational fluid dynamics［J］. Building and Environment, 2003, 38(6): 753-762.

［72］ 加藤信介. 数値流体力学 CFDの室内環境への応用(4)CFD 解析の基礎(その3)精度と誤差［J］. 空気調和・衛生工学, 1997, 71(9): 61-71.

［73］ THOMPSON J F, THAMES F C, MASTIN C W. Automatic numerical generation of body-fitted curvilinear coordinate system for field containing any number of arbitrary two-dimensional bodies［J］. Journal of Computational Physics, 1974, 15(3):299-319.

［74］ HARLOW F H, WELCH J E. Numerical calculation of time-dependent viscous incompressible flow of fiuld with free surface［J］. Physics of Fluids, 1965, 8(12): 2182-2189.

［75］ AMSDEN A A, HARLOW F H. The SMAC-method-a numerical technique for calculating incompressible fluid flows［R］. LA-4370: Los Alamos Scientific Laboratory Report, 1970.

［76］ HIRT C W, NICHOLS B D, ROMERO N C. SOLA-a numerical solution algorithm for transient fluid flows［R］. LA-5852: Los Alamos Scientific Laboratory Report, 1975.

［77］ YANENKO N N. The method of fractional steps［M］. Springer Berlin Heidelberg: Springer-Verlarg, 1971.

［78］ PATANKER S V, SPALDING D B. A calculation procedure for heat, mass and momentum transfer in three-dimensional parabolic flows［J］. International Journal of Heat & Mass Transfer, 1972, 15(10):1787-1806.

［79］ MOUKALLED F, MANGANI L, DARWISH M. The finite volume method in computational fluid Dynamics-an advanced introduction with OpenFOAM® and Matlab®

［M］. Cham：Springer International Publishing,2016.

［80］好村純一,伊籐一秀,長沢康弘,等. 各種汎用 CFDコードによる2 次元室内流れ場を対象としたベンチマークテスト［J］. 空気調和・衛生工学会論文集, 2009, 144：53-62.

［81］BETTS P L, BOKHARI I H. Experiments on turbulent natural convection in an enclosed tall cavity［J］. International Journal of Heat & Fluid Flow, 2000, 21(6)：675-683.

［82］ZHANG Z, ZHANG W, ZHAI Z Q, et al. Evaluation of various turbulence models in predicting airflow and turbulence in enclosed environments by CFD：Part-2：comparison with experimental data from literature［J］. HVAC&R Research, 2007,13(6)：1-18.

［83］伊籐一秀, 加藤信介, 村上周三. 換気効率指標の数値解析検証用の2 次元室内気流実験：不完全混合室内の居住域換気効率の評価に関する研究［J］. 日本建築学会計画系論文集, 2000, 534：49-56.

［84］TAN X J, CHEN W Z, WU G J, et al. Study of airflow in a cold-region tunnel using a standard k-ε turbulence model and air-rock heat transfer characteristics：validation of the CFD results［J］. Heat Mass Transfer, 2013,49(3)：327-336.

［85］LEMAIRE A D, CHEN Q, EWERT M, et al. Room air and contaminant flow, evaluation of computational methods［R］. The Netherlands Delft：Subtask-1 Summary Report of Annex 20, International Energy Agency, Annex 20, TNO Building and Construction Research, 1993.

［86］村上周三,加藤信介,中川浩之. 水平非等温噴流を有する室内の流れ場・温度場の数値解析［J］. 日本建築学会計画系論文報告集, 1991, 423：11-21.

［87］持田灯,村上周三,近藤宏二,等. 改良 k-ε モデルを用いた低層建物モデル壁面風圧力の数値解析［J］. 生産研究, 1996,48：55-59.

［88］HARLOW F H, FROMM J E. Computer experiments in fluid dynamics［J］. Scientific American, 1965,212(3)：104-110.

［89］NIELSEN P V. Flow in air-conditioned rooms［D］. Denmark Copenhagen：Technical University of Denmark, 1974.

［90］CHEN Q Y, XU W R. A zero-equation turbulence model for indoor airflow simulation ［J］. Energy and Buildings, 1998,28(2)：137-144.

［91］TIAN Z F, TUA J Y, YEOH G H, et al. Numerical studies of indoor airflow and particle dispersion by large Eddy simulation［J］. Building and Environment, 2007,42(10)：3483-3492.

［92］LIU X P, NIU J L, KWOK K C S. Evaluation of RANS turbulence models for simulating wind-induced mean pressures and dispersions around a complex-shaped high-rise building［J］. Building Simulation, 2013,6(2)：151-164.

［93］KATO S, MURAKAMI S. New scales for evaluating ventilation efficiency as affected by supply and exhaust opening based on spatial distribution of contaminant concentration aided by numerical simulation［J］. ASHRAE Transaction, 1988,94(68)：309-330.

[94] GOSMAN A D, NIELSEN P V, RESTIVO A, et al. The flow properties of rooms with small ventilation openings[J]. Journal of Fluids Engineering, 1980,102(3): 316-322.

[95] CHEN Q, SREBRIC J. Simplified diffuser boundary conditions for numerical room airflow models[R]. Final Report for ASHRAE RD-1009, 2001.

[96] SCHMIDT M, STREBLOW R, MÜLLER D. CFD modeling of complex air diffusers [C]//The 11th International Conference on air distribution in rooms, ROOMVENT. Busan, Korea,2009.

[97] PETRONE G, CAMMARATA L, CAMMARATA G. A multi-physical simulation on the IAQ in a movie theatre equipped by different ventilating systems [J]. Building Simulation, 2011, 4(4): 21-31.

[98] STOAKES P, PASSE U, BATTAGLIA F. Predicting natural ventilation flows in whole buildings (Part 1) The Viipuri Library[J]. Building Simulation, 2011,4(3): 263-276.

[99] YAO T, LIN Z. An experimental and numerical study on the effect of air terminal layout on the performance of stratum ventilation[J]. Building and Environment, 2014,82(9): 75-86.

[100] ZHAO Y J, LI A G, TAO P F, et al. The impact of various hood shapes, and side panel and exhaust duct arrangements, on the performance of typical Chinese style cooking hoods[J]. Building Simulation, 2013,6(2): 139-149.

[101] FANGER P O. Thermal Comfort[M]. Copenhagen: Danish Technical Press, 1970.

[102] GAGGE A P. A standard predictive index of human response to the thermal environment[C]//ASHRAE Annual Meeting, Portland, OR, USA: ASHRAE, 1986.

[103] 田辺新一,中野淳太,小林弘造. 温熱環境評価のための 65 分割体温調節モデル に関する研究[J]. 日本建築学会計画系論文集, 2001,541: 9-16.

[104] SEVILGEN G, KILIC M. Numerical analysis of air flow, heat transfer, moisture transport and thermal comfort in a room heated by two-panel radiators[J]. Energy and Buildings, 2011,43(1): 137-146.

[105] RAVIKUMAR P, PRAKASH D. Analysis of thermal comfort in a residential room with insect proof screen: A case study by numerical simulation methods [J]. Building Simulation, 2011,4(3): 217-225.

[106] FARHAD MEMARZADEH, XU W R. Role of air changes per hour (ACH) in possible transmission of airborne infections[J]. Building Simulation, 2012,5(1): 15-28.

[107] TOMINAGA Y, MOCHIDA A, YOSHIE R, et al. AIJ guidelines for practical applications of CFD to pedestrian wind environment around buildings[J]. Journal of Wind Engineering and Industrial Aerodynamics, 2008,96 (10-11): 1749-1761.

[108] FRANKE J, HELLSTEN A, SCHLÜNZEN H, et al. Best practice guideline for the CFD simulation of flows in the urban environment [J]. International Journal of Environment and Pollution,44(1-4): 419-427.

[109] 平岡久司,丸山敬,中村泰人,等. 植物群落内および都市キャノピー内の乱流モ

デルに関する研究：(その1)乱流モデルの作成[J]．日本建築学会計画系論文報告集，1989，406：1-9.

[110] UNO I，UEDA H，WAKAMATSU S．Numerical modeling of the nocturnal urban boundary layer[J]．Boundary-Layer Meteorology，1989，49（ -2）：77-98.

[111] LIU J，CHEN J M，BLACK T A，et al．E-ε modeling of turbulent air flow downwind of a model forest edge[J]．Boundary-Layer Meteorology，1996，77（ . ）：21-44.

[112] 大橋征幹．単独樹木周辺の気流解析に関する研究[J]．日本建築学会環境系論文集，2004，578：91-96.

[113] 克莱斯·迪尔比耶，斯文·奥勒·汉森．结构风荷载作用[M]．薛素铎，李雄彦，译．北京：中国建筑工业出版社，2006.

[114] LIN M，HANG J，LI Y G，et al．Quantitative ventilation assessments of idealized urban canopy layers with various urban layouts and the same building packing density[J]．Building and Environment，2014，79（8）：152-167.

[115] HAGHIGHAT F，MIRZAEI P A．Impact of non-uniform urban surface temperature on pollution dispersion in urban areas[J]．Building Simulation，2011，4（3）：227-244.

[116] KURTULUS B．High resolution numerical simulation of sulphur-dioxide emission from a power plant building[J]．Building Simulation，2012，5（2）：135-146.

[117] WANG L Z，CHEN Q Y．Applications of a coupled multizone and CFD model to calculate airflow and contaminant dispersion in built environment for emergency management[J]．HVAC&R Research，2008，14（6）：925-939.

[118] YOU W，QIN M H，DING W W．Improving building facade design using integrated simulation of daylighting，thermal performance and natural ventilation[J]．Building Simulation，2013，6（3）：269-282.

名词索引